四川省级精品课配套教材

单片机 DAN PIANJI

YUANLI YU JIEKOU JISHU C51 BAN

原理与接口技术（C51版）

黄惟公　邓成中　编著

U0251587

四川大学出版社

特邀编辑:张　阅
责任编辑:毕　潜
责任校对:张战清
封面设计:墨创文化
责任印制:李　平

图书在版编目(CIP)数据

单片机原理与接口技术:C51版 / 黄惟公,邓成中
编著. —成都:四川大学出版社,2011.6(2022.12重印)
ISBN 978-7-5614-5319-3

Ⅰ.①单… Ⅱ.①黄…②邓… Ⅲ.①单片微型计算
机-基础理论-高等学校-教材②单片微型计算机-接口
-高等学校-教材　Ⅳ.①TP368.1

中国版本图书馆 CIP 数据核字（2011）第 117443 号

书名　**单片机原理与接口技术　(C51 版)**

编　著　黄惟公　邓成中
出　版　四川大学出版社
地　址　成都市一环路南一段 24 号 (610065)
发　行　四川大学出版社
书　号　ISBN 978-7-5614-5319-3
印　刷　四川煤田地质制图印刷厂
成品尺寸　185 mm×260 mm
印　张　19.25
字　数　488 千字
版　次　2011 年 8 月第 1 版
印　次　2022 年 12 月第 5 次印刷
定　价　49.00 元

◆读者邮购本书,请与本社发行科联系。
　电话:(028)85408408/(028)85401670/
　(028)85408023　邮政编码:610065
◆本社图书如有印装质量问题,请
　寄回出版社调换。
◆网址:http://press.scu.edu.cn

前　　言

多年来，"单片机"一直被学生视为难学的课程之一。"难"的原因是多方面的，如涉及的知识面广，概念难于理解，实验设备不足等，但是一个不可忽略的原因是"单片机"难于自学和没有足够的实践机会，而这些不能不说与教材的编写有关。

本教材针对非电类专业（主要是机械工程）学时少的特点，是在精化教学内容、合理安排教学顺序、精心攻克难点的基础上编写的。作者在以下三个方面进行了有益的尝试。

（1）采用 C51 进行程序设计教学。用 C 语言进行单片机程序设计是单片机开发与应用的必然趋势。过去长时间困扰的"高级语言产生代码太长，运行速度慢"的弱点，随着技术的发展已被大幅度地改进。用 C 语言编写程序比用汇编语言更符合人们的思维习惯，开发者可以更专心地考虑程序的结构和算法，而不必考虑过多的细节问题。引进单片机 C 语言教学，不仅提高了学习单片机的兴趣，而且使学生增加了 C 语言的知识。

为了使学生从零起点快速学会使用 C51 语言编程，本教材从入门和实用角度出发，进行了如下处理：

①只针对教材中的例题、模块、实验中需要的 C51 的相关知识进行了介绍，而没有全面系统地进行 C 语言的学习。如"数组"只重点介绍了一维数组（本教材的例子中也没有采用二维以上的数组），没有介绍联合体、枚举等内容。教材中注重 C 语言的应用，避免采用应试考题中的难题。

②将 C51 语法的要点结合 51 单片机资源的讲解分散到各章。

③将模块化的编程方法贯穿始终，对单片机中较复杂的常用的外部接口器件采用直接使用驱动程序方法，可使学生较快地学会编写一些实用的程序，获得成就感。因为单片机的学习是一个循序渐进的过程，对于初学者而言，走上学习轨道，掌握学习方法才是最重要的。初学者完全可以先大概浏览一下本教材的驱动源程序，重点研究其头文件中函数的使用，再完成这种基于驱动程序的各种应用程序的开发和设计，从而提高兴趣和动手能力。之后再认真研究驱动程序，掌握进一步的知识。最后随着学习面和工作面的深入，掌握驱动程序的编写技巧。

（2）加强实验。教材的实验指导书中采用的"单片机实验板"经历了长期的教学实践，是非常适合教学的实验装置。它不需要其他附件，可以在任何一台 PC 上使用，价格便宜，解决了许多地方院校经费不足的问题，可以开设多种接口实验（不含纯编程类软件实验），满足了教学需要。除此之外，本书还提供了"虚拟单片机实验板"，用 Proteus 仿真了"单片机实验板"的全部内容，便于学生实验。

引用 Proteus 进行虚拟仿真实验，教材中的例题绝大多数都配备了仿真效果。作者做了大量的工作，使提供的例题程序在实际应用板和虚拟仿真中都可以通过。

教材每章都有适量的习题和思考题，打破应试教育习题的特点，从第 5 章开始布置了一些用 Proteus 仿真设计的习题，有利于提高学生软、硬件的能力和学习兴趣。

（3）加强接口知识。对许多同学来说，此课程并不是完全为了学习单片机本身，还可以通过单片机的学习掌握计算机用于测控方面的接口技术，提高实践动手能力。本教材第 5、9、10、11 章都是计算机接口方面的知识，作者有意识地在这些章节中补充了计算机接口的基本知识。

本教材主要以 89C51 芯片为基础，各章的主要内容和特点如下：

第 1 章　单片机基础知识概述。介绍了单片机的定义、发展历史和应用；补充了单片机的基本知识和术语，如数制转换、各种常用的数码等；也解释了一些初学者的问题，如为什么要用 16 进制、电平等以及单片机学习中应注意的问题。

第 2 章　MCS-51 单片机基本结构。主要介绍了芯片的引脚、存储器的组织形式，特别是内部 RAM 的组织形式，为指令系统的学习打好基础。本章改变了传统教材的做法，未介绍 IO 接口的特性等内容，主要是避免使学生入门难，影响学习兴趣。

第 3 章　指令系统及汇编程序设计。精简扼要地讲述了 51 单片机的指令，指出了指令的要点。每条指令都引用了英文缩写帮助记忆。作为以 C51 为主要设计语言的学习，在进行课堂讲授时，可以先只学习数据传输、位操作、控制转移类的部分指令，教材中对其他指令的讲解可作为指令手册参考。

第 4 章　C51 程序设计入门。对 C51 程序设计进行了简单的入门介绍，主要介绍了 C51 中的基本知识、与标准 C 语言的不同点。入门是非常重要的，读者通过本章的学习后，可以参阅本教材参考文献的资料进一步学习，迅速提高 C51 的使用水平。没有学习过 C 语言的读者，也可以从本章开始入门学习。

第 5 章　I/O 口及简单应用。主要讲述了 I/O 口的特性，LED、LCD 显示和键盘的管理程序设计。本章的一个最大特点是在未讲述中断、定时计数、串行、扩展等内容时就引入了键盘、数码管、字符 LCD 的应用，从而使学生尽快进入对单片机应用的学习，也便于提前进行单片机的实验，提高学习兴趣。

第 6 章　中断系统。以深入浅出的方式说明了中断的概念、原理和应用，帮助学生掌握中断的应用。

第 7 章　定时/计数器。指出了计数、定时器的实质是计数器，讲述了定时/计数器的原理和使用方法，结合中断给出了经典的示例。

第 8 章　串行通信接口。讲述了串口的基本知识，增加了 PC 机与单片机通讯的硬件电路及 VB 对串口的编程。

第 9 章　存储器和并行口的扩展。强调了数据、地址、控制总线在扩展中的作用，以图形和文字解释了地址锁存器的作用，详细叙述了片选地址的方法，讲述了 RAM、ROM 的扩展方法，详细介绍了用 TTL 扩展简单 I/O 口的方法和程序。

第 10 章　单片机测控接口。采用 ADC0809 和 DAC0832 作为经典例子学习 A/D、D/A。开关量的输入输出、功率接口在机电一体化的设备中应用较多，本章也给予了介绍。读者可从本章中进一步学到计算机基本的接口知识。

第 11 章　串行总线扩展技术。主要介绍 I^2C、SPI 总线的概念和使用，并介绍了几种常用串行芯片如 AD、DA、E^2PROM 等的使用。

附录 A　Keil C51 使用简介。介绍了 Keil C51 的开发环境和调试方法。

附录 B　Proteus 使用入门。介绍了用 Proteus 仿真 51 单片机的方法。

附录 C　MCS－51 指令表。介绍了各指令的助记符、功能、字节数、机器周期和机器码。

附录 D　MCS－51 单片机实验。提供的 7 个实验都与硬件和实际应用有关，没有纯粹的语言编程实验。

在有一本便于自学的教材、价格便宜的实验装置、方便的虚拟仿真平台的条件下，我们相信同学们一定能学好单片机。

本教材全部内容的推荐学时为 48 学时，可以在 40～48 学时之间酌情删减（见下表）。看起来学时不够，但经过实践，是可以完成的。西华大学教务处对采用此学时进行的全程录像可以借鉴。

建议学时安排表

章　节	建议学时数
第 1 章　单片机基础知识概述	2
第 2 章　MCS－51 单片机基本结构	1
第 3 章　指令系统及汇编程序设计	3
第 4 章　C51 程序设计入门	2
第 5 章　I/O 口及简单应用	6
第 6 章　中断系统	2
第 7 章　定时/计数器	2
第 8 章　串行通信接口	4
第 9 章　存储器和并行口的扩展	4
第 10 章　单片机测控接口	4
第 11 章　串行总线扩展技术	4
习题及调整学时	4
理论学时合计	34～38
单片机实验	6～10
总学时	40～48

本书主要由西华大学机械工程与自动化学院黄惟公教授和邓成中副教授编写，向中凡、张恕远、余愚、李军民、罗康、曾颖峰、朱柏树等参加了部分编写工作。《单片机原理与接口技术（C51 版）》已作为四川省精品课程"单片机原理与应用"的配套教材使用过两届，本次出版，作者又做了部分修改。本教材的作者长期从事单片机应用项目的实际开发和单片机的教学工作，黄惟公教授长期担任专科、本科、研究生的单片机主讲教师工作。

本书在编写过程中，得到许多同仁的关心和帮助，谨致谢意。

限于篇幅及编者的业务水平，在内容上难免有局限和欠妥之处，竭诚希望同行和读者赐予宝贵的意见。

黄惟公　邓成中
2011 年 1 月于成都

目　　录

第1章 单片机基础知识概述

1.1 单片机概述

1.1.1 什么是单片机

单片机是将计算机的基本部件微型化并集成到一块芯片上的微型计算机。通常在芯片内含有 CPU、ROM、RAM、并行 I/O、串行口、定时器/计数器、中断控制、系统时钟及系统总线等部件。英文"Single Chip Microcomputer（SCM）"就是这个意思。不过，"SCM"一词目前国际上已基本上不再使用。由于单片机的硬件结构和指令系统都是按工业控制和要求设计的，常用于工业检测、控制装置中，所以被称为微控制器（Microcontroller Unit，MCU）或嵌入式控制器（Embedded Controller）。

1.1.2 单片机的发展历史

单片机作为微型计算机的一个重要分支，应用广，发展快。如果将 8 位单片机的推出作为起点，那么单片机的发展历史大致可分为以下几个阶段：

第一阶段（1976—1978）：单片机的初级阶段。以 Intel 公司的 MCS－48 为代表。MCS－48 的推出是在工控领域的探索，参与这一探索的公司还有 Motorola、Zilog 等，都取得了满意的效果。这是 SCM 的诞生年代，"单片机"一词即由此而来。这个系列的单片机内集成有 8 位 CPU、I/O 接口、8 位定时器/计数器，寻址范围不大于 4K 字节，简单的中断功能，无串行接口。

第二阶段（1978—1982）：单片机的完善阶段。Intel 公司在 MCS－48 基础上推出了完善的、典型的单片机系列 MCS－51。它在以下几个方面奠定了典型的通用总线型单片机体系结构：完善的外部总线，MCS－51 设置了经典的 8 位单片机的总线结构，包括 8 位数据总线、16 位地址总线、控制总线及具有多机通信功能的串行通信接口；CPU 外围功能单元的集中管理模式；体现工控特性的位地址空间及位操作方式；指令系统趋于完善，并且增加了许多突出控制功能的指令。

第三阶段（1982—1992）：8 位单片机的巩固发展及 16 位单片机的推出阶段，也是单片机向微控制器发展的阶段。Intel 公司推出的 MCS－96 系列单片机，将一些用于测控系统的模数转换器、程序运行监视器、脉宽调制器等纳入片中，体现了单片机的微控制器特征。随着 MCS－51 系列的广泛应用，许多厂商竞相使用 8051 为内核，将许多测控系统中使用的电路、接口、多通道 AD 转换部件、可靠性技术等应用到单片机中，增强了外围电路的功能，强化了智能控制的特征。

第四阶段（1993—现在）：微控制器的全面发展阶段。随着单片机在各个领域全面深入地发展和应用，出现了高速、大寻址范围、强运算能力的 8 位/16 位/32 位通用型单片机，以及小型廉价的专用型单片机。

1.2　单片机的特点及应用领域

1.2.1　单片机的特点

单片机是微型机的一个主要分支，在结构上的最大特点是把 CPU、存储器、定时器和多种输入/输出接口电路集成在一块超大规模集成电路芯片上。就其组成和功能而言，一块单片机芯片就是一台计算机。

单片机主要有如下特点：

（1）优异的性能价格比。

（2）集成度高，体积小，有很高的可靠性。单片机把各功能部件集成在一块芯片上，内部采用总线结构，减少了各芯片之间的连线，大大提高了计算机的可靠性与抗干扰能力。另外，由于其体积小，对于强磁场环境易于采取屏蔽措施，适合在恶劣环境下工作。

（3）控制功能强。为了满足工业控制的要求，一般单片机的指令系统中均有极丰富的转移指令、I/O 口的逻辑操作以及位处理功能。单片机的控制功能高于同一档次的微机。

（4）低功耗、低电压，便于生产便携式产品。

（5）单片机的系统扩展和系统配置较典型、规范，容易构成各种规模的应用系统。

1.2.2　单片机的应用领域

计算机系统明显地朝巨型化、单片化、网络化三个方向发展。解决复杂系统计算和高速数据处理的仍然是巨型机在起作用。目前，巨型机仍在朝高速及处理能力增强的方向努力。单片机目前被视为嵌入式微控制器，它最明显的优势就是可以嵌入到各种仪器、设备中，这一点是巨型机不可能做到的。

由于单片机所具有的显著优点，它已成为科技领域的有力工具，人类生活的得力助手。它的应用遍及各个领域，主要表现在以下几个方面：

（1）单片机在智能仪表中的应用。

单片机广泛地用于各种仪器仪表，使仪器仪表智能化，并可以提高测量的自动化程度和精度，简化仪器仪表的硬件结构，提高其性能价格比。

（2）单片机在机电一体化产品中的应用。

机电一体化是机械工业发展的方向。机电一体化产品是指集成机械技术、微电子技术、计算机技术于一体，具有智能化特征的机电产品。例如，微机控制的机床、机器人等。单片机作为产品中的控制器，能充分发挥它的体积小、可靠性高、功能强等优点，可大大提高机器的自动化、智能化程度。

（3）单片机在实时控制中的应用。

单片机广泛地用于各种实时控制系统中。例如，在工业测控、航空航天、尖端武器、机器人等各种实时控制系统中，都可以用单片机作为控制器。单片机的实时数据处理能力和控制功能，可使系统保持在最佳工作状态，提高系统的工作效率和产品质量。

（4）单片机在分布式系统中的应用。

在比较复杂的系统中，常采用分布式控制系统。分布式系统一般由若干台功能各异的小型测控装置组成，这些装置基本都是以单片机为核心的。它们各自完成特定的任务，经通讯相互联系、协调工作。单片机在这种系统中往往作为一个下位机，安装在系统的节点上，对现场信息进行实时的测量和控制。单片机的高可靠性和强抗干扰能力，使它可以置于恶劣环境的前端工作。

（5）单片机在日常生活中的应用。

自从单片机诞生以后，它就步入了人类的日常生活，例如，手机、洗衣机、电冰箱、电子玩具、收录机等家用电器配上单片机后，提高了智能化程度，增加了功能，倍受人们喜爱。单片机使人类生活更加方便、舒适、丰富多彩。

综上所述，单片机已成为计算机发展和应用的一个重要方面。另外，单片机应用的重要意义还在于，它从根本上改变了传统的控制系统设计思想和设计方法。从前必须由模拟电路或数字电路实现的大部分功能，现在已能用单片机通过软件方法来实现了。

1.2.3　单片机的发展趋势

目前，单片机正朝着高性能和多品种方向发展，趋势将是进一步向着 CMOS 化、低功耗、小体积、大容量、高性能、低价格和外围电路内装化等方面发展。下面从几个方面说明单片机的主要发展趋势。

（1）全盘 CMOS 化。CMOS 电路具有许多优点，如极宽的工作电压范围，极佳的低功耗及功耗管理特性等。CMOS 化已成为目前单片机及其外围器件流行的半导体工艺。

（2）采用 RISC（Reduced Instruction Set Computer，精简指令集计算机）体系结构。早期的单片机大多采用 CISC（Complex Instruction Set Computer，复杂指令集计算机）结构体系，指令复杂，指令代码、周期数不统一，指令运行很难实现流水线操作，大大阻碍了运行速度的提高。对于 MCS—51 系列单片机，当外部时钟为 12 MHz 时，其单周期指令运行速度仅为 1 MIPS（Million Instructions Per Second 的缩写，每秒处理的百万级的机器语言指令数。这是衡量 CPU 速度的一个指标）。但采用了 RISC 体系结构和精简指令后，单片机的指令绝大部分成为单周期指令，而通过增加程序存储器的宽度（如从 8 位增加到 16 位），实现了一个地址单元存放一条指令。在这种体系结构中，很容易实现并行流水线操作，大大提高了指令运行速度。目前一些 RISC 结构的单片机，如美国 ATMEL 公司的 AVR 系列单片机，已实现了一个时钟周期执行一条指令（一些公司也在 51 单片机上实现了同样功能），在相同的 12 MHz 外部时钟下，单周期指令运行速度可达 12 MIPS。一方面可获得很高的指令运行速度；另一方面，在相同的运行速度下，可大大降低时钟频率，有利于获得良好的电磁兼容效果。

（3）多功能集成化。单片机在内部已集成了越来越多的部件，这些部件不仅包括一般常用的电路，如定时/计数器、模拟比较器、AD 转换器、DA 转换器、串行通信接口、WDT 电路和 LCD（Liquid Crystal Display，液晶显示器）的控制器等，还有的单片机为了构成控制网络或形成局部网，内部含有局部网络控制模块 CAN 总线等，可以方便地构成一个控制网络。为了能在电力控制中方便使用单片机，形成最具经济效益的嵌入式控制系统，有的单片机甚至内部设置了专门用于电力控制的电路 PWM（Pulse Width Modulation，脉冲宽度调制，简称"脉宽调制"）。

（4）片内存储器的改进与发展。目前新型的单片机一般在片内集成两种类型的存储器：一种是随机读写存储器（常用的为 SRAM，Static Random Access Memory，静态 RAM），作为临时数据存储器存放工作数据用；另一种是只读存储器 ROM（Read Only Memory），作为程序存储器存放系统控制程序和固定不变的数据。片内存储器的改进与发展的方向是扩大容量、数据的易写和保密等。

①片内程序存储器由 EPROM 型向 FlashROM 发展：早期的单片机在片内往往没有程序存储器或片内集成 EPROM 型的程序存储器。将程序存储器集成在单片机内可以大大提高单片机的抗干扰性能，提高程序的保密性，减少硬件的设计的复杂性和空间等，因此，片内集成程序存储器已成为新型单片机的标准方式。但由于 EPROM 需要使用 12 V 高电压编程写入，紫外线光照擦除、重写入次数有限等，所以给使用带来了不便。新型的单片机采用 FlashROM 以及 MaskROM、OTPROM 作为片内的程序存储器。FlashROM（闪存 ROM）在通常电压（如 3 V～5 V）下就可以实现编程写入和擦除操作，重写次数在 10000 次以上，并可实现在线编程技术，为使用带来了极大的方便。采用 MaskROM 的微控制器称为掩模芯片，它是在芯片制造过程中就将程序"写入"了，并永远不能改写。采用 OTPROM（One Time Programmable ROM）的微控制器，其芯片出厂时片内的程序存储器是"空的"，它允许用户将自己编写好的程序一次性地编程写入，之后便再也无法修改。后两种类型的单片机适合于大批量产品生产的使用，而前一种类型的微控制器则适合产品的设计开发、批量生产以及学习培训的应用。

②程序保密化：一个单片嵌入式系统的程序是系统的最重要的部分，是知识产权保护的核心。为了防止片内的程序被非法读出复制，新型的单片机往往采用对片内的程序存储器加锁保密。程序写入片内的程序存储器后，可以对加密单元芯片加锁。这样，从芯片的外部无法读取片内的程序代码，若将加密单元擦除，则片内的程序也同时擦除掉，这样便达到了程序保密的目的。

③片内存储容量的增加：新型的单片机一般在片内集成的 SRAM 在 128 字节至 1K 字节，ROM 的容量一般为 4K 字节至 8K 字节。为了适应网络、音视频等高端产品的需要，高档的单片机在片内集成了更大容量的 RAM 和 ROM 存储器。如 ATMEL 公司的 ATmega16 单片机，片内的 SRAM 为 1K 字节，FlashROM 为 16K 字节。而该系列的高端产品 ATmega256，片内集成了 8K 字节的 SRAM、256K 字节的 FlashROM 和 4K 字节的 EEPROM。

（5）ISP、IAP 及基于 ISP、IAP 技术的开发和应用。ISP（In System Programmable）称为在系统可编程技术。随着微控制器在片内集成 FlashROM 技术的发展，ISP 技术在单片机中的应用逐渐流行。它首先实现了程序的串行编程写入（下载），使得不必把在印刷电路板上的芯片取下，就可直接将程序下载到单片机的程序存储器中，淘汰了专用的程序下载写入设备。其次，基于 ISP 技术的实现，模拟仿真开发技术重新兴起。在单时钟、单指令运行的 RISC 结构的单片机中，可实现 PC 机通过串行电缆对目标系统的在线仿真调试。在 ISP 技术应用的基础上，又发展了 IAP（In Application Programmable）技术，称为在应用可编程技术。利用 IAP 技术，实现了用户可随时根据需要对原有的系统方便地在线更新软件、修改软件，还能实现对系统软件的远程诊断、远程调试和远程更新。

（6）实现全面功耗管理。采用 CMOS 工艺后，单片机具有极佳的低功耗和功耗管理功能。它包括：

①传统的 CMOS 单片机的低功耗运行方式，即闲置方式（Idle Mode）、掉电方式（Power Down Mode）。

②双时钟技术。配置有高速（主）和低速（子）两个时钟系统。在不需要高速运行时，转入子时钟控制下，以节省功耗。

③片内外围电路的电源管理。对集成在片内的外围接口电路实行供电管理，当该外围电路不运行时，关闭其供电。

④低电压节能技术。CMOS 电路的功耗与电源电压有关，降低系统的供电电压，能大幅度减少器件的功耗。新型的单片机往往具有宽电压（3 V～5 V）或低电压（3 V）运行的特点。低电压低功耗是手持便携式系统重要的追求目标，也是绿色电子的发展方向。

（7）以串行总线方式为主的外围扩展。目前，单片机与外围器件接口技术发展的一个重要方面是由并行外围总线接口向串行外围总线接口的发展。采用串行总线方式为主的外围扩展技术具有方便、灵活、电路系统简单、占用 I/O 资源少等特点。采用串行接口虽然比采用并行接口数据传输速度慢，但随着半导体集成电路技术的发展，大批采用标准串行总线通信协议（如 SPI、I²C、1－Wire 等）的外围芯片器件的出现，串行传输速度也在不断提高（可达到 1 M～10 M 的速率），片内集成程序存储器而不必外部并行扩展程序存储器，加之单片机嵌入式系统有限速度的要求，使得以串行总线方式为主的外围扩展方式能够满足大多数系统的需求，成为流行的扩展方式，而采用并行接口的扩展技术则成为辅助方式。

（8）单片机向片上系统 SOC 的发展。SOC（System On Chip）是一种高度集成化、固件化的芯片级集成技术，其核心思想是把除了无法集成的某些外部电路和机械部分之外的所有电子系统电路全部集成在一片芯片中。现在一些新型的单片机已经是 SOC 的雏形，在一片芯片中集成了各种类型和更大容量的存储器，更多性能完善和强大的功能电路接口，这使得原来需要几片甚至十几片芯片组成的系统，现在只用一片就可以实现。其优点是不仅减小了系统的体积和成本，而且大大提高了系统硬件的可靠性和稳定性。

1.2.4　MCS－51 单片机的学习

20 世纪 80 年代初，我国开始大量使用单片机，目前已普及到各行各业，逐渐形成了多种单片机互相竞争的局面，正朝着多系列、多型号方向发展。

Intel 开发出 8051 后，由于忙于研制和生产"奔腾"等芯片，因而在研制 80C196 后没有精力再研制新的单片机。于是 Intel 公司以不同形式向不同国家和地区的半导体厂转让了 8051 单片机的生产权，这些公司有 Philip、Siemens、Temic、OKI、Dalas、AMD、Atmel 以及中国台湾地区的一些厂家，它们都保留了 8051 内核，指令系统与 MCS－51 向上兼容。这使得 8051 单片机内核一时间成为了实际上 8 位单片机的行业标准。各种兼容于 51 的单片机也越来越多，成为 8 位单片机的主流。所以，本书选用 MCS－51 系列单片机作为学习对象。

对初学者来说，以 MCS－51 单片机作为入门学习芯片是比较好的，也可为今后学习更高级的单片机和 32 位的 ARM 类单片机打下基础。目前，介绍 51 单片机的书籍、视频资料也最多。作为 8 位机的实际行业标准，学好它以后学别的单片机也比较容易上手了，而它的开发工具现在也比较便宜。学习 51 单片机并不需要高深的数学知识和"电"的知识。目前，我国不仅绝大多数本科院校开设了 51 单片机的课程，而且职业高中、大专学校、职业技术学院也都开设了 51 单片机的课程，学习单片机的人群学历分布极宽。实际上具有初中学力，有一定的电子基础，就能学习单片机。

　　单片机的学习要以实践为主，当然要有实验平台。经济条件好的读者可以将"编程器、仿真器、实验板"都买齐，这需要较多的经费。对于一般的初学者来说，现在一些 MCS−51 单片机系列支持 ISP、串口等下载，可以省去编程器，价格极为便宜。因此，可以采取用下载线加实验板的经济型方案，每次写好程序，先用软件调试一下，再下载到单片机运行，如果没有达到要求，再重复，直到实现。也可以只用软件仿真来学习，现在比较流行的 Proteus 软件其仿真功能十分强大，一般的实验都能仿真，是很好的学习手段。本书的附录中介绍了以上两种实验方法，以方便读者学习。

1.3　单片机学习的预备知识

1.3.1　数制及其转换

1. 数制

计算机中常用的表达整数的数制有十进制、二进制、十六进制。

（1）十进制 N_D。

符号集：0、1、2、3、4、5、6、7、8、9，规则：逢十进一。

一般表达式为

$$N_D=d_{n-1} \cdot 10^{n-1}+d_{n-2} \cdot 10^{n-2}+\cdots+d_1 \cdot 10^1+d_0 \cdot 10^0$$

展开式中 10 称为基数，各位加权数 d_x 为 0～9。例如：

$$1234=1 \times 10^3+2 \times 10^2+3 \times 10^1+4 \times 10^0$$

（2）二进制 N_B。

符号集：0、1，规则：逢二进一。二进制数的后缀为 B，十进制数的后缀为 D，但十进制数可不带后缀。例如：

$$1101B=1 \times 2^3+1 \times 2^2+0 \times 2^1+1 \times 2^0$$

加权展开式以 2 为基数，各位加权数 b_x 为 0、1。一般表达式为

$$N_B=b_{n-1} \cdot 2^{n-1}+b_{n-2} \cdot 2^{n-2}+\cdots+b_1 \cdot 2^1+b_0 \cdot 2^0$$

（3）十六进制 N_H。

符号集：0～9、A、B、C、D、E、F，规则：逢十六进一。例如：

$$DFC8H=13 \times 16^3+15 \times 16^2+12 \times 16^1+8 \times 16^0$$

展开式中以 16 为基数，各位加权数 h_x 为 0～9、A～F。一般表达式为

$$N_H=h_{n-1} \cdot 16^{n-1}+h_{n-2} \cdot 16^{n-2}+\cdots+h_1 \cdot 16^1+h_0 \cdot 16^0$$

2. 数制之间的转换

（1）二、十六进制数转换成十进制数。

按进制的表达式展开，然后按照十进制运算求和。例如：

$$1011B=1 \times 2^3+1 \times 2^1+1 \times 2^0=11$$

$$DFC8H =13 \times 16^3+15 \times 16^2+12 \times 16^1+8 \times 16^0=57288$$

（2）二进制与十六进制数之间的转换。

因为 $2^4=16$，所以以低位起，从右到左，每四位（最后一组不足时左边添 0 凑齐 4 位）

二进制数对应一位十六进制数，例如：

$$3AF2H = \underset{3}{\underline{0011}}\ \underset{A}{\underline{1010}}\ \underset{F}{\underline{1111}}\ \underset{2}{\underline{0010}} = 11\ 1010\ 1111\ 0010B$$

$$1111101B = \underset{7}{\underline{0111}}\ \underset{D}{\underline{1101}} = 7DH$$

因为二进制与十六进制数之间的转换特别简单，十六进制书写时要简单得多，所以在进行汇编语言编程时，教科书中都会用十六进制来代替二进制进行书写。

（3）十进制整数转换成二、十六进制整数。

转换规则："除基取余"。十进制整数不断除以转换进制基数，直至商为 0。每除一次取一个余数，从低位排向高位。例如：

39 转换成二进制数

39=100111B

208 转换成十六进制数

208=D0H

1.3.2　有符号数的表示方法

数有正负之分，在计算机中如何表示呢？在常用的十进制中，我们习惯用正负号加绝对值来表示数的大小，这样书写出来的数的形式代表了数的原值，在计算机中称为真值，它包含以常规正负号表示的数的符号，以及用十进制表示的数值。

但计算机所能表示的数或其他信息，都是用二进制表达的。对正号和负号只能用"0"和"1"来表达。一般最高位为符号位，"0"表示正数，"1"表示负数。

所谓机器数，是在计算机中使用的、连同数的符号一起的二进制数。其位数通常为 8 的整数倍。

例如：真值+123，机器数 0111 1011B；

真值−123，机器数 1111 1011B。

有符号数：就是机器数，最高位为符号位，"0"表示正数，"1"表示负数。

无符号数：机器数中最高位不作为符号位，而当成数值位。

有符号数有原码、反码和补码表示法。

（1）原码。

原码就是机器码。

8 位原码数表示的范围为 FFH~7FH（−127~+127）。原码数 00H 和 80H 的数值部分相同、符号位相反，它们分别为 +0 和 −0。16 位原码数表示的范围为 FFFFH~7FFFH（−32767~+32767）。原码数 0000H 和 8000H 的数值部分相同、符号位相反，它们分别为 +0 和 −0。

（2）反码。

正数的反码与原码相同；负数的反码为符号位不变，数值部分按位取反。例如：
求 8 位反码机器数，则有

$$原码：1000 0100B，反码：1111 1011B$$

（3）补码。

正数的补码表示与原码相同。负数的补码为其反码加 1，但原符号位不变。
求 8 位二进制数补码：

$$x=+4，[x]_补 =0000 0100B$$

$$x=-4，原码：1000 0100B，反码：1111 1011B，[x]_补 =1111 1100B$$

负数 x 的补码也可以用"模"来计算：

$$[x]_补 = 模 - |x|$$

模是计数系统的过量程回零值。例如，时钟以 12 为模，所以 4 点与 8 点互补。一位十进制数的模为 10，所以 3 和 7 互补。

8 位二进制的模为 $2^8=256$，对于 -4，即 1000 0100B 的补码为：

$$256-4=252=1111 1100B=FCH$$

-4 的 16 位二进制的补码为：

$$[-4]_补 =10000H-0004H=FFFCH$$

在原码中，零可以表示成 $+0$（0000 0000B），也可以表示成 -0（1000 0000B）；
在反码中，零可以表示成 $+0$（0000 0000B），也可以表示成 -0（1111 1111B）。
在补码中，由于补码的特殊规律，零只有一种表示方法：
$+0$ 的补码为 0000 0000B。

-0 的原码为 1000 0000B，求反得 1111 1111B，加 1 得 1 0000 0000B，最高位产生了溢出。注意，按补码的定义，只有在求 -0 的补码这种情况下求反加 1 才产生溢出。所以，为符合算术运算规则，将 1000 0000B（80H）的补码真值定为 -128。这样的定义在用补码把减法运算转换为加法运算中结果是完全正确的。

8 位补码的数值范围为 80H～7FH（-128～$+127$），16 位补码的数值范围为 8000H～7FFFH（-32768～$+32767$）。其 80H 和 8000H 的真值分别是 -128（$-80H$）和 -32768（$-8000H$）。

当采用补码表示时，可以把减法运算转换为加法运算，例如：

$$123-125=-2；用补码算：0111 1011B+1000 0011B=1111 1110B$$

$$123-128=-5；用补码算：0111 1011B+1000 0000B=1111 1011B$$

因此在计算机中，有符号位一律用补码表示，这样可以简化计算机的硬件结构。

1.3.3　位、字节和字

位（bit）：二进制数中的一位，其值不是"1"，就是"0"。

字节（Byte）：一个 8 位的二进制数为一个字节。字节是计算机数据的基本单位。

字（Word）：有两个概念。一个是指微机原理、汇编语言课程中进行汇编语言程序设计时采用的数据位数，为 16 位，即 2 个字节；一个是指处理器的字长，指某个计算机能够一次处理的数据位数，例如，8086 的机器字长是 16 位，80386～Pentium 4 的机器字长为 32 位。

另外，有时还会用到"半字节"，为字节的一半，即 4 位二进制数。

1.3.4　BCD 码（Binary Coded Decimal）

计算机内部以二进制的表示为基础，但在日常生活和工作中，我们习惯的却是十进制。怎样来解决这一矛盾呢？有两种方法可供选择。

一种方法是采用"十转二"和"二转十"的程序。输入十进制后用"十转二"把其转换为二进制，在计算机内运算，输出时用"二转十"的程序把二进制转换为十进制，以方便人们的使用。

另一种方法是直接采用"二－十"进制，BCD 码就是"二－十"进制，即用二进制代码表示的十进制数。顾名思义，它既是逢十进一，又是一组二进制代码。用 4 位二进制代码表示十进制的一位数，一个字节可以表示两个十进制数，称为压缩的 BCD 码，如 1000 0111 表示 87；也可以用一个字节表示一位十进制的数，这种 BCD 称为非压缩的 BCD 码，如 0000 0111 表示十进制的 7。十进制与 BCD 码的对应关系见表 1.1。

采用 BCD 码对于输出数据非常方便，被计算机广泛使用，以至于 MCS－51 系列单片机有一条指令 DA 就是用来调整十进制加法运算的。

表 1.1　BCD 码

十进制数	压缩的 BCD 码		非压缩的 BCD 码	
	二进制表示	十六进制表示	二进制表示	十六进制表示
0	0000B	0H	0000 0000B	00H
1	0001B	1H	0000 0001B	01H
2	0010B	2H	0000 0010B	02H
3	0011B	3H	0000 0011B	03H
4	0100B	4H	0000 0100B	04H
5	0101B	5H	0000 0101B	05H
6	0110B	6H	0000 0110B	06H
9	1001B	9H	0000 1001B	09H
28	0010 1000B	28H	0000 0010 0000 1000B	0208H

1.3.5　ASCII 码（American Standard Code for Information Interchange）

由于计算机中使用的是二进制数，所以计算机中使用的字母、字符也要用特定的二进制表示。目前普遍采用的是 ASCII 码。它采用 7 位二进制编码表示 128 个字符，其中包括数码 0～9 以及英文字母等可打印的字符，见表 1.2。可见，在计算机中一个字节可以表示一个英文字母。由于单个的汉字太多，所以要用两个字节才能表示一个汉字，目前也有国标的汉字计算机编码表——汉码表。

从表中可以查到"6"的 ASCII 码为"36H"，"R"的 ASCII 码为"52H"。

表 1.2　ASCII 码表

列		0	1	2	3	4	5	6	7
行	位654 3210	000	001	010	011	100	101	110	111
0	0000	NUL	DLE	SP	0	@	P	、	P
1	0001	SOH	DCI	!	1	A	Q	a	Q
2	0010	STX	DC2	"	2	B	R	b	R
3	0011	ETX	DC3	#	3	C	S	c	S
4	0100	EOT	DC4	$	4	D	T	d	T
5	0101	ENQ	NAK	%	5	E	U	e	u
6	0110	ACK	SYN	&	6	F	V	f	v
7	0111	BEL	ETB	,	7	G	W	g	w
8	1000	BS	CAN	(	8	H	X	h	x
9	1001	HT	EM	)	9	I	Y	i	y
A	1010	LF	SUB	*	:	J	Z	j	z
B	1011	VT	ESC	+	;	K	[	k	{
C	1100	FF	FS	,	<	L	\	l	|
D	1101	CR	GS	—	=	M	J	m	}
E	1110	SO	RS	·	>	N	↑	n	~
F	1111	SI	US	/	?	O	←	o	DEL

1.4　电平

单片机是一种数字集成芯片。电平是指电压的高低。在数字电路的逻辑中，有"0"和"1"两种信号。信号究竟是"0"还是"1"，是通过电压的大小（常称为"电平"）来判断的。"1"代表高电平，"0"代表低电平。高电平、低电平为多大的电压值呢？

使用最多的有 TTL（Transister-Transister-Logic，晶体管－晶体管逻辑）、CMOS（Complementary Metal Oxide Semiconductor，互补金属氧化物半导体逻辑电平）电平。按典型电压可分为 4 类，即 5 V 系列、3.3 V 系列、2.5 V 系列和 1.8 V 系列。5 V TTL 和 5 V CMOS 是通用的逻辑电平，3.3 V 及以下的逻辑电平为低电压逻辑电平。本教材主要采用 5 V TTL 逻辑电平，目前许多单片机采用 3.3 V 的逻辑电平，请读者在使用时参考相关资料。

如图 1.1 所示表示了 TTL 和 CMOS 的逻辑电平关系。从图可见，对于 5 V TTL 逻辑电平，输出在 2.4 V 以上为高电平，在 0.4 V 以下为低电平；输入在 2 V 以上为高电平，在 0.8 V 以下为低电平，高低电平的分界线为 1.5 V。而对于 5 V CMOS 逻辑电平，输出在 4.99 V 以上为高电平，在 0.01 V 以下为低电平；输入在 3.5 V 以上为高电平，在 1.5 V 以下为低电平，高低电平的分界线为 2.5 V。可见，它们的高低电平的电压值是不同的。因此，CMOS 电路与 TTL 电路混合使用时就需要一个电平转换的电路（或芯片），使两者电平域值能匹配。

图 1.1　TTL 和 CMOS 的逻辑电平关系图

TTL 电路和 CMOS 电路的逻辑电平：

①V_{OH}：逻辑电平 1 的输出电压。

②V_{OL}：逻辑电平 0 的输出电压。

③V_{IH}：逻辑电平 1 的输入电压。

④V_{IL}：逻辑电平 0 的输入电压。

⑤阈值电压 V_{TH}：高低电压过渡区所对应的电压。决定高低电压的分界线。

TTL 电平临界值：

①$V_{OH min}=2.4V$，$V_{OL max}=0.4V$。

②$V_{IH min}=2.0V$，$V_{IL max}=0.8V$。

CMOS 电平临界值（设电源电压为 +5V）：

①$V_{OH min}=4.99V$，$V_{OL max}=0.01V$。

②$V_{IH min}=3.5V$，$V_{IL max}=1.5V$。

常用的数字逻辑芯片的特点见表 1.3。

表 1.3　常用数字逻辑芯片特点

系列	电路类型	输入	输出
74LS	TTL	TTL	TTL
74HC	CMOS	CMOS	CMOS
74HCT	CMOS	TTL	CMOS
CD4000	CMOS	CMOS	CMOS

关于"地"的概念。在数字电路中的"地"并不是通常意义中的"大地"，而是指电路中的一点，这一点的电压被人为地规定为 0。

思考题及习题

1. 什么是单片机？它与一般计算机有何区别？

2. 简述单片机的发展历史，目前单片机主要朝哪几个方面发展？

3. 单片机主要应用于哪些方面？请举一些你所知道的例子。

4. 学习单片机主要应注意哪些问题？

5. 单片机内部采用的是什么数制？为什么在计算机编程中常用十六进制？

6. 什么是 ASCII 码？写出 0~9、c、C 的 ASCII 码。

7. 写出下列十进制数的原码和补码（能用 8 位就用 8 位，否则用 16 位），用十六进制表达。

十进制数	原码	补码
28		
−28		
100		
−130		
250		
−347		
928		
−928		

8. 什么是电平？在 5 V TTL 和 CMOS 电路中的高低电平是如何定义的？

第2章 MCS-51单片机基本结构

本章主要从应用的角度出发，介绍MCS-51系列单片机的基本结构。其中，单片机存储器的分布是单片机汇编语言、C语言学习的基础，必须在脑海中形成单片机存储器的分布图。当然，记忆各种寄存器的名称对于今后的学习也是非常必要的。

2.1 MCS-51单片机的基本结构与类型

2.1.1 MCS-51单片机的基本结构

MCS-51系列单片机的基本内部结构如图2.1所示。

图2.1 MCS-51系列单片机内部结构框图

MCS-51系列单片机包含了如下部件：

①一个8位的CPU（Central Processing Unit，中央处理器），它的功能是执行指令，完成算术、逻辑运算和对整机进行控制。

②片内程序存储器ROM，用来存放程序或固定的数据等。

③片内数据存储器RAM，用来存放经常读、写的数据，如计算的中间结果等。

④可编程的I/O口，每个口可以用做输入，也可以用做输出。

⑤定时/计数器，用来对外部事件进行计数，也可以设置成定时器。

⑥串行接口，通过它可与其他计算机和外设进行通信。

⑦多个中断源。

2.1.2　MCS-51 单片机的基本类型

MCS-51 单片机有多个公司、多种型号的产品，但基本有三类，即基本型（51 子系列）、增强型（52 子系列）和特殊型。

（1）基本型。

基本型有 8031、8051、89C51 等。这里只有 8031 没有片内 ROM，它目前已停产，无人使用。基本型的代表产品是 89C51，其基本配置如下：

①8 位的 CPU。

②4 KB 片内 ROM。

③128 字节可使用的片内 RAM。

④21 个特殊功能寄存器。

⑤32 线并行 I/O 接口。

⑥2 个 16 位定时/计数器。

⑦1 个全双工的串行接口。

⑧5 个中断源（2 级中断优先权的中断结构）。

（2）增强型。

增强型有 8032、8052、89C52 等，此类型单片机内的 ROM 和 RAM 容量比基本型增大了一倍，同时把 16 位定时/计数器增为 3 个。增强型的代表产品是 89C52，其基本配置如下：

①8 位 CPU。

②8 KB 片内 ROM。

③256 字节可使用的片内 RAM。

④26 个特殊功能寄存器。

⑤32 线并行 I/O 接口。

⑥3 个 16 位定时/计数器。

⑦1 个全双工的串行接口。

⑧6 个中断源（2 级中断优先权的中断结构）。

（3）特殊型。

为了适应不同的需要，一般一个系列的单片机具有多种衍生产品，每种衍生产品的处理器内核都是一样的，只是存储器和外设配置及封装不同，这样可以使单片机最大限度地与应用需求相匹配。因此，MCS-51 单片机发展成了一个庞大的家族，有上千种产品可供用户选择。

特殊型 MCS-51 体现在以下几个方面：

①内部程序存储器容量的扩展，由 1 KB、2 KB、4 KB、8 KB、16 KB、20 KB、32 KB，发展到 64 KB 甚至更多。

②片内数据存储器，目前已有 512 B、1 KB、2 KB、4 KB、8 KB 等。

③增加了外设功能，如片内 AD、DA、DMA、多并行接口（增加了 P4、P5）、PCA（可编程计数列阵）、PWM（脉宽调制）、PLC（锁相环控制）、WDT（看门狗）等。

④存储器的编程（烧录）方式，ISP（在系统编程）、IAP（在应用编程），可以通过并口、串口或专门引脚烧录程序。

⑤通信功能的增强，有 2 个串口、I²C 总线、ISP、USB 总线、CAN 总线、自带 TCP/IP 协议等。

⑥JTAG 调试型。

目前，在世界上较有影响、在国内市场份额较大的 MCS-51 系列单片机公司有 Intel、ATMEL、Philips、Cygnal、SST、STC 等，读者可以访问它们的网站，随时获取最新的信息。

现在应用最多的是基本型和增强型，本教材考虑到学时及学习计算机知识等因素，以学习基本型为主，在必要的地方将提及增强型。

2.2　引脚及封装

2.2.1　引脚

MCS-51 基本型芯片为 40 个引脚，常采用双列直插（DIP）方式封装的单片机，其引脚示意及功能分类如图 2.2 所示。CMOS 工艺制造的低功耗芯片也有采用方形封装，但为 44 个引脚，其中 4 个引脚是不使用的。

图 2.2　DIP 封装 MCS-51 单片机的引脚

40 个引脚按其功能，可以分为三个部分：

（1）电源及时钟引脚。

V_{CC}：接+5 V 电源正端。

V_{SS}：接+5 V 电源地端。

XTAL1：接外部晶体振荡器的一端。

XTAL2：接外部晶体振荡器的另一端。

（2）控制引脚。

RST：即 RESET，为单片机的上电复位端。

ALE：当访问外部存储器时，ALE（允许地址锁存信号）以每机器周期两次的信号输出，用于锁存出现在 P0 口的低 8 位地址。

$\overline{PSEN}$：片外程序存储器读选通信号输出端，低电平有效。

$\overline{EA}$：为访问外部程序存储器控制信号，低电平有效。

（3）输入/输出（I/O）引脚。

P0 口：P0.0~P0.7 统称为 P0 口。

P1 口：P1.0~P1.7 统称为 P1 口。

P2 口：P2.0~P2.7 统称为 P2 口。

P3 口：P3.0~P3.7 统称为 P3 口。

P3 口还具有第二功能：

P3.0：RXD 串行输入通道。

P3.1：TXD 串行输出通道。

P3.2：$\overline{INT0}$外部中断 0。

P3.3：$\overline{INT1}$外部中断 1。

P3.4：T0 计数器 0 外部输入。

P3.5：T1 计数器 1 外部输入。

P3.6：$\overline{WR}$外部数据存储器写选通。

P3.7：$\overline{RD}$外部数据存储器读选通。

P3 口作为一般的 I/O 口还是作为第二功能使用，需要通过软件的程序编程和相应的硬件配置才能实现。

这些引脚的特性在第 5 章中还会详细叙述。

2.2.2　封装

封装是芯片的外形和引脚的有关外形尺寸，是安装和焊接的依据，在设计制作 PCB 印制板时，必须首先选好封装形式才能设计。常用的 51 单片机有下列几种封装。

DIP（Dual in-Line Package）双列直插式封装，插装型封装之一，引脚从封装两侧引出，DIP 是最普及的插装型封装，引脚中心距 2.54 mm，如图 2.3（a）所示。另外，还有 PLCC（如图 2.3（b）所示）、LQFP（如图 2.3（c）所示）等封装，使用时请查数据手册。

(a) DIP40 封装

(b) PLCC44 封装　　　　　　　　　　(c) LQFP44 封装

图 2.3　单片机的封装

2.3　MCS—51 存储器组织

　　存储器用于存放程序与数据。半导体存储器本身结构复杂，为学习方便可以把它理解为：由一个个单元组成，每个单元有一个编号（称为地址），一个单元存放一个 8 位的二进制数（一个字节）。

　　计算机 CPU 的存储器地址空间有两种结构形式，即冯·诺伊曼结构（也称普林斯顿结构）和哈佛结构，如图 2.4 所示的是具有 64K 字节地址的两种结构图。

　　冯·诺伊曼结构的特点是计算机只有一个地址空间，ROM 和 RAM 被安排在这一地址空间的不同区域，一个地址对应唯一的一个存储器单元，CPU 访问 ROM 和访问 RAM 使用的是相同的访问指令。8086、奔腾等计算机采用这种结构。

　　哈佛结构的特点是计算机的 ROM 和 RAM 被安排在两个不同的地址空间，ROM 和 RAM 可以有相同的地址，CPU 访问 ROM 和 RAM 使用的是不同的访问指令。MCS—51 系列单片机采用的是哈佛结构。

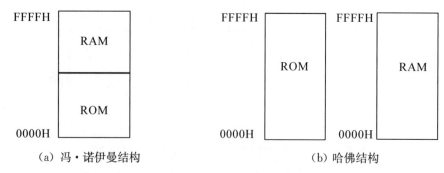

（a）冯·诺伊曼结构　　　　　　　　（b）哈佛结构

图 2.4　计算机存储器地址的两种结构形式

2.3.1　MCS−51 存储器组织

MCS−51 系列单片机系统存储器的配置如图 2.5 所示。

程序存储器(ROM)　　　　　　内部 RAM　　　　　　外部 RAM

图 2.5　MCS−51 存储器组织

从物理地址空间看，MCS−51 系列单片机有 4 个存储器地址空间，即内部程序存储器（简称内部 ROM）、外部程序存储器（简称外部 ROM）、内部数据存储器（简称内部 RAM）、外部数据存储器（简称外部 RAM）。

由于内部、外部程序存储器统一编址，因此从逻辑地址空间看，MCS−51 系列单片机有 3 个存储器地址空间：程序存储器、内部数据存储器、外部数据存储器。

2.3.2 程序存储器地址空间（**Program Memory Address Space**）

一个单片机系统之所以能够按照一定的次序进行工作，主要在于内部存在着程序，程序由用户编写，以二进制码的形式存放在程序存储器之中。这里所说的用户自己编写的程序与我们通常在 PC 机中的编写的程序不同，它以二进制的形式存放后一般是不能进行现场修改的，必须借助于仿真调试系统才能编写、修改、固化。

程序存储器除存放程序外，还存放固定的表格、常数等。

MCS-51 系列单片机最多可以扩展 64KB 程序存储器。程序存储器以程序计数器 PC 作为地址指针，通过 16 位地址总线寻址 64KB 的地址空间。

在 MCS-51 系列单片机应用的初级阶段，大多采用 8031 等芯片，它们没有片内 ROM，必须扩展片外 ROM。现在这类没有片内 ROM 的芯片已停产了。随着芯片集成技术的发展，目前的 MCS-51 系列单片机片内 ROM 的容量从 1KB 到 64KB，设计者可以根据需要选用。

MCS-51 系列单片机中 64KB 程序存储器的空间是统一编址的。对于有内部 ROM 的单片机，在正常运行时，应把 $\overline{EA}$ 引脚接高电平（$\overline{EA}=1$），程序首先从内部 ROM 开始执行。当 PC 值超过内部 ROM 的容量时，会自动转向外部程序存储器地址空间执行。例如：89C51 有 4KB 的内部 ROM，地址范围为 0000H～0FFFH，则片外地址范围为 1000H～FFFFH。当 PC 值超过 0FFFH 时，会自动转向外部 1000H 的地址空间。对这类单片机，若把 $\overline{EA}$ 接低电平（$\overline{EA}=0$），则片外程序存储器的地址范围为 0000H～FFFFH 的全部 64KB 地址空间，而不管片内是否实际存在着程序存储器，它都不会使用。

MCS-51 系列单片机复位后 PC 指针的内容为 0000H，因此，系统从 0000H 单元开始取指令码并执行程序。

2.3.3 内部数据存储器空间（**Internal Data Memory Address Space**）

内部数据存储器是使用频率最高的地址空间，单片机的所有操作指令几乎都与此区域有关，因此，弄懂并记住本区域的地址分布和功能对学习单片机是非常重要的。

内部数据存储器空间在物理上分为两部分，如图 2.6 所示。

图 2.6 片内 RAM

对基本型 51 子系列单片机如 89C51 等，0～127（00H～7FH）地址为片内数据存储器空间；128～255（80H～FFH）地址为特殊功能寄存器（SFR）空间。

下面，将首先叙述片内数据存储器中低 128 个单元部分，然后在下一节叙述高 128 个单元部分，即特殊功能寄存器部分。

地址为 00H～7FH 的内部数据存储器使用分配见表 2.1，各部分的特点如下：

（1）工作寄存器区。所谓寄存器，就是指那些有特殊作用与功能的存储单元，工作寄存器在单片机的指令中使用非常频繁。工作寄存器区共有四个组（Bank），每组 8 个存储单元，以 R0～R7 作为单元编号，用于保存操作数及中间结果等。共占用 00H～1FH 32 个单元地址。

工作寄存器区使用时应注意：复位后，自动选中 0 组。如要选择其他组，需通过改变程序状态字 PSW 中的 RS1、RS2 来决定，具体如何操作将在 2.3.4 节中讲解。

一旦选中了一个组，其余三组只能作为普通数据存储器使用，而不能作为寄存器使用。

（2）位寻址区。单元地址为 20H～2FH，既可以作为一般 RAM 单元使用，按字节进行操作；也可以对单元中的每一位直接进行位操作，因此称为"位寻址区"。在这个区内，单元中的每一位都有自己的位地址以便计算机进行位处理，这是 MCS−51 单片机的特点之一。

位地址中的内容只能是"0"或"1"。如位地址 21H 的内容为"1"，是指字节地址 24H 中的第 1 位二进制数为"1"。MCS−51 系列单片机有专门处理位操作的指令。

（3）用户 RAM 区。在内部 RAM 低 128 个存储单元中，除去前面两个区，还剩下 80 个存储单元，称为用户 RAM 区，字节地址为 30H～7FH。在此区内用户可以设置堆栈区和存储中间数据。

对增强型 52 子系列单片机如 89C52 等，还有一个与特殊功能寄存器地址重叠的内部数据存储器空间，地址也为 80H～FFH。对这部分数据存储器的操作必须采用寄存器间接寻址方式。

表2.1 内部RAM

地址								
7FH	User's RAM							
30H								
2FH	7F	7E	7D	7C	7B	7A	79	78
2EH	77	76	75	74	73	72	71	70
2DH	6F	6E	6D	6C	6B	6A	69	68
2CH	67	66	65	64	63	62	61	60
2BH	5F	5E	5D	5C	5B	5A	59	58
2AH	57	56	55	54	53	52	51	50
29H	4F	4E	4D	4C	4B	4A	49	48
28H	47	46	45	44	43	42	41	40
27H	3F	3E	3D	3C	3B	3A	39	38
26H	37	36	35	34	33	32	31	30
25H	2F	2E	2D	2C	2B	2A	29	28
24H	27	26	25	24	23	22	21	20
23H	1F	1E	1D	1C	1B	1A	19	18
22H	17	16	15	14	13	12	11	10
21H	0F	0E	0D	0C	0B	0A	09	08
20H	07	06	05	04	03	02	01	00
1FH	R7							
	Bank3							
18H	R0							
17H	R7							
	Bank2							
10H	R0							
0FH	R7							
	Bank1							
08H	R0							
07H	R7							
	Bank0							
00H	R0							

2.3.4　特殊功能寄存器（Special Function Register，SFR）

特殊功能寄存器能反映 MCS−51 的工作状态，MCS−51 功能的实现也要由 SFR 来体现。因此，对于单片机应用者来说，SFR 非常重要，掌握了 SFR 也就基本掌握了 MCS−51 单片机。

SFR 在单片机中实质上是一些具有特殊功能的内部 RAM 单元，离散分布在字节地址范围为 80H～FFH，在 128 个字节空间只占用了很小一部分，这也为 MCS−51 系列单片机功能的增加提供了极大的余地。基本 MCS−51SFR 只有 21 个，离散地分布在该区域中，其中那些地址能被 8 整除的 SFR 还可以进行位寻址。

　　表 2.2 列出了 MCS—51 基本型的 SFR 的符号、地址，它只有 21 个单元，主要的功能从它的中文名称中可以反映出来，详细的用法见后面的章节内容。这里首先介绍一下程序状态字寄存器 PSW。

表 2.2　特殊功能寄存器

地址	位 地 址 与 位 名 称								符号	名称
F0H	F7	F6	F5	F4	F3	F2	F1	F0	B	B 寄存器
* E0H	Acc. 7 E7	Acc. 6 E6	Acc. 5 E5	Acc. 4 E4	Acc. 3 E3	Acc. 2 E2	Acc. 1 E1	Acc. 0 E0	* A	* A 累加器
* D0H	CY D7	AC D6	F0 D5	RS1 D4	RS0 D3	OV D2	— D1	P D0	* PSW	程序状态字
B8H	—	—	—	BC	BB	BA	B9	B8	IP	中断优先权寄存器
* B0H	P3.7 B7	P3.6 B6	P3.5 B5	P3.4 B4	P3.3 B3	P3.2 B2	P231 B1	P3.0 B0	* P3	* P3 端口
* A8H	EA AF	— —	— AD	ES AC	ET1 AB	EX1 AA	ET0 A9	EX0 A8	* IE	中断允许寄存器
* A0H	P2.7 A7	P2.6 A6	P2.5 A5	P2.4 A4	P2.3 A3	P2.2 A2	P2.1 A1	P2.0 A0	P2	P2 端口
99H	无位寻址								SBUF	串口数据缓冲器
* 98H	SM0 9F	SM1 9E	SM2 9D	REN 9C	TB8 9B	RB8 9A	TI 99	RI 98	* SCON	串口控制寄存器
* 90H	P1.7 97	P1.6 96	P1.5 95	P1.4 94	P1.3 93	P1.2 92	P1.1 91	P1.0 90	* P1	P1 端口
8DH	无位寻址								TH1	计数器 1 高 8 位
8CH	无位寻址								TH0	计数器 0 高 8 位
8BH	无位寻址								TL1	计数器 1 低 8 位
8AH	无位寻址								TL0	计数器 0 低 8 位
89H	GATE	C/$\overline{\text{T}}$	M1	M0	GATE	C/$\overline{\text{T}}$	M1	M0	TMOD	定时器模式寄存器
* 88H	TF1 8F	TR1 8E	TF0 8D	TR0 8C	IE1 8B	IT1 8A	IE0 89	IT0 88	* TCON	定时器控制寄存器
87H	SMOD	无位寻址							PCON	电源控制寄存器
83H	无位寻址								DPH	数据指针高 8 位
82H	无位寻址								DPL	数据指针低 8 位
81H	无位寻址								SP	堆栈指针
* 80H	P0.7 87	P0.6 86	P0.5 85	P0.4 84	P0.3 83	P0.2 82	P0.1 81	P0.0 80	* P0	P0 端口

　　注：＊为可位寻址的特殊功能寄存器。

程序状态字寄存器 PSW（8 位）是一个标志寄存器，它保存指令执行结果的特征信息，以供程序查询和判别。其程序状态字格式及含义见表 2.3。

表 2.3　程序状态字格式及含义

标志	CY	AC	F0	RS1	RS0	OV	—	P
位地址	D7	D6	D5	D4	D3	D2	D1	D0

进位标志位 CY（carry）：有进位或借位时 CY 置"1"。

辅助进位标志 AC（assistant carry）：低 4 位有进位或借位时 AC 为 1。

用户标志位 F0：由用户定义。

寄存器组选择位 RS1、RS0：四组工作寄存器道的选择与四组工作寄存器的对应关系见表 2.4。

表 2.4　对应关系

RS1	RS0	选中寄存器组
0	0	0 组
0	1	1 组
1	0	2 组
1	1	3 组

溢出标志位 OV（overflow）：溢出时 OV 为"1"。

保留位—：厂家用做他用。

奇偶标志 P（parity）：A 中数据的奇偶性，A 中 1 的个数是奇数时 P 为"1"，偶数时 P 为"0"。

2.3.5　外部数据存储器空间（**External Data Memory Address Space**）

MCS−51 系列单片机具有扩展 64KB 外部数据存储器的能力。外部数据存储器的地址可从 0000H~FFFFH 实现统一编址。但外部数据存储器并不是单片机应用系统必须配置的存储空间。设计者应该根据单片机应用系统的需要决定是否配置外部数据存储器。

2.4　复位电路

2.4.1　复位后各寄存器的状态

复位操作完成单片机片内电路的初始化，使单片机从一种确定的状态开始工作。

将单片机的复位引脚 RST 保持两个机器周期的高电平能使单片机复位。复位后片内各寄存器的状态见表 2.5。

表 2.5　复位后片内寄存器的初始状态

特殊功能寄存器	初始状态	特殊功能寄存器	初始状态
PC	0000H	TMOD	00H
A	00H	TCON	00H
B	00H	TH0	00H
PSW	00H	TL0	00H
SP	07H	TH1	00H
DPTR	0000H	TL1	00H
P0~P3	FFH	SBUF	不定
IP	xxx00000B	SCON	00H
IE	0xx00000B	PCON	0xxxxxxxB

注：表中的 x 为随机状态。PC 是程序指针，不属于特殊功能寄存器。

另外，在复位有效期间（即高电平），MCS−51 的 ALE 引脚为高电平，且内部 RAM 不受复位的影响。

2.4.2　上电复位和按钮复位

根据应用要求，复位操作通常有两种基本形式：上电复位和按钮复位。

最简单的上电复位电路如图 2.7（a）所示。工作原理为：上电瞬间 RC 电路充电，RST 引脚端出现正脉冲，只要 RST 端保持两个时钟周期以上的高电平，就能使单片机有效地复位。如图 2.7（b）所示为上电与按钮复位电路。如图 2.7（c）所示为采用专用芯片 Max810 复位电路，它可以使复位更为可靠。

(a) 上电复位电路　　　　　　(b) 上电与按钮复位电路　　　　　(c) 专用芯片复位

图 2.7　单片机复位电路

2.4.3　晶振电路

MCS−51 系列单片机的时钟信号通常用两种电路形式得到，即内部振荡方式和外部振荡方式。

在引脚 XTAL1 和 XTAL2 外接晶体振荡器，就构成了内部振荡电路，如图 2.8 所示。图中 C1、C2 起稳定振荡频率、快速起振的作用，电容值一般为 5 pF~30 pF。晶振常选用 6 MHz、12 MHz 或 24 MHz，采用串口时常使用 11.0592 MHz。内部振荡方式所得到的时钟信号比较稳定，应用较多。

外部振荡方式是把已有的时钟信号引入单片机内，电路如图 2.9 所示。由于 XTAL1 的逻辑电平不是 TTL 的，故建议外接一个 4.7 kΩ～10 kΩ 的上拉电阻。

图 2.8　内部振荡方式　　　　　图 2.9　外部振荡方式

2.4.4　单片机的时序单位

单片机的时序单位如图 2.10 所示。

图 2.10　单片机时序单位

（1）时钟周期（振荡周期）：为单片机提供定时信号的振荡源的周期（晶振周期或外加振荡源周期）。

（2）状态周期：2 个振荡周期为 1 个状态周期，用 S 表示。两个振荡周期作为两个节拍分别称为节拍 P1 和节拍 P2。

（3）机器周期：1 个机器周期含 6 个状态周期，用 S1～S6 表示，共由 12 个时钟周期组成。

（4）指令周期：执行一条指令所需的时间。1 个指令周期依据指令不同而不同，可由 1～4 个机器周期组成。

例如，外接晶振为 12 MHz 时，MCS－51 单片机的 4 种时序周期的具体值为：

时钟周期 $=\dfrac{1}{12}$ μs；

状态周期 $=\dfrac{1}{6}$ μs；

机器周期 $=1$ μs；

指令周期 $=1$ μs～4 μs。

思考题及习题

1. 简述 MCS−51 单片机有哪些类型？主要区别是什么？

2. MCS−51 单片机中的 51 子系列单片机内部包含哪些主要功能器件？

3. 51 子系列单片机存储器空间从逻辑上可分为哪几部分？各部分的作用是什么？

4. 简述 51 子系列单片机片内 RAM 的空间分配及各部分功能。

5. 51 单片机 $\overline{EA}$ 引脚有何功能？在使用 89C51 时 $\overline{EA}$ 引脚应如何处理？

6. 特殊型 MCS−51 单片机对基本型的功能进行了哪些方面的扩展？

7. 使单片机系统复位有哪几种常见方法？绘出其原理图，复位后特殊功能寄存器的初始值如何？

8. 开机复位后，CPU 使用哪组工作寄存器？它们的地址是多少？

9. 内部 RAM 中，什么是字节地址？什么是位地址？

第3章 指令系统及汇编程序设计

  MCS-51单片机指令系统是一种简明、容易掌握、效率高的指令系统。

  学习 MCS-51 指令是学习单片机的基础,它可以帮助你进一步了解单片机的硬件,并为将来学习单片机的高级语言(如 C51)打下良好的基础。

  MCS-51 的基本指令共有 111 条,包括数据传送交换类、算术运算类、逻辑运算与循环类、子程序调用与转移类、位操作类和 CPU 控制类。每一类的指令都有相似的符号和格式,只要能熟练理解、记忆其中 30 多条指令,就会触类旁通其余指令。

  某些指令对标志位、PC 值的影响是复杂的,第一次学习这类指令时可以只理解其主要内涵,在使用过程中再进一步加强理解。

  本章中的指令基本上都列出了其英文,这有助于对指令的记忆。

  本章最后讲述了用汇编语言设计简单的程序。

3.1 基本概念

3.1.1 汇编语言格式

  下面是 MCS-51 单片机汇编语言的两条语句:

```
LOOP: MOV   A , @R0
      MOV   30H, A    ;将 A 中的内容送到 30H 单元中去
```

MCS-51 单片机指令的标准格式为:

  [标号:] 操作码 [目的操作数][, 源操作数] [;注释]

  (1) 括号 [ ] 表示该项是可选项,如上例中的 LOOP。

  (2) 标号是用户使用的符号,它实际代表该指令所在的地址。标号必须以字母开头,其后跟 1~8 个字母或数字,并以 ":" 结尾。

  (3) 操作码是用英文缩写的指令功能助记符。它确定了本条指令完成什么样的操作功能。如 MOV 表示数据传送、ADD 表示加法操作。

  (4) 目的操作数表示操作结果存放单元的地址,如上例中的 A、30H,它与操作码之间必须以一个或几个空格分隔。

  (5) 源操作数指出的是一个源地址(或数),如上例中的@R0、A,表示操作的对象或操作数来自何处。它与目的操作数之间要用 "," 号隔开。

  (6) 注释部分是在编写程序时为了增加程序的可读性,由用户拟写的程序说明。它以分号 ";" 开头,可以用中文、英文或某些符号来书写其内容,它不存入单片机的 ROM 中,

只出现在文本文件的源程序中。

MCS-51 程序可用汇编语言写成，汇编语言是一种介于二进制代码的机器语言与高级语言之间的程序语言。它比机器语言容易记忆，比高级语言难于使用，但其操作硬件较容易，执行速度较快。

汇编语言不能直接存入单片机的程序存储器，必须经过汇编，将指令翻译成二进制的机器码（通常用 16 进制码表示）再装入程序存储器。如汇编指令 MOV A,♯80H，其机器码为两个字节 74H、80H，单片机的 CPU 会对这两个字节作出正确的指令解释。

3.1.2　指令中常用符号

在介绍各类指令之前，先对描述指令的一些符号的意义进行简单约定。

Rn：R 表示当前工作寄存器区中的工作寄存器，n 表示 0~7，即 R0~R7；当前工作寄存器的选定是由 PSW 的 RS1 和 RS0 位决定的。

Ri：i 表示 0 或 1，即 R0 和 R1。

♯data：♯ 表示立即数，data 为 8 位二进制常数。

♯data16：表示在指令中的 16 位二进制常数。

rel：相对地址，在机器码中以补码形式表示的地址偏移量，在汇编语言程序中一般用标号代替。

addr16：16 位地址，地址范围为 0~64 KB 地址空间。

addr11：11 位地址，地址范围为 0~2 KB 地址空间。

direct：表示内部数据存储器 RAM 的单元地址（00H~FFH），或特殊功能寄存器 SFR 的地址。对于 SFR 可直接用其名称来代替其直接地址。

bit：内部数据存储器 RAM 和特殊功能寄存器 SFR 中的位地址。

@：间接寻址寄存器或基地址寄存器的前缀，如@Ri、@DPTR 等。@读作"at"。

(x)：表示 x 单元中的内容。

((x))：表示 (x) 作地址，该地址的内容用 ((x)) 表示。

→：指令解释中的符号，表示在指令操作流程中将箭头起点一方的内容拷贝到箭头终点一方。

3.1.3　寻址方式

第一次学习汇编语言的读者可以暂时不看这一节，学习完本章 3.2.1 内容后再学习这一部分。作为学习的初期，了解寻址方式就行了，没有必要在这方面花费太大的精力和时间。

所谓寻址方式，是指寻找（或确定）操作数或操作数所在单元地址的方式。操作数有源操作数和目的操作数，因此两种操作数都有寻址方式的问题。但如果没有特别指定，指令中的寻址方式是针对源操作数的寻址方式。

一般来说，寻址方式越多，计算机寻址能力越强。MCS-51 系列单片机有 7 种寻址方式。

（1）立即寻址。

操作数在指令中直接给出。它紧跟在操作码的后面，作为指令机器码的一部分与操作码一起存放在程序存储器内，可以立即得到并执行，不需要另去寻找，故称为立即寻址。该操作数称为立即数，并在其前冠以"♯"号作前缀，以表示并非地址。立即数可以是 8 位或 16 位二进制数，一般用十六进制数表示，在一些编译器中也可用十进制表示。

例：MOV　A，#0FH　　　 ；机器码为 740F

　　MOV　DPTR，#2000H；机器码为 902000

（2）直接寻址。

指令中直接给出操作数所在的存储器单元地址的寻址方式称为直接寻址。对内部数据存储器，指令中以直接地址给出；对特殊功能寄存器，在指令中可以用寄存器名表示。

例：MOV　A，40H

　　MOV　R0，P1

　　MOV　30H，20H

（3）寄存器寻址。

以通用寄存器的内容为操作数的寻址方式称为寄存器寻址。通用寄存器包括 A、B、DPTR、R0～R7，其中 B 寄存器仅在乘、除法指令中为寄存器寻址，在其他指令中为直接寻址。除了上面所指出的几个寄存器外，其他特殊功能寄存器一律为直接寻址。

例：MOV　A，R0

　　MUL　AB

（4）寄存器间接寻址。

由指令指出某一个寄存器的内容作为操作数地址的寻址方法，称为寄存器间接寻址方法。这里要强调的是，寄存器的内容不是操作数本身，而是操作数所在单元的地址。

例：MOV　A，@R1

（5）变址寻址。

基址寄存器加变址寄存器间接寻址，简称变址寻址。它以数据指针 DPTR 或程序计数器 PC 作为基址寄存器，累加器 A 作为变址寄存器，两者的内容相加形成 16 位程序存储器地址，该地址就是操作数所在单元的地址。

例：MOVC　A，@A+DPTR

　　MOVC　A，@A+PC

（6）相对寻址。

相对寻址是指程序计数器 PC 的当前内容与指令中的操作数相加，其结果作为跳转指令的转移地址（也称目的地址）。该类寻址方式主要用于跳转指令。

例如：指令“SJMP　54H”执行的操作是将 PC 当前的内容与 54H 相加，结果再送回 PC 中，成为下一条将要执行指令的地址，操作数用补码形式表达。

（7）位寻址。

位寻址是指按位进行的操作，而上述介绍的指令都是按字节进行的操作。在 MCS-51 单片机中，操作数不仅可以按字节为单位进行操作，也可以按位进行操作。当把某一位作为操作数时，这个操作数的地址称为位地址。

位寻址区包括专门安排在内部 RAM 中的两个区域：一是内部 RAM 的位寻址区，地址范围是 20H～2FH，共 16 个 RAM 单元，位地址为 00H～7FH；二是特殊功能寄存器 SFR 中有 11 个寄存器可以位寻址，可以参见前面有关章节中位地址的定义。

例如：指令“SETB　3DH”执行的操作是将内部 RAM 位寻址区中的 3DH 位置 1。

设内部 RAM 27H 单元的内容是 00H，执行“SETB 3DH”后，由于 3DH 对应着内部 RAM 27H 的第 5 位，因此该位变为 1，也就是 27H 单元的内容变为 20H。

3.2　MCS-51 指令系统

MCS-51 的基本指令共有 111 条，包括数据传送交换类、算术运算类、逻辑运算与循环类、子程序调用与转移类、位操作类和 CPU 控制类。

3.2.1　数据传送与交换指令（Data Transfer）

数据传送类指令共 29 条，它是指令系统中最活跃、使用最多的一类指令。一般的操作是把源操作数传送到目的操作数。

其特点是：指令执行后目的操作数改为源操作数，而源操作数保持不变（取之不尽）；一般不影响进位标志 CY、半进位标志 AC 和溢出标志 OV，但要影响标志位 P。

1. 以累加器 A 为目的操作数的指令（Move to Accumulator）

```
MOV   A，♯data     ；(A) ← ♯data
MOV   A，Rn        ；n=0~7，(A) ← (Rn)
MOV   A，@Ri       ；i=0，1，(A) ← ((Ri))
MOV   A，direct    ；(A) ← (direct)，   direct 为内部 RAM 或 SFR 地址
```

说明：

MOV　A，@Ri 是以 Ri 的内容为地址，把该地址中的内容送到 A 中去，A← ((Ri))。

MOV　A，R0 是将 R0 的内容送到 A 中去，A← (R0)。

　例：MOV A，@R0　　；(A) ← ((R0))

　这条指令表示从 R0 中找到源操作数所在单元的地址，把该地址中的内容传送给 A。

　若指令执行前 (R0)=34H，(34H)=40H，执行指令后，(A)=40H。

指令的执行过程如图 3.1 所示。

注意以下两组指令的不同点：

(1) MOV　A，♯20H 执行后 (A)=20H，A 的内容为 20H。

(2) MOV　A，20H 执行后 (A)=(20H)，A 的内容为 20H 中的内容。

另外，可以从附录 C 中查出指令的机器码、指令字节数、执行指令的机器周期，例如：

MOV A，♯30H 的机器码为 74 30H，2 个字节，1 个机器周期。

MOV A，@R0 的机器码为 E6H，1 个字节，1 个机器周期。

2. 以 Rn 为目的操作数的指令（Move to Register）

```
MOV   Rn，A        ；(Rn) ← (A)，n=0~7
MOV   Rn，direct   ；(Rn) ← (direct)
MOV   Rn，♯data    ；(Rn) ← ♯data
```

　例：若 (30H)=40H，执行 MOV R5，30H 后，(R5)=40H。

3. 以直接地址为目的操作数的指令（Move to direct）

```
MOV   direct，A    ；(direct) ← (A)
MOV   direct，Rn   ；(direct) ← (Rn)，n=0~7
```

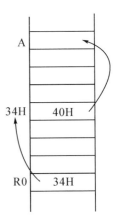

图 3.1　MOV A，@R0

> MOV direct，@Ri ; direct← ((Ri))，i=0，1
>
> MOV direct，direct ; direct← (direct)
>
> MOV direct，♯data; direct← ♯data

说明：

（1）对内部数据存储器，指令中以直接地址给出，如 MOV 30H，♯50H。

（2）对特殊功能寄存器，在指令中可以用寄存器名表示，如 MOV P1，A。

4. 以寄存器间接地址为目的操作数指令（Move to indirect）

> MOV @Ri， A ；((Ri)) ← (A)，i=0，1
>
> MOV @Ri， direct ；((Ri)) ← (direct)
>
> MOV @Ri， ♯data ；((Ri)) ← ♯data

例：若 (R0)=35H，(35H)=70H，执行 MOV A，@R0 后，(A)=70H。

5. 16 位数据传输指令（Load Data Point with a 16-bit constant）

> MOV DPTR， ♯data16 ；(DPTR) ← ♯data16

DPTR 为 16 位数据指针，其高 8 位和低 8 位分别由 SFR 中的 DPH、DPL 组成。

> **例**：MOV DPTR，♯2010H 相当于：
>
> MOV DPH，♯20H
>
> MOV DPL，♯10H

6. 堆栈操作指令（Push direct byte onto stack，Pop direct byte from stack）

堆栈操作有进栈和出栈操作，即压入和弹出数据，常用于保存或恢复现场。

（1）进栈指令 PUSH direct (SP) ← (SP)+1，((SP)) ← (direct)

> **例**：当 (SP)=60H，(A)=30H，(B)=70H 时，执行
>
> PUSH ACC ；(SP)+1=61H→ (SP)， (A) → (61H)
>
> PUSH B ；(SP)+1=62H→ (SP)， (B) → (62H)

结果为：(61H)=30H，(62H)=70H，(SP)=62H。

（2）出栈指令 POP direct (direct) ← ((SP))，(SP) ← (SP) −1

> **例**：当 (SP)=62H，(62H)=70H，(61H)=30H 时，执行
>
> POP DPH ；((SP)) → (DPH)， (SP) −1=61H→ (SP)
>
> POP DPL ；((SP)) → (DPL)， (SP) −1=60H→ (SP)

结果为：(DPTR)=7030H，(SP)=60H。

堆栈指针 SP 在单片机复位后的初值为 SP=07H，可以在使用堆栈前对 SP 赋初值。

堆栈的存储原则是"先进后出"，即先推入栈的必须后出栈。

入栈时：PUSH ACC

> PUSH B
>
> ⋮

出栈时：POP B

> POP ACC

如果出栈时为：

> POP ACC
>
> POP B

就违反了"先进后出"的原则，编译时会显示错误。

PUSH、POP 两条指令后面一定要跟直接地址，它的机器码中（见附录 C 中 C.1）会出

现这个直接地址 direct，如 PUSH 20H 的机器码是 "C0 20"。汇编中用 A 表示累加器，而用 ACC 表示 A 的地址 "E0"。所以一般只能用 PUSH ACC、POP ACC，但也有一些编译软件可以自动区别这类指令中的 A 和 ACC。

7. 访问外部数据存储器指令（Move External RAM）

```
MOVX   A，@DPTR   ；(A) ← ((DPTR))，地址范围 0～64K
MOVX   A，@Ri     ；(A) ← ((Ri))，地址范围 0～255
MOVX   @DPTR，A   ；((DPTR)) ← (A)
MOVX   @Ri，A     ；((Ri)) ← (A)
```

说明：

（1）"MOVX A，@Ri"、"MOVX @Ri，A" 为两个字节的指令，"MOVX A，@DPTR"、"MOVX @DPTR，A" 为三个字节的指令。

（2）访问外部数据存储器的四条指令都是通过 A 累加器进行数据传输的。

8. 访问程序存储器指令（Move Code byte relative to DPTR or PC to Acc）

（1）MOVC A，@A+DPTR ； (A) ←((A)+(DPTR))

例：若 (DPTR)=0300H，(A)=02H，ROM 中 (0302H)=55H，执行 MOVC A，@A+DPTR 后，结果为：(A)=55H。

（2）MOVC A，@A+PC； (A) ←((A)+(pc))

PC 为程序指针，它总是指向下一条要执行指令的地址，即它的内容为下一条要执行指令的地址。

访问程序存储器指令常用于查表程序，所以又称查表指令。

例：根据 A 中的内容（0～9）查平方表。程序及装入 ROM 后的地址、机器码如下：

地址	机器码	源程序
		ORG 0000H
0000	7403	MOV A，♯03H
0002	83	MOVC A，@A+PC
0003	00	DB 00H
0004	01	DB 01H
0005	04	DB 04H
0006	09	DB 09H
0007	10	DB 10H
0008	19	DB 19H
0009	24	DB 24H
000A	31	DB 31H
000B	40	DB 40H
000C	51	DB 51H
		END

此例中 (A)=03H，执行 MOVC A，@A+PC 指令时，(PC)=0003H，A+PC=03H+0003H=0006H，因 ROM 中 (0006H)=09H，所以查表后 (A)=09H，正是 3 的平方 9。

9. 字节交换指令（Exchange with Accumulator）

```
XCH   A，Rn      ；(A) ←→ (Rn)
XCH   A，direct  ；(A) ←→ (direct)
XCH   A，@Ri     ；(A) ←→ ((Ri))
```

例：（A）=80H，（R7）=97H，执行 XCH　A，R7 后，结果为：（A）=97H，（R7）=80H。

10.　半字节交换指令（Exchange low-order Digit indirect RAM with Acc）

　　　XCHD　A，@Ri　；（A）$_{0-3}$ ←→（(Ri)）$_{0-3}$

本指令对两个字节的低 4 位部分进行了交换，各自的高 4 位部分保持原样。

　　　例：（R0）=60H，（60H）=3EH，（A）=59H，执行 XCHD　A，@R0 后，结果为：（A）=5EH，
（60H）=39H。

11.　数据传输指令综合例题

（1）指出下列指令是否错误，指令的目的在注释中，如需改正，请改正确。

　　　①MOV　A，#1000H　　　　；（A）←#1000H

　　　②MOVX　A，1000H　　　　；（A）←片外 RAM（1000H）

　　　③MOVC　A，1000H　　　　；（A）←ROM（1000H）

　　　④MOVX　60H，A　　　　　；片外 RAM（60H）←（A）

　　　⑤MOV　R0，#60H　　　　　；（61H）←（60H）

　　　　MOV　61H，@R0

　　　⑥XCH　R1，R2　　　　　　；（R1）←→（R2）

　　　⑦MOVX　DPTR，2000H　　；（DPTR）←片外 RAM（2000H）

　　　⑧MOVX　60H，@DPTR　　；片内（60H）←片外 RAM（DPTR）

解：

①错，A 中只能装 8 位的二进制数，1000H 是 16 位二进制数，A 中无法容纳。

②错，可改为：MOV DPTR，#1000H

　　　　　　　MOVX A，@DPTR

③错，可改为：MOV DPTR，#1000H

　　　　　　　MOV A，#00H

　　　　　　　MOVC A，@A+DPTR

④错，可改为：MOV R0，#60H

　　　　　　　MOVX @R0，A

⑤正确，但可以简化为 MOV　61H，60H。

⑥错，指令 XCH 必须通过 A 进行交换，可改为：

　　　　　　　MOV A，R1

　　　　　　　XCH A，R2

　　　　　　　MOV R1，A

⑦错，片外 RAM 2000H 单元中是一个 8 位二进制数，DPTR 可装 16 位二进制数，因此，片外 RAM 2000H 中的内容装入 DPTR 的低 8 位 DPL 比较合理。可改为：

　　　　　　　MOV DPTR，#2000H

　　　　　　　MOVX A，@DPTR

　　　　　　　MOV DPL，A

　　　　　　　MOV DPH，#00H

⑧错，可改为：MOVX A，@DPTR

　　　　　　　MOV 60H，A

（2）用数据传输指令来完成下列要求的数据传送。

①R0 内容输出到 R1。

②外部 RAM 20H 单元的内容传送到 A。

③内部 RAM 30H 单元的内容送到 R0。

④外部 RAM 30H 单元的内容送内部 RAM 20H。

⑤外部 RAM 1000H 单元的内容送内部 RAM 20H。

⑥程序存储器 2000H 单元的内容送到 R1。

⑦程序存储 2000H 单元的内容送内部 RAM 20H。

⑧程序存储器 2000H 单元的内容送外部 RAM 20H。

⑨程序存储器 2000H 单元的内容送外部 RAM 2000H。

解：

　　①MOV A，R0

　　　MOV R1，A

　　②MOV R0，♯20H

　　　MOVX A，@R0

　　③MOV R0，30H

　　④MOV R0，♯30H

　　　MOVX A，@R0

　　　MOV 20H，A

　　⑤MOV DPTR，♯1000H

　　　MOVX A，@DPTR

　　　MOV 20H，A

　　⑥MOV DPTR，♯2000H

　　　MOV A，♯00H

　　　MOVC A，@A+DPTR

　　　MOV R1，A

　　⑦MOV DPTR，♯2000H

　　　MOV A，♯00H

　　　MOVC A，@A+DPTR

　　　MOV 20H，A

　　⑧MOV DPTR，♯2000H

　　　MOV A，♯00H

　　　MOVC A，@A+DPTR

　　　MOV R0，♯20H

　　　MOVX @R0，A

　　⑨MOV DPTR，♯2000H

　　　MOV A，♯00H

　　　MOVC A，@A+DPTR

　　　MOV DPTR，♯2000H

　　　MOVX @DPTR，A

3.2.2 算术操作类指令（Arithmetic Operations）

算术运算类指令共有 24 条，可分为加法、带进位加法、带借位减法、加 1 减 1、乘除及十进制调整指令共 6 组。它主要完成加、减、乘、除四则运算，以及增量、减量和十进制调整操作，对 8 位无符号数可进行直接运算；借助溢出标志，可对带符号数进行补码运算；借助进位标志，可进行多字节加减运算，也可以对压缩 BCD 码（即单字节中存放两位 BCD 码）进行运算。

特点：一般都影响标志位，在学习时要注意这些影响。

1. 加法指令（Addition）

ADD　A，Rn　　　；(A) ← (A) + (Rn)
ADD　A，@Ri　　；(A) ← (A) + ((Ri))
ADD　A，direct　；(A) ← (A) + (direct)
ADD　A，#data　；(A) ← (A) + #data

说明：

（1）这组指令的功能是把所指出的字节变量与累加器 A 的内容相加，其结果放在累加器 A 中。它将对 PWS 中的进位 Cy、辅助进位 Ac、溢出位 OV、奇偶标志 P 四种标志位产生影响。

（2）如果位 7 有进位输出，则置"1"进位标志位 Cy，否则清"0" Cy。

（3）如果位 3 有进位输出，则置"1"辅助进位标志位 Ac，否则清"0" Ac。

（4）如果位 6 有进位而位 7 没有进位，或者位 7 有进位而位 6 没有进位，则置"1"溢出标志位 OV，否则清"0" OV。

相加的结果在 A 中，A 中"1"的个数为偶数时 P=0，奇数时 P=1。

例：(A)=53H，(R0)=FCH，执行指令 ADD A, R0 后，有

$$
\begin{array}{r}
0101\ 0011 \\
+)\quad 1111\ 1100 \\
\hline
1\ 0100\ 1111
\end{array}
$$

结果为：(A)=4FH，Cy=1，AC=0，OV=0，P=1。

例：(A)=85H，(R0)=20H，(20H)=AFH，执行指令 ADD A, @R0 后，有

$$
\begin{array}{r}
1000\ 0101 \\
+)\quad 1010\ 1111 \\
\hline
1\ 0011\ 0100
\end{array}
$$

结果为：(A)=34H，Cy=1，AC=1，OV=1，P=1。

2. 带进位加法指令（Add with Carry）

ADDC　A，Rn　　　；(A) ← (A) + (Rn) + (Cy)
ADDC　A，@Ri　　；(A) ← (A) + ((Ri)) + (Cy)
ADDC　A，direct　；(A) ← (A) + (direct) + (Cy)
ADDC　A，#data　；(A) ← (A) + #data+ (Cy)

说明：

这组指令对标志位的影响与 ADD 相同。

3. 加 1 指令（Increment）

```
INC   A        ；(A) ← (A) +1
INC   Ri       ；(Ri) ← (Ri) +1
INC   direct   ；(direct) ← (direct) +1
INC   @Ri      ；((Ri)) ← ((Ri)) +1
INC   DPTR     ；(DPTR) ← (DPTR) +1
```

说明：

这组指令不影响任何标志位。

例：(A)=FFH，(Cy)=0，执行 INC A 后，结果为：(A)=00H，(Cy)=0（而不是 1）。

4. 十进制调整指令（Decimal Adjust——Decimal Adjust Accumulator for Addition）

```
DA   A
```

说明：

对 A 中的内容进行十进制调整。

压缩的 BCD 码在形式上的表达为字节的高 4 位和低 4 位都是 0～9。此指令执行后，如果 A 中数的高 4 位和低 4 位都是 0～9，则结果不变。如果低 4 位大于 9，则低 4 位保留个位，向高 4 位进一；同样，如果高 4 位大于 9（或加上低 4 位的进位大于 9），则高 4 位保留个位，Cy 置 1。

若（A）=21H，执行 DA A 后，(A)=21H。

若（A）=1AH，执行 DA A 后，(A)=20H。

若（A）=FFH，执行 DA A 后，(A)=65H。

说明：

两个压缩 BCD 码按二进制相加，必须经过本条指令调整后才能得到正确的压缩 BCD 码的结果，正确实现十进制的加法运算。

例：35H 为压缩 BCD 码，表示十进制的十位为 3，个位为 5。46H 为压缩 BCD 码，表示十进制的十位为 4，个位为 6。如两个 BCD 码相加，则

```
MOV   A，♯35H
ADD   A，♯46H
```

结果为：(A)=7BH，并不是希望的结果 81H（即 35+46=81）；执行 DA A 后，(A)=81H，这个压缩的 BCD 码正是希望的十进制加法的结果。

5. 减法指令（Subtract with borrow）

```
SUBB   A，  Rn      ；(A) ← (A) － (Rn) － (Cy)
SUBB   A，  @Ri     ；(A) ← (A) － ((Ri)) － (Cy)
SUBB   A，  direct  ；(A) ← (A) － (direct) － (Cy)
SUBB   A，  ♯data   ；(A) ← (A) －♯data－ (Cy)
```

说明：

（1）如果位 7 借位，则置位 Cy，否则清"0"Cy。

（2）如果位 3 需借位，则置位 AC，否则清"0"AC。

（3）如果位 6 需借位而位 7 没有借位，或者位 7 需借位而位 6 没有借位，则置"1"溢出标志位 OV，否则清"0"OV。

（4）相减的结果在 A 中，A 中"1"的个数为偶数时 P=0，奇数时 P=1。

例：(A)=C9H，(R0)=54H，(Cy)=1，执行指令 SUBB A，R0 后，有

$$1100\ 1001$$
$$0101\ 0100$$
$$-)\qquad\qquad\qquad 1$$
$$\overline{\qquad\qquad\qquad\qquad}$$
$$0111\ 0100$$

结果为：（A）=74H，Cy=0，AC=0，OV=1，P=0。

6. 减 1 指令（Decrement）

DEC　A　　　　；（A）← （A）−1

DEC　Ri　　　　；（Ri）← （Ri）−1

DEC　direct　　；（direct）← （direct）−1

DEC　@Ri　　　；((Ri)) ← ((Ri)) −1

说明：

这组指令不影响任何标志位。

　　例：（A）=00H，（Cy）=0，执行 DEC　A 后，结果为：（A）=FFH，（Cy）=0（而不是1）。

注意：在基本 MCS−51 单片机指令中无 DEC DPTR 指令。

7. 乘法指令（Multiply）

MUL　AB　；（A）×（B）　低8位→ （A），高8位→ （B）

说明：

A、B 中都是无符号整数，如果积大于 255，OV=1，否则 OV=0；进位标志总是清零，Cy=0。

8. 除法指令（Divide）

DIV　AB　　　；（A）÷（B）　商→ （A），余数→ （B）

说明：

A、B 中都是无符号整数，如果除数 B 为"0"，OV=1，否则 OV=0；进位标志总是清零，Cy=0。

3.2.3　逻辑运算指令（Logical Operations）

逻辑运算及移位指令共有24条，其中逻辑指令有"与"、"或"、"异或"、累加器 A 清零和求反20条，移位指令4条。

1. 简单逻辑操作指令

CLR　　A　　；（A）← 0　　　　　　　（Clear Acc）

CPL　　A　　；（A）← （$\overline{A}$）　　　　　（Complement Accumulator）

CPL　　bit　；（A）← （$\overline{bit}$）　　　　（Complement direct bit）

SWAP　A　　；（$A_{0\sim3}$）⟷（$A_{4\sim7}$）　（Swap nibbles within the Accumulator）

　　例：若（A）=3AH，执行 CPL A 后，（A）=0C5H。

若（A）=3AH，执行 SWAP A 后，（A）=0A3H，过程为

<u>0011</u> 1010B ⟷ 1010 <u>0011</u>B

2. 循环指令（Rotate）

（1）左循环指令（Rotate Accumulator Left）。

RL　A

　　例：(A)=6CH = 0110 1100B，执行 RL　A 后，(A)=1101 1000B=0D8H。

（2）带进位左循环指令（Rotate Accumulator Left through Carry flag）。

　　　RLC　A

　　例：(A)=6CH = 0110 1100B，(C) =1，执行 RLC　A 后，(A)=1101 1001B=0D9H。

（3）右循环指令（Rotate Accumulator Right）。

　　　RR　A

　　例：(A)=6CH = 0110 1100B，执行 RR　A 后，(A)=0011 0110B=36H。

（4）带进位右循环指令（Rotate A Right through Carry flag）。

　　　RRC　　A

　　例：(A)=6CH= 0110 1100B，(C) =1，执行 RR　A 后，(A)=1011 0110B=0B6H。

3. 逻辑与指令（Logical AND）

　　ANL　A，Rn　　　　　；(A) ← (A)∧(Rn)
　　ANL　A，direct　　　；(A) ← (A)∧(direct)
　　ANL　A，#data　　　；(A) ← (A)∧#data
　　ANL　A，@Ri　　　　；(A) ← (A)∧((Ri))
　　ANL　direct，A　　　；(direct) ← (direct)∧(A)
　　ANL　direct，#data　；(direct) ← (direct)∧#data

说明：

ANL "与" 逻辑，即 "有 0 即 0，全 1 为 1"，如

$$
\begin{array}{r}
0000\quad 0111 \\
\wedge)\;1111\quad 1101 \\
\hline
0000\quad 0101\;B = 05H
\end{array}
$$

4. 逻辑或指令（Logical OR）

　　ORL　　A，Rn　　　　　；(A) ← (A)∨(Rn)
　　ORL　　A，direct　　　；(A) ← (direct)∨(A)
　　ORL　　A，#data　　　；(A) ← (A)∨#data
　　ORL　　A，@Ri　　　　；(A) ← (A)∨((Ri))
　　ORL　　direct，A　　　；(direct) ← (direct)∨(A)
　　ORL　　direct，#data　；(direct) ← (direct)∨#data

说明：

ORL 逻辑 "或"，即 "有 1 即 1，全 0 为 0"，如

$$
\begin{array}{r}
0000\quad 0110 \\
\vee)\;0110\quad 1101 \\
\hline
0110\quad 1111\;B = 6FH
\end{array}
$$

5. 逻辑异或指令（Logical Exclusive-OR）

XRL	A，Rn	；(A) ← (A)⊕(Rn)
XRL	A，direct	；(A) ← (A)⊕(direct)
XRL	A，#data	；(A) ← (A)⊕#data
XRL	A，@Ri	；(A) ← (A)⊕((Ri))
XRL	direct，A	；(direct) ← (direct)⊕(A)
XRL	direct，#data	；(direct) ← (direct)⊕#data

说明：

XRL 逻辑"异或"。"异或"运算是当两个操作数不一致时结果为 1，两个操作数一致时结果为 0，即"相异为 1，相同为 0"，如

$$
\begin{array}{r}
0000 \quad 0110 \\
\oplus) \ 0110 \quad 1101 \\
\hline
0110 \quad 1011 \ B = 6BH
\end{array}
$$

逻辑"与"ANL 指令常用于屏蔽（置 0）字节中某些位。若清除某位，则用"0"和该位相与；若保留某位，则用"1"和该位相与。

逻辑"或"指令常用来使字节中某些位置"1"，欲保留（不变）的位用"0"与该位相或，而欲置位的位则用"1"与该位相或。

逻辑"异或"指令常用来对字节中某些位进行取反操作，欲某位取反，则该位与"1"相异或；欲某位保留，则该位与"0"相异或。还可利用异或指令对某单元自身异或，以实现清零操作。

利用这些特点，可以使字节中的特指位到达预想的效果。

例：(A)=01011000B，执行下述一组指令执行后 A 的值如何？

解：XRL A，#0C0H ；将累加器 A 的内容 D7、D6 取反，(A)=98H=1001 1000B

　　　ORL A，#03H ；将累加器 A 的内容 D1、D0 置 1，(A)=9BH=1001 1011B

　　　ANL A，#0E7H ；将累加器 A 的内容 D4、D3 清 0，(A)=83H=1000 0011B

执行上述指令后，(A)=10×00×11B。

3.2.4　控制转移类指令（Program Branching）

1. 跳转指令

绝对跳转指令：AJMP addr11　　　；(PC)←addr11，跳转地址范围为 2K

　　　　　　　　　　　　　　　（Absolute Jump）

长跳指令：LJMP addr16　　　　　；(PC)←addr16，跳转地址范围为 64K

　　　　　　　　　　　　　　　（Long Jump）

相对短跳指令：SJMP rel　　　　　；(PC)←(PC)+rel 跳转地址范围为 256

　　　　　　　　　　　　　　　（Short Jump（relative addr））

间接跳转指令：JMP @A+DPTR　　；(PC)←(A)+(DPTR)

　　　　　　　　　　　　　　　（Jump indirect relative to the DPTR）

说明：

(1) PC 的变化：(PC)←(PC)+rel，即 (PC)←As+Bn+rel，As 为源地址（该指令的首地址），Bn 为本指令的机器码字节数，查 SJMP 的机器码为 2 个字节，为 80 Hrel。

(2) 转移可以向前转（目的地址小于源地址），也可以向后转（目的地址大于源地址）。

（3）rel 是机器码的相对偏移量，为 8 位补码，转移的目标地址是在以 PC 当前值为中心的−128～+127 的范围内。

rel 的计算公式为

$$rel = (Ad-As-Bn)_{补} \quad ；Ad 为目的地址$$

例：执行 SJMP rel 后，若（PC）=0034H，转向 0031H 去执行程序，则

$$rel = (0031H-0034H-02H)_{补} = FBH$$

用汇编语言编程时，指令中的绝对地址、相对地址 rel 往往用需转移至的地址的标号（符号地址）表示，编译软件能自动算出相对地址值，只有在手工编译时采用公式计算。例如：

地址	机器码	源程序	注释
		ORG 0000H	；整个程序起始地址
0000	020030	LJMP MAIN	；跳向主程序
		ORG 0030H	；主程序起始地址
0030	C3	MAIN：CLR C	；MAIN 为程序标号
0031	E6	LOOP：MOV A，@R0	
0032	37	ADDC A，@R1	
0033	08	INC R0	
0034	D9FB	DJNZ R1，LOOP	；相对转移
0036	8002	SJMP NEXT	
0038	7803	MOV R0，#03H	
003A	18	NEXT：DEC R0	
003B	80FE	SJMP $	；相当于 HERE：SJMP HERE
		END	；结束标记

MCS−51 系列单片机指令系统中，没有停机指令，通常用 SJMP 来实现停机，如

　　HERE： SJMP HERE

为了方便，常写成"SJMP $"的形式。

2. 条件转移指令

　　JZ rel ；（A）=0，转移，否则顺序执行（Jump if A is Zero）

　　JNZ rel ；（A）≠0，转移，否则顺序执行（Jump if A is Not Zero）

说明：

执行完指令后 PC 指向（As+Bn+rel），其中 Bn=2。

指令中的 rel =(Ad−As−Bn)$_{补}$，同样，在编写程序时 rel 往往用需转移至的地址的标号（符号地址）表示。

3. 比较不相等转移指令（Compare and Jump if Not Equal）

　　CJNE A，#data，rel ；（A）=#data，顺序执行，C←0

　　　　　　　　　　　　　（A）>#data，转移，C←0

　　　　　　　　　　　　　（A）<#data，转移，C←1

本条指令的解释同样适合以下 3 条指令。

　　CJNE A，direct，rel

　　CJNE Rn，#data，rel

　　CJNE @Ri，#data，rel

说明：

（1）CJNE 都是 3 字节指令（Bn=3），结果不会影响操作数，但影响 Cy。

（2）若第 1 操作数大于或等于第 2 操作数，则 Cy=0；若第 1 操作数小于第 2 操作数，则 Cy=1。因此，这组指令除了实现两操作数是否相等的判断外，利用对 Cy 的判断，还可以完成对两数大小的比较。

（3）指令中的 rel =(Ad−As−Bn)$_补$，其中 Bn=3。同样，在编写程序时 rel 往往用需转移至的地址的标号（符号地址）表示。

4. 减 1 不为 0 转移指令（Decrement and Jump if Not Zero）

```
DJNZ   Rn, rel      ; (Rn) ←(Rn)−1，(Rn) ≠0，转移，(Rn) =0，顺序执行
DJNZ   direct, rel  ; (direct) ←(direct)−1，(direct) ≠0，转移，(direct) =0，顺序执行
```

说明：

DJNZ Rn, rel 是 2 字节指令，DJNZ direct, rel 是 3 字节指令，所以指令中 rel=(Ad−As−Bn)$_补$ 中 Bn 是不同的。同样，在编写程序时，rel 往往用需转移至的地址的标号（符号地址）表示。

例：延时子程序

```
delay:   MOV   R7, ♯03H
delay0:  MOV   R6, ♯19H
delay1:  DJNZ  R6, delay1
         DJNZ  R7, delay0
         RET
```

5. 调用子程序指令（Subroutine Call）

短调用指令：ACALL addr11 ;（Absolute Call）

长调用指令：LCALL addr16 ;（Long Call）

addr11，addr16 是被调用的子程序的首地址，可用标号代替这个地址，交给编译软件计算此地址。

6. 子程序返回指令（Return from Subroutine）

RET

RET 指令从堆栈弹出保存的 PC 地址，实现子程序返回。

7. 中断返回指令（Return from interrupt）

RETI

中断服务程序的最后一条指令。

8. 空操作指令（No Operation）

NOP ;(PC)←(PC)+1

空操作指令是一条单字节单周期指令。它控制 CPU 不做任何操作，仅仅消耗执行这条指令所需要的一个机器周期的时间，不影响任何标志，故称为空操作指令。由于执行一次该指令需要一个机器周期，所以常在程序中加上几条 NOP 指令用于设计延时程序、拼凑精确延时时间以适应时序要求。

3.2.5　位操作指令（Boolean Variable Manipulation）

位操作又称为布尔变量操作，它是以位（bit）作为单位来进行运算和操作的。MCS−51 系列单片机内设置了一个位处理器（布尔处理机），它有自己的累加器（借用进位标志 Cy）、存储器（即位寻址区中的各位），也有完成位操作的运算器等。

这一组指令的操作对象是内部 RAM 中的位寻址区，即 20H～2FH 中连续的 128 位（位

地址 00H~7FH），以及特殊功能寄存器 SFR 中可进行位寻址的各位。

1. 数据位传送指令

  MOV C，bit ；(Cy) ← (bit)   (Move direct bit to Carry)

  MOV bit，C ；(bit) ← (Cy)   (Move Carry to direct bit)

  例：将位地址 20H 的一位数传送到位地址 30H 中，有

    MOV C，20H

    MOV 30H，C

2. 位变量置位指令

  CLR C ；(C) ←0   (Clear Carry)

  CLR bit ；(bit) ←0   (Clear direct bit)

  SETB C ；(C) ←1   (Set Carry)

  SETB bit ；(bit) ←1   (Set direct bit)

  例：将 P1 口的 P1.7 置位，并清进位位的程序为

    SETB P1.7

    CLR C

3. 位逻辑指令

  ANL C，bit ；(Cy) ← (Cy)∧(bit) (AND direct bit to Carry)

  ANL C，/bit ；(Cy) ← (Cy)∧/(bit) (AND Complement of direct bit to Carry)

  ORL C，bit ；(Cy) ← (Cy)∨(bit) (OR direct bit to Carry)

  ORL C，/bit ；(Cy) ← (Cy)∨/(bit) (OR Complement of direct bit to Carry)

  CPL C ；(C) ←/(C)   (Complement Carry)

  CPL bit ；(bit)←/(bit) (Complement direct bit)

说明：符号"/bit"表示对 bit 求反。

4. 位条件转移指令

  JC rel ；若 C=1，转移，否则顺序执行 (Jump if Carry is set)

  JNC rel ；若 C=0，转移，否则顺序执行 (Jump if Carry is not set)

  JB bit，rel ；若 bit=1，转移，否则顺序执行 (Jump if direct bit is set)

  JNB bit，rel ；若 bit=0，转移，否则顺序执行 (Jump if direct bit is not set)

  JBC bit，rel ；若 bit=1，转移并 bit←0，否则顺序执行

                (Jump if direct bit is not set & clear bit)

说明：

指令中的 rel =addr11，addr16 （Ad−As−Bn）$_补$，其中 JC、JNC 的 Bn=2；JB、JNB、JBC 的 Bn=3。在编写程序时 rel 往往用需转移至的地址的标号（符号地址）表示。

5. 位操作指令综合例题

用位操作指令实现 $X=X_0 \oplus X_1$，设 $X_0=P1.0$，$X_1=P1.1$，X 为 ACC.0。

方法 1：因位操作指令中无异或指令，依据 $X=X_0 \oplus X_1=X_0 \overline{X_1}+\overline{X_0} X_1$，用与、或指令完成，程序为

  MOV C，P1.0

  ANL C，/P1.1

  MOV 20H，C

  MOV C，P1.1

  ANL C，/P1.0

```
        ORL  C, 20H
        MOV  ACC. 0, C
        SJMP $
```

方法 2：根据异或规则，一个数与"0"异或，该数值不变；与"1"异或，该数值变反，程序为

```
        MOV  C, P1. 0
        JNB  P1. 1, NCEX
        CPL  C
NCEX：  MOV  ACC. 0, C
        SJMP $
```

3.3　汇编语言程序格式及伪指令

目前，单片机应用程序的开发主要采用汇编语言（Assembly Language）和 C 语言。采用汇编语言编程必须对单片机的内部结构和外围电路非常了解，尤其是对指令系统必须非常熟悉，故对程序开发者的要求较高，开发软件也比较辛苦。汇编语言的可读性差，不便于移植扩展。但是，汇编语言仍有以下优势：更便于直接对硬件进行控制；可能会产生更少、更紧凑、执行速度更快的机器码；在一些时序要求苛刻或实时性非常强的场合，只有汇编语言才能够很好地胜任等。

3.3.1　汇编指令格式

使用 MCS-51 指令编写程序，只有按规则使用文本或文字编辑软件将原程序输入计算机形成一个文件，然后使用汇编器（汇编软件）把目标程序从汇编源程序"翻译"到机器语言，才能在 51 系列单片机运行，这种翻译的过程称为汇编。

完成汇编工作有两种途径：一种是人工汇编，另一种是机器汇编。对于量小、简单的程序，程序员可以经过查指令系统表（见附录 C），将汇编源程序逐条翻译成机器代码，完成手工汇编，人工汇编在实际工作中已经很少使用。而采用汇编软件完成汇编过程，即为机器汇编。汇编程序是将汇编源程序转变为相应目标程序的翻译软件。由于指令助记符与机器语言指令是一一对应的等价关系，所以汇编软件很容易将汇编源程序迅速、准确、有效地翻译成目标程序。

汇编语言源程序的一般格式为（不包含粗体字部分）

地址	机器码	标号	源程序	注释
			ORG　0000H	; 整个程序起始地址
0000	**02 00 30**		LJMP　MAIN	; 跳向主程序
			ORG　0030H	; 主程序起始地址
0030	**C3**	MAIN:	CLR　C	; MAIN 为程序标号
0031	**E6**	LOOP:	MOV　A, @R0	
0032	**37**		ADDC　A, @R1	
0033	**08**		INC　R0	
0034	**D9 FB**		DJNZ　R1, LOOP	; 相对转移
0036	**80** FE		SJMP　$	; 停止
			END	; 结束标记

　　说明：此程序只是解释汇编语言的格式，并没有特定的功能。程序员编写的汇编语言源程序不包括所列格式中的地址和机器码部分。源程序一般以 ASM 为后缀名进行保存。源程序经汇编后会自动生成两种文件格式（还有其他的文件，但最重要的是这两种），即 LIS 文件和 HEX 文件。LIS 文件基本如上述所列格式（包含粗体字部分），它会在源程序的左侧加上地址和机器码部分。HEX 文件是由一行行符合 Intel HEX 文件格式的文本所构成的 ASCII 文本文件。

3.3.2　HEX 文件

　　源程序经汇编后会自动生成一个 HEX 文件。在 Intel HEX 文件中，每一行包含一个 HEX 记录。这些记录由对应机器语言码和常量数据的十六进制编码数字组成。Intel HEX 文件是将被存入（烧入）CPU ROM 中的程序和数据。上述 3.2.1 的例子中生成的 Intel HEX 文件如下：

　　　　: 03000000020030CB
　　　　: 08003000C3E63708D9FB80FE8E
　　　　: 00000001FF

　　Intel HEX 的记录格式由任意数量的十六进制记录组成。每个记录包含 5 个域，它们的格式排列为

　　　　: llaaaatt［dd...］cc

　　每一组字母对应一个不同的域，每一个字母对应一个十六进制编码的数字。每一个域由至少两个十六进制编码数字组成，它们构成一个字节，有

　　":" 每个 Intel HEX 记录都由冒号开头。

　　"ll" 是数据长度域，它代表记录当中数据字节（dd）的数量。

　　"aaaa" 是地址域，它代表记录当中数据的起始地址。

　　"tt" 是代表 HEX 记录类型的域，它可能是以下数据当中的一个：00 是数据记录；01 是文件结束记录；02 是扩展段地址记录；04 是扩展线性地址记录。

　　"dd" 是数据域，它代表一个字节的数据。一个记录可以有许多数据字节。记录当中数据字节的数量必须和数据长度域（ll）中指定的数字相符。

　　"cc" 是校验和域，它表示这个记录的校验和。校验和的计算是通过将记录当中所有十六进制编码数字对的值相加，然后模除 256 得到的余数求反加一，如

　　　　: 03000000020030CB

其中：03 是这个记录当中数据字节的数量；0000 是数据将被下载到存储器当中的地址；00 是记录类型（数据记录）；020030 是数据；CB 是这个记录的校验和，计算为（用 C 语言表达）

　　　　cc=（uchar）～（03h+00h+00h+00h+02h+30h）;

　　　　cc++;

　　Intel HEX 文件必须以文件结束（EOF）记录结束，这个记录的记录类型域的值必须是 01，EOF 记录格式总是为

　　　　: 00000001FF

其中：00 是记录当中数据字节的数量；0000 是数据被下载到存储器当中的地址，在文件结束记录中，这个地址是没有意义的；01 是记录类型 01（文件结束记录）；FF 是这个记录的校验和。

3.3.3　伪指令

　　在汇编源程序的过程中，有一些指令不要求计算机真正进行操作，也没有对应的机器码，仅仅是帮助汇编顺利进行，这类指令称之为伪指令。它主要用来指定程序或数据的起始

位置，给出一些连续存放数据的确定地址，定义一些常量数据以及表示源程序结束等。不同版本的汇编语言，伪指令的符号和含义可能有所不同，但是基本用法是相似的。下面介绍几种常用的基本伪指令。

（1）ORG（Origin）程序起始地址伪指令。

格式：ORG　<表达式>

其含义是向汇编程序说明，下面程序的起始地址由表达式指明。它放在一段源程序（主程序、子程序）或数据块的前面。表达式通常用 16 位数表示地址。

（2）END（End of assembly）结束汇编伪指令。

格式：END

其含义表示汇编结束。在 END 以后所写的指令，汇编时汇编软件都不予以处理。一个源程序只能有一个 END 命令。在同时包含有主程序和子程序的源程序中，也只能有一个 END 命令，并放到所有指令的最后，否则，END 后面的一部分指令不能被汇编。

（3）DB（Define Byte）定义字节伪指令。

格式：［标号：］DB　<项或项表>

其中项或项表指一个字节，或用逗号分开的数值，或以引号括起来的字符串（一个字符用 ASCII 码表示，就相当于一个字节）。该伪指令的功能是把项或项表的数值（字符则用 ASCII 码）存入从标号开始的连续存储单元中。

（4）DW（Define Word）定义字伪指令。

格式：［标号：］DW　<项或项表>

DW 伪指令与 DB 的功能类似，所不同的是 DB 用于定义一个字节（8 位二进制数），而 DW 则用于定义一个字（即两个字节，16 位二进制数）。在执行汇编程序时，机器会自动按低 8 位先存入，高 8 位后存入的格式排列。

（5）EQU（Equate）等值伪指令。

格式：标号　EQU　<表达式>

该伪指令的功能是将指令中项的值赋予本语句的标号。标号、表达式可以是常数、字符串。这里的标号和表达式是必不可少的。经赋值后就可用指令中 EQU 左面的表达式来代替 EQU 右边的表达式。

（6）BIT 位地址赋值伪指令。

格式：标号　BIT 位地址

该伪指令的功能是将位地址赋予特定位的标号，经赋值后就可用指令中 BIT 左面的标号来代替 BIT 右边所指出的位。

下面是伪指令举例，可以看出伪指令增加了程序的可读性，也使某些参数便于修改。

```
        MATH  EQU  03H
        LOUT  BIT  P1.0
              ORG  0000H
MAIN:   CLR   LOUT            ；相当于 CLR P1.0
        MOV   A，@R0
        MOV   R1，#MATH        ；相当于 MOV  R1，#03H
NEXT:   SJMP  NEXT
        ORG   1100H
    DB      01H，04H，  09H，05H  ；在 ROM 以 1100H 开始的地
                                   址中存放数据情况见表 3.1
        END
```

表 3.1　ROM 中数据存储情况

地址	数据
1100	01H
1101	04H
1102	09H
1103	05H

3.4 汇编程序的设计方法

用汇编语言进行程序设计的过程和用高级语言进行程序设计类似。对较复杂的问题，首先要研究解决方法和步骤——算法，有了合适的算法常常可以起到事半功倍的效果；其次，就是用流程图来描述算法；最后是根据流程图用程序设计语言来编制程序。常用的流程图图形符号见表 3.2。

表 3.2 程序流程图常用图形符号

图形符号	名 称	说 明
	过程框	表示这段程序要做的事
	判断框	表示条件判断
	始终框	表示流程的起始或终止
	连接框	表示程序流向连接
	页连接框	表示程序图换页连接
	程序流向	表示程序的流向

程序设计有时是一件很复杂的工作，但往往有些程序结构是很典型的。采用结构化编程具有规律性强、简单清晰、容易读写、可靠性高等特点。

根据结构化程序设计的观点，功能复杂的程序结构由基本算法结构组成，基本结构有 3 种：顺序结构、循环结构和分支结构。

虽然在 3 种基本结构中，可能是一些简单操作，也可能还嵌套着另一个基本结构，但是不存在无规律的转移，只在该基本结构内才存在分支和向前或向后的跳转。

本节主要介绍这 3 种基本结构的程序设计。另外，将根据 MCS-51 单片机的特点介绍极具特色的查表程序设计的特点。

3.4.1 顺序程序设计

顺序程序是指一种无分支的直接程序，它按照逻辑操作顺序，从第一条指令开始逐条顺序执行直到最后一条指令执行结束。顺序程序是汇编语言程序中最基本、最单一的程序结构。顺序结构程序中没有分支，但它在整个程序设计中所占比例最大，是程序设计的基础和主干。

顺序程序设计虽然结构简单，其程序逻辑流向是一维的，但程序的具体内容不一定简单。在实际编程中，如何正确选择指令、合理使用工作寄存器、节省存储单元等资源，是编写好程序的基本功。

例：将存放在内部 RAM 50H 单元内的一个压缩的 BCD 码中的两位十进制数拆开，并转换成相应的 ASCII 码，再存入内部 RAM 51H 单元（高位）、52H 单元（低位）中。

程序清单为

```
        ORG   0000H
        MOV   R0，＃52H      ；将 52H 单元地址送 R0
        MOV   @R0，＃00H     ；将 52H 单元内容清 0
        MOV   A，50H         ；将 50H 中的 BCD 码送入 A
        XCHD  A，@R0         ；将低位 BCD 码送 52H 单元
        ORL   52H，＃30H     ；完成低位 BCD 码转换成 ASCII 码
        SWAP  A             ；将高位 BCD 码交换到低位
        ADD   A，＃30H       ；完成高位 BCD 码转换成 ASCII 码
        MOV   51H，A         ；将高位 BCD 码送 51H 单元
        END
```

分析：

①前三条指令使压缩的 BCD 码放入 A，(52H)＝0。

②XCHD A，@R0，是将 A 中的低 4 位与 52H 中的低 4 位进行了交换，从而使 52H 的低 4 位得到了压缩 BCD 的低 4 位，A 中的低高 4 位得到了压缩 BCD 的高 4 位。

③十进制数 0～9 对应的 ASCII 码为 30H～39H。因此，只要将拆开的两个数分别加 30H 就可以得到相应的 ASCII 码。但此程序巧妙地利用了 ORL 指令，将 52H 中的内容与 30H 相或，达到了相同的目的。

从此例中读者可以体验汇编语言的"灵活"、"紧凑"和"效率高"的特点，其中的一些"手法"的高明也是高级语言编程者很难使用的。

3.4.2　分支程序设计

分支程序的主要特点是程序执行流程中必然包括条件判断指令。符合条件要求和不符合条件要求的有不同的处理路径。

设计分支程序时，需注意以下几点方法：

（1）借助程序框图来指明程序的走向。

（2）合理选用具有逻辑判断功能的指令。

（3）每个分支程序单独编写一段程序，对分支程序的起始地址赋予一个地址标号，便于程序的阅读，使程序更为清晰。

分支结构程序的形式有单分支和多分支结构两种，另外还有一种特殊的分支程序——散转程序，下面举例加以说明。

1.　单分支结构

例：在内部 RAM 40H、41H 中存放了两个无符号数，试比较它们的大小，把大的数放入 50H 单元，小的数放入 51H 单元，相等任意存放。

程序的流程图如图 3.2 所示，源程序为

```
        ORG 0000H
START：MOV  A，40H  ；40H 单元的数送 A
        SUBB A，41H  ；(A)－(41H)
```

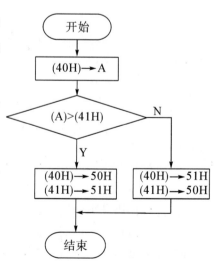

图 3.2　单分支结构例题流程图

```
         JNC   GREAT    ；若 Cy=0,
                        ；则 (A)≥(41H), 转 GREAT
         SJMP  LESS     ；否则 (A)<(41H), 转 LESS
GREAT：MOV   50H, 40H
         MOV   51H, 41H
         SJMP  STOP
LESS：  MOV   51H, 40H
         MOV   50H, 41H
STOP：  SJMP  STOP
         END
```

2. 多分支结构

多分支结构程序的设计中常采用比较转移指令"CJNE　A，♯data，rel"，其规则为

若 (A)=♯data，继续并 (Cy)←0；

若 (A)>♯data，转移并 (Cy)←0；

若 (A)<♯data，转移并 (Cy)←1。

多分支结构的特点是可以分支为三种情况，只有当 (A)<♯data 时，Cy←1。

下面提供采用 CJNE 编写多分支指令的一种通用方法。

(1) 若 (A)<14H，转 NEXT，否则继续执行。

```
         CJNE   A，♯14H，LOOP
     LOOP：JC   NEXT
         ⋮
```

本程序的巧妙之处为 CJNE 比较后，不管结果如何都必须进行下一条指令，以 Cy 的状态来决定下一步的流程指向。

(2) 若 (A)≤14H，转 NEXT，否则继续执行。

```
         CJNE   A，♯15H，LOOP
     LOOP：JC   NEXT
         ⋮
```

本程序的巧妙之处为将条件 (A)≤14H 转换为 (A)<15H。因为在 A 中只能是整数，所以这种转换是成立的。

(3) 若 (A)≥14H，转 NEXT，否则继续执行。

```
         CJNE   A，♯14H，LOOP
     LOOP：JNC   NEXT
         ⋮
```

(4) 若 (A)>14H，转 NEXT，否则继续执行。

```
         CJNE   A，♯15H，LOOP
     LOOP：JNC   NEXT
         ⋮
```

本程序将条件 (A)>14H 转换为 (A)≥15H。

例：按下面公式编写程序，x 为无符号数 ($x<128$)，存在内部 20H 单元，y 存放在 21H 单元。

$$y = \begin{cases} 2x & x \geqslant 40\mathrm{H} \\ x & 20\mathrm{H} < x < 40\mathrm{H} \\ \bar{x} & x \leqslant 20\mathrm{H} \end{cases}$$

源程序为

```
        ORG 0000H
        MOV  A, 20H
        CJNE  A, ♯21H, LOOP1
LOOP1：  JC  NEXT1
        CJNE  A, ♯40H, LOOP2
LOOP2：  JNC  NEXT0
        AJMP NEXT2
NEXT0：  MOV  B, ♯2
        MUL  AB
        AJMP  NEXT2
NEXT1：  CPL  A
NEXT2：  MOV 21H, A
        END
```

3. 散转程序

汇编语言程序设计中，常用一种散转程序。

散转程序是分支结构程序中一种并行分支程序。它是根据某种输入或运算结果，分别转向各个处理程序。在 MCS−51 单片机中，散转指令为 JMP@A+DPTR，它按照程序运行时决定的地址执行间接转移指令。

例：根据 R7 中的内容，转向各个子程序。

R7=0，转入子程序 S_0；

R7=1，转入子程序 S_1；

R7=2，转入子程序 S_2；

　　 ⋮

R7=n，转入 S_n，$n<128$。

程序的流程图如图 3.3 所示，源程序为

```
          ORG   0030H
JUMP1：MOV   DPTR, ♯TAB
          MOV  A, R7
          ADD  A, R7
          JMP  @A+DPTR
          ORG  0100H
TAB：   AJMP  S0
          AJMP  S1
          AJMP  S2
            ⋮
S0：  …… ；子程序 S₀
S1：  …… ；子程序 S₁
S2：  …… ；子程序 S₂
```

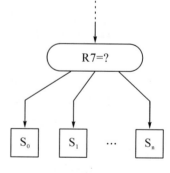

图 3.3　散转程序流程图

说明：采用 AJMP 即把 PC 指向子程序的起始地址；R7+R7＝R7×2 是与 AJMP 的机

器码匹配，因 $n<128$，不会进位；如用 LJMP，则需 R7×3，程序需要作相应修改。

3.4.3 循环程序设计

循环是 CPU 重复多次地执行一串指令的基本程序结构。它有助于缩短程序，提高程序质量。

循环程序一般由 4 个部分组成，即循环初始化、循环体、循环控制和循环结束处理部分，其流程图如图 3.4 所示。

(1) 循环初始化：在程序进入循环体之前，需设置某些条件，如循环次数、工作单元清 0、变量设置等。

(2) 循环体：循环完成某种功能的主体部分。

(3) 循环控制：根据对循环控制变量的修改和判断，确定程序是否继续或结束。

循环控制变量有两种：一是条件控制，它需设置一个变量的给定值作为条件，当计算结果达到条件时结束循环，这时循环次数是不确定的，最常用的指令是 CJNE；另一种是递减计数，它首先置一个计数值，每执行一次循环计数值减 1，直到计数值为 0 时结束循环，最常用的指令是 DJNZ。

(4) 循环结束处理：对循环程序的结果进行存储和进一步处理。

例：从内部 RAM 22H 单元开始存有一个无符号数数据块，长度 n 存于 21H 中。求出数据块中的最小数，存于 20H 中。

搜索最小值的方法很多，最基本的方法是比较和交换依次进行。即先读第一个数与第二个数进行比较，并把前一个数作为基准数。比较结果，若基准数小，则不进行交换，再取下一个数进行比较；若基准数大，则将小的数取代原基准数，即做一次交换；然后再以新的基准数与下一个数进行比较，直至全部数据块比较完毕，基准数即为最小数。此算法的流程图如图 3.5 所示。

图 3.4 循环程序流程图

图 3.5 求最小数程序流程图

将算法的流程图细化，根据单片机的特点，首先把 FFH 作为基准数，源程序为

```
              ORG   0030H
              MOV   R0，#22H         ；数据块起始地址
              MOV   R1，21H          ；数据个数 n
              MOV   20H，#0FFH       ；最大数
LOOP：        MOV   A，@R0           ；取新数
              INC   R0              ；为取下一个新数作准备
              CJNE  A，20H，LOOP1     ；与原最大数比较
LOOP1：       JNC   NEXT            ；若大于，原最小数保留
              MOV   20H，A          ；若小于，改变最小数
NEXT：        DJNZ  R1，LOOP         ；判断循环
              END
```

例：多重循环程序。延时 50 ms 子程序（12 MHz 晶振）。

源程序为

```
DEL：    MOV   R7，#200
DEL1：   MOV   R6，#125
DEL2：   DJNZ  R6，DEL2     ；125*2=250 us
         DJNZ  R7，DEL1     ；0.25 ms*200=50 ms
         RET
```

说明：以上延时不太精确，没有考虑到除 DJNZ R6，DEL2 指令外的其他指令。

使用 12 MHz 晶振时，一个机器周期为 1 μs，执行 DJNZ 指令为 2 μs，加其他指令的时间，精确延时应为：$(250+1+2)*200+2=50602$ μs$=50.602$ ms。如将 R6 的初始值改为 123，其后再加一条 NOP 指令，延时为 50.002 ms。

3.4.4 查表程序设计

在用汇编语言设计程序时，有时直接通过查表方式求得变量值，要比通过运算来求变量值简单、方便。MCS-51 系列单片机专门提供了两条查表指令，即

```
MOVC A，@A+DPTR
MOVC A，@A+PC
```

例：用 PC 指针查 0～9 的平方表。

用 "MOVC A，@A+PC" 指令编写查表程序，要注意 PC 指针的值，下面的源程序中列出了程序的地址和机器码，以便确定 PC 值。

```
                ORG 1000H
1000  C083    TA：  ADD   A，#01H    ；01H 为偏移量
1002  83            MOVC  A，@A+PC
1003  22            RET
1004  00            DB  0，1，4，9，16，25，36，49，64，81
                    ；0～9 平方表，可以用十进制书写
1005  01
1006  04
1007  09
1008  10
```

        1009 19
        100A 24
        100B 31
        100C 40
        100D 51

偏移量的确定公式为

        偏移量＝表首地址－（查表指令下一条指令地址）
              ＝1004H－1003H＝01H

实际编写程序时，偏移量可以随便写个数，等汇编完后，调出 LST 文件，再根据上述公式计算。采用"MOVC A，@A＋PC"指令编写查表程序比用"MOVC A，@A＋DPTR"更紧凑。

思考题及习题

1. 问答题

（1）什么是寻址方式？51 单片机有几种寻址方式？举例说明。

（2）51 单片机无条件转移指令有几种？如何选用？

（3）51 单片机条件转移指令有几种？如何求 rel？

（4）ACALL、LCAll 有何区别？AJMP、SJMP、LJMP 有何区别？

2. 读程序题

（1）设（A）＝0FH，（R0）＝30H，内部 RAM（30H）＝0AH，（31H）＝0BH，（32H）＝0CH，请写出在执行各条列指令后，所示单元的内容。

        MOV A，@R0   ；（A）＝_____
        MOV @R0，32H   ；（30H）＝_____
        MOV 32H，A   ；（32H）＝_____
        MOV R0，＃31H   ；（R0）＝_____
        MOV A，@R0   ；（A）＝_____

（2）分析下面各程序段中指令的执行结果。

①MOV SP，＃50H
  MOV A，＃0F0H
  MOV B，＃0FH
  PUSH ACC   ；（SP）＝_____；（51H）＝_____
  PUSH B   ；（SP）＝_____；（52H）＝_____
  POP B   ；（SP）＝_____；（B）＝_____
  POP ACC   ；（SP）＝_____；（A）＝_____

②ORG 0100H
  CLR C
  MOV R0，＃0FFH
  INC R0
  INC R0
  END
  运行后：（Cy）＝_____；（R0）＝_____

③MOV A，♯30H

　MOV B，♯0AFH

　MOV R0，♯31H

　MOV 30H，♯87H

　XCH A，R0　　　；（A）＝＿＿＿＿＿；（R0）＝＿＿＿＿＿

　SWAP A　　　　；（A）＝＿＿＿＿＿

④MOV A，　♯83H

　MOV R0H，♯47H

　MOV 47H，♯34H

　ANL A，♯47H　　；（A）＝＿＿＿＿＿

　ORL 47H，A　　　；（A）＝＿＿＿＿＿；（47H）＝＿＿＿＿＿

　XRL A，@R0　　　；（A）＝＿＿＿＿＿

⑤若内部 RAM 的 （30H）＝33H，（31H）＝32H，（32H）＝31H，（33H）＝30H，外部 RAM 的 （0030H）＝33H，（0031H）＝31H，（0032H）＝32H，（0033H）＝30H，ROM 的 （0030H）＝78H，（0031H）＝32H，（0032H）＝E6H，（0033H）＝F9H，（DPTR）＝0，执行下列程序后 （A）＝＿＿＿＿＿H。

```
    ORG   0030H
    MOV R0，♯32H
    MOV A，@R0
    MOV R1，A
    MOVX   A，@R1
    MOVC   A，@A+DPTR
```

（3）试对下列程序进行人工汇编并说明此程序的功能，其中 25H、24H、23H；2BH、2AH、29H 中的内容小于 55H。

```
        ORG 1000H
ACDL：  MOV R0，♯25H
        MOV R1，♯2BH
        MOV R2，♯03H
        CLR C
        CLR A
LOOP：  MOV A，@R0
        ADDC A，@R1
        DEC R0
        DEC R1
        DJNZ R2，LOOP
        SJMP  $
        END
```

3. 什么是伪指令？伪指令与指令有何区别？

4. 循环程序由哪几部分组成？

5. 编写一个循环程序，将内部 RAM 的 20H～2FH 共 16 个连续单元清零。

6. 编写一个循环程序，查找内部 RAM 30H～50H 单元中出现 FFH 的个数，并将查找的结果存入 51H 单元。

7. 编写循环程序，计算 $\sum\limits_{i=1}^{10} 2i$，将结果存放在内部 RAM 30H（低 8 位）、31H（高 8 位）单元（$i<256$）。

8. 试用循环转移指令编写延时 20 ms 子程序（晶振 12 MHz）。

9. 编写程序，把外部 RAM 1000H～10FFH 区域内的数据逐个搬到从 2000H 开始的区域。

10. 从内部 RAM 的 30H 单元开始存放着一组无符号数，其数目存放在 21H 单元中。试编写程序，求出这组无符号数中的最小的数，并将其存入 20H 单元。

11. 设计一个循环灯程序，如下图所示，使这些发光二极管每次只点亮一个，依次一个一个地点亮，循环不止。

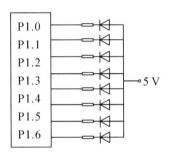

12. 利用查表技术将累加器 A 中的一位 BCD 码转换为相应的十进制数的 7 段码，结果仍放在 A 中（设显示 0～9 的 7 段码为：40H，79H，24H，30H，19H，12H，02H，78H，00H，1BH）。

13. 按下面公式编写程序，x 为无符号数，存放在内部 30H 单元，y 存放在 31H 单元。

$$y = \begin{cases} x & x>40\text{H} \\ 2x & 20\text{H} \leqslant x \leqslant 40\text{H} \\ \bar{x} & x<20\text{H} \end{cases}$$

第4章 C51 程序设计入门

单片机发展的初期，进行单片机软件开发的唯一选择是汇编语言。但是，学习、掌握汇编语言难度大，编写程序的周期长，程序的可读性和可移植性差，调试和排错也比较困难。随着市场技术竞争的日益激烈，其开发效率已经完全不能满足需要。

C语言是一种通用的编译型结构化计算机程序设计语言，它兼顾了多种高级语言的特点，并具备汇编语言的功能，支持由顶向下的结构化程序设计方法。一般高级语言难以实现像汇编语言那样对计算机硬件的直接操作，如对内存地址的操作、移位操作等功能。但C语言既具有一般高级语言的优点，又能直接对计算机的硬件进行操作。C语言有功能丰富的库函数、运算速度快、编译效率高，用C语言编写的程序很容易在不同类型的计算机之间进行移植。采用C语言编写单片机应用软件，能大大缩短开发周期，增加软件的可读性，便于改进和扩充，从而研制出规模更大、性能更完备的嵌入式系统。

因此，用C语言进行单片机程序设计是单片机开发与应用的必然趋势。现在很多技术人员都认为，对汇编语言的掌握只要能做到可以读懂程序，在时序要求比较严格的模块中进行程序的优化即可。采用C语言编程可以减少设计者对单片机和硬件结构的详细了解，编译器可以自动完成对变量的存储单元的分配，编程者就可以专注于应用软件部分的设计，大大加快了软件的开发速度。C语言的模块化程序结构特点，可以使程序模块共享并不断丰富。C语言可读性好的特点，更便于程序开发者借鉴前人的开发经验。采用C语言可针对单片机常用的接口芯片编制通用的驱动函数，可针对常用的功能模块、算法等编制相应的函数，这些函数经过归纳整理可形成专家库函数，供广大的单片机应用者使用、完善，从而大大提高单片机软件设计水平。

过去长期困扰人们的"高级语言产生代码太长，运行速度太慢不适合单片机使用"的缺点随着技术的发展已被大幅度地克服。目前，51系列单片机的C语言代码长度，在未加入人工优化的条件下，已经做到了最优汇编程序水平的1.2~1.5倍。可以说，已超过中等程序员的水平。51系列单片机中，32/64 K字节的片上空间比比皆是，代码效率所差的10%~20%已经不是重要问题。C语言编程在开发速度、结构严谨、程序可靠等方面的优势已非汇编语言编程所能比拟的。

用C语言编写程序比用汇编语言更符合人们的思考习惯，开发者可以更专心地考虑算法而不是考虑一些细节问题，这样就减少了开发和调试的时间，程序员不必十分熟悉处理器的运算过程。很多处理器支持C编译器，这意味着对新的处理器也能很快上手，而不必详细知道处理器的具体内部结构，这使得用C语言编写的程序比汇编程序有更好的可移植性。

当然，所有这些并不说明汇编语言就没有了立足之地，很多系统特别是实时性强的系统是用 C 语言和汇编语言联合编写的。对时钟要求特别严格的场合，使用汇编语言是最合适的方法。除此之外，包括硬件接口的操作都可以用 C 语言来编写。C 语言的特点可以使程序员具有尽量少的硬件知识而对接口进行操作。C 语言是一种功能性和结构性很强的语言。经验表明，程序设计人员一旦学会使用 C 语言之后，就会对它爱不释手，尤其单片机应用系统的程序设计人员更是如此。

针对 51 系列单片机的 C 语言编程（俗称 C51）的编译器称为 C51 编译器。目前，51 单片机中功能先进、完善且应用范围广泛的 C51 编译器是 Keil C51。

C51 语言的特色主要体现在以下几方面：

（1）C51 虽然继承了标准 C 语言的绝大部分的特性，而且基本语法相同，但其本身又在特定的硬件结构上有所扩展，如关键字 sbit、data、idata、xdata、code 等。

（2）应用 C51 特别要注重对系统资源的理解，因为单片机的系统资源相对 PC 机来说很贫乏，特别是对内部 RAM，其中的每一字节都要充分利用。

（3）程序中应用的各种算法要精简，不要对系统构成过重的负担。尽量少用浮点运算，可以用 unsigned 无符号型数据的就不要用有符号型数据，尽量避免多字节的乘除运算，多使用移位运算等。

本章只对 C51 程序设计做一个简单的入门介绍，主要介绍了 C51 中的基本知识、与标准 ANSI C 的不同点（美国国家标准协会即 American National Standards Institute 制定的一个 C 语言标准，通常称之为 ANSI C）。入门是非常重要的，读者通过本章的学习后，可以参阅本教材参考文献的资料进一步学习，提高 C51 的使用水平。没有学习过 C 语言的读者也可以从本章开始入门学习。

4.1　C51 的基本数据类型

数据的不同格式称为数据类型（Data Types）。数据按一定的数据类型进行的排列、组合、架构称为数据结构。C51 的数据类型有：基本类型（见表 4.1）、构造类型（含数组、结构体、共同体、枚举）、指针类型和空类型。

要注意每种类型所占的"位数"，51 单片机的内部 RAM 是非常有限的，增强型的 89C52 也只有 256 个字节供用户使用（举个极端的例子：一个浮点型变量要占 32 位，即 4 个字节，所以，只要定义 64 个浮点数的变量，它的全部内存就用尽了），这与 PC 机是无法相比的。

这里的字符型关键字 char，不要完全理解成"字符型"，它在 C51 中常用做占一个字节的整数型，其值为 00H～FFH，作为带符号的 8 位整数使用，char 表达范围为 $-128\sim127$，负数是用补码表达的；作为不带符号的 8 位整数，unsigned char 表达范围为 $0\sim255$。

51 单片机是 8 位的，所以处理 8 位数据的速度最快，超过 8 位要执行多条指令才能完成处理。编程中要预算出变量的变化范围，应根据变量范围来选择变量的数据类型。提高代码效率的最基本方式就是尽量减小变量的长度，不然既浪费 CPU 的时间，又大量消耗内存资源。51 单片机硬件并不直接支持符号位运算，因此，如果程序中不需要负数，应使用无符号类型的变量。如果程序中不需要浮点数，则应避免使用浮点数类型的变量。在 8 位单片机上使用 32 位浮点数会浪费大量的时间和存储空间。

表 4.1　C51 基本数据类型

类型名称	关键字	所占位数	数的表示范围
有符号字符型	signed char	8	−128~127
无符号字符型	unsigned char	8	0~255
有符号整型	signed int	16	−32768 ~+32767
无符号整型	unsigned int	16	0~65535
有符号短整型	signed short int	16	−32768 ~+32767
无符号短整型	unsigned short int	16	0~65535
有符号长整型	signed long int	32	−2147483648~2147483647
无符号长整型	unsigned long int	32	0~4294967295
浮点型	float	32	±1.175494E−38~ ±3.402823E+38
双精度浮点型	double	32	±1.175494E−38~ ±3.402823E+38
位型	sbit	1	0 或 1，定义 SFR 中的位
位型	bit	1	0 或 1，定义内部 RAM 中的位
特殊功能寄存器	sfr	8	0~255
特殊功能寄存器	sfr16	16	0~65535

　　注：此表来自 Keil 使用说明书；bit、sbit、sfr 和 sfr16 是标准 C 语言没有的；short int 与 int 都占 16 位；与标准 C 语言不同，double 与 float 都占 32 位；关键字符号 signed 可以省略，如 signed char 可以用 char 代替。

　　在 C 语言的表达式中，如果赋值运算符两边的数据类型不相同，则系统将自动进行类型转换，即把赋值号右边的类型换成左边的类型。

　　自动转换类型的具体规定如下：

　　（1）实型赋予整型，舍去小数部分。

　　（2）整型赋予实型，数值不变，但将以浮点形式存放，即增加小数部分（小数部分的值为 0）。

　　（3）字符型赋予整型，由于字符型为一个字节，而整型为两个字节，故将字符的值放到整型量的低 8 位中，高 8 位为 0。

　　（4）整型赋予字符型，只把低 8 位赋予字符量。

　　C 语言还可以采用强制类型转换符"（）"对数据类型进行显式的人为转换。

　　如：char x；

　　　　x=(char)0x0B30；　　// 0x0B30 中"0x"表示十六进制，0x0B30 即是 0B30H，x 的值为 0x30。

　　C 语言是对大小写敏感的一种高级语言，如定义了

　　　　char x；char X；

则 x 与 X 是完全两个不同的变量。在 C 语言的函数定义中也是如此。所以对大小写要特别小心。

　　程序中，定义了变量的数据类型后，要注意变量的实际值。

　　如：定义 bit=a；

　　若程序中 a=3；但实际上 a=1，因 a 定义为 bit，只能是 1 或 0，非 0 即为 1。

　　如：定义 char b；

若程序中 b＝0x5533；但实际上 b＝0x33，因 b 定义为 char，只占 8 位，所以高 8 位被截断。

如：定义 intc＝0x1234；　　char b；

若程序中 b＝c；但实际上 b＝0x34，因 b 定义为 char，只占 8 位，所以高 8 位被截断。

4.2　C51 变量的存储区域

C51 变量的存储器类型（Memory Type）就是变量的存储区域，它与 MCS−51 存储空间的对应关系见表 4.2。

C51 "变量的存储区域"国内一些文献根据其英文"Memory Type"直译成"存储器类型"或"存储类型"，但这样容易和后面的函数中变量的作用域和生存期概念的"存储类别"（Storage Classes）混淆。本教材采用了"存储区域"或"存储区"的译法，虽英文在字面上有差距，但意思更贴近原意。

表 4.2　C51 存储区域与 MCS−51 存储空间的对应关系

名称	存储空间位置	位数	数据范围	说　　　明
data	直接寻址片内 RAM	8	0～127	片内 RAM 00～7FH 的 128 个字节，访问速度最快
bdata	可位寻址片内 RAM	1	0/1	位寻址片内 RAM 20～2FH 中的位，允许位与字节混合访问
idata	寄存器间接寻址片内 RAM	8	0～255	00～7FH 的 128 个片内 RAM 及 52 子系列的高端 80～FFH 的 128 字节，共 256 个字节，采用寄存器间接寻址方式 MOV A，@Ri 访问
pdata	片外页 RAM	8	0～255	寻址片外 RAM 低 256 字节，由 MOVX A，@Ri 访问
xdata	片外 RAM	8	0～65535	片外 RAM 全部 64 KB 地址，由 MOVX A，@DPTR 访问
code	程序 ROM	8	0～65535	ROM 区全部 64 KB 地址，由 MOVC A，@A＋DPTR 访问

带存储区域的变量定义举例：

```
char    data    var1;          //在内部 RAM 定义一个带符号的一字节字符变量 var1
bit    bdata    flags;         //在可寻址的片内 RAM 定义了一个位变量 flags
float    idata    x，y，z；     //在内部 RAM（含 52 子系列的高 128 字节）定义浮点变量 x、y、z
unsigned    int    pdata    var2;  //在片外 RAM 低 256 字节内定义了一个整型变量 var2
//为 2 个字节，其存储方法是高位字节保存在低地址（在前），低位字节保存在高地址（在后）。
unsigned char vector [3] [4];  //在内部 RAM 定义一个无符号的一字节 3×4 数组 vector
```

unsigned char data x 和 data unsigned char x 等价，都在内 RAM 区分配一个字节的变量。

如果用户不对变量的存储区域定义，则 C51 编译器采用默认存储区域，而默认的存储区域由存储模式决定。C51 的存储器模式有 SMALL、COMPACT 和 LARGE，见表 4.3。

表 4.3　存储器模式

存储模式	说　明
SMALL	默认的存储类型是 data、idata（52 子系列），参数及局部变量放入可直接寻址片内 RAM 的用户区中。另外所有对象（包括堆栈）都必须嵌入片内 RAM
COMPACT	默认的存储类型是 pdata，参数及局部变量放入外部数据存储区的 0～256 地址空间，通过@R0 或@R1 间接访问，栈空间位于片内数据存储区中
LARGE	默认的存储类型是 xdata，参数及局部变量直接放入片外数据存储区，使用数据指针 DPTR 来进行寻址。用此数据指针进行访问效率较低，这种数据类型的访问机制直接影响代码的长度

用户在满足需求的情况下，应该尽量使用 SMALL 模式。

如 char t；由于没有指定存储区域，所以其实际的存储区域由默认决定：

（1）在 SMALL 模式下，分配到 data 空间。

（2）在 COMPACT 模式下，分配到 pdata 空间。

（3）在 LARGE 模式下，分配到 xdata 空间。

4.3　C51 的运算符

C51 的运算符与标准 C 语言基本相同，见表 4.4。

表 4.4　C51 的运算符

运算符	意　义
＋　－　＊　／　％	加　减　乘　除　取模（求余）
＞　＞＝　＜　＜＝	大于　大于等于　小于　小于等于
＝＝　！＝	测试等于　测试不等于
&&　‖　！	逻辑与　逻辑或　逻辑非
＞＞　＜＜	位右移　位左移
&　｜	按位与　按位或
＾　～	按位异或　按位取反

1．特别运算符

％表示取模运算或求余运算，"％"两端均应为整型数据，如 10％3，结果为 1。

＝＝和！＝只是对运算符两端的值进行测试，其结果只能是"真"、"假"，即"1"、"0"，而不会进行赋值，即改变两端的值。如 if(x＝＝3)，如判断的结果为"假"，说明 x 的值并不等于 3，判断完后，x 的值并无变化，仍保持它原来的值。

＜＜和＞＞ 将一个数的各二进制位全部同时左移动或右移动若干位，移动后的空白位补"0"，移出的最后一位进入 CY，其余自动"丢失"。如 a＝0x4b（01001011B），执行 a＝a≪2 后，即左移两位后结果为 00101100B（见下式），0 丢失了，CY＝1，即

$$01001011$$
$$\underline{0}100101100$$

&、｜、、～是指按位进行逻辑运算。例如，若 a＝0x4b，b＝0xc8，则表达式 a｜b 的值为

$$
\begin{array}{r}
\text{a:}\quad 0\,1\,0\,0\,1\,0\,1\,1 \\
\text{b:}\;\;|\;\;1\,1\,0\,0\,1\,0\,0\,0 \\
\hline
1\,1\,0\,0\,1\,0\,1\,1
\end{array}
$$

! 是单目逻辑运算符取反，它要求其后跟一个运算对象。结果值以"1"代表"真"，"0"代表"假"；运算对象非零即为"真"。如 a＝10，则!a 的结果为 0，因为 10 被作为"真"处理，取反后为"假"，即为 0。

&& 和 ‖ 是双目逻辑运算符，它要求有两个运算对象。若 a＝10，b＝20，则 a&&b 的值为 1，a‖b 的结果也是 1。原因是不管 a 与 b 的值究竟是多少，只要是非零，就被当做是"真"，"真"与"真"与或的结果都是"真"，当然是 1。但若 a＝0，b＝20，则 a&&b 的结果为 0，a‖b 的结果为 1。注意逻辑运算的结果只能是"1"、"0"，而位逻辑运算的结果是具体的数，不要把这两种运算混淆了。

2. 自增自减运算符

＋＋是自增运算符；－－是自减运算符。

j＋＋表示 j 参与其他运算后，j 加 1。单独使用时，j＋＋相当于 j＝j＋1。

j－－表示 j 参与其他运算后，j 减 1。单独使用时，j－－相当于 j＝j－1。

＋＋j 表示 j 先加 1，再参与其他运算。单独使用时，＋＋j 相当于 j＝j＋1。

－－j 表示 j 先减 1，再参与其他运算。单独使用时，－－j 相当于 j＝j－1。

自增自减运算符参与其他运算时要仔细分析。

例如，定义"char c＝1；char a；"，如运行"a＝c＋＋；"后，a＝1，c＝2。但运行"a＝＋＋c；"后，a＝2，c＝2。

3. 复合运算符：

a＋＝b；　　等价于 a＝a＋b；

x＊＝a＋b；等价于 x＝x＊(a＋b)；

a&＝b；　　等价于 a＝a&b。

复合运算关系表达式中第 1 个变量的值等价于把等号去掉后的运算关系的结果。

复合运算的表达方式有利于提高编译效率，产生质量较高的目标代码。但可读性相对较差。因此，初学者自己编写程序的初期可以少用，以后熟悉了再多用。

4.4　数组

4.4.1　一维及多维数组

数组就是同一类型变量的有序集合。数组中的每个数据都可以用唯一的下标来确定其位置，下标可以是一维或多维的。数组和普通变量一样，要求先定义了才可以使用。下面是定义一维数组的方式：

数据类型　数组名［常量表达式］；

"数据类型"是指数组中的各数据单元的类型，每个数组中的数据单元只能是同一数据类型。"数组名"是整个数组的标识，命名方法和变量命名方法是一样的。在编译时系统会

根据数组大小和类型为变量分配连续的存储空间，数组名就是所分配空间的首地址的标识。"常量表达式"表示数组的长度和维数，它必须用"〔　〕"括起，括号里的数不能是变量只能是常量。

    unsigned int a〔10〕；　//定义无符号整形数组，有 10 个数据单元
    char inputstring〔5〕；　//定义字符形数组，有 5 个数据单元

在 C 语言中数组的下标是从 0 开始而不是从 1 开始的，如一个具有 10 个数据单元的数组 a，它的下标就是 a〔0〕到 a〔9〕，引用单个元素就是数组名加下标，如 a〔1〕就是引用 a 数组中的第 2 个元素。

一维数组赋初值的方式如下：

    数据类型〔存储区域〕数组名〔常量表达式〕=｛常量表达式｝；

初值个数必须小于或等于数组长度，不指定数组长度，编译器则会在编译时由实际的初值个数自动设置。

    unsigned char Lcdnum〔2〕=｛15，35｝；　//一维数组赋初值
    unsigned char IOStr〔〕=｛3，5，2，5，3｝；
    //没有指定数组长度，编译器自动设置
    unsigned char code keydata〔〕=｛0x02，0x34，0x22，0x32，0x21，0x12｝；
    //数据保存在 code 区
    int b〔6〕=｛1，2，3｝；
    // 给部分元素赋值，未赋值的为 0；b〔0〕=1，〔1〕=2，〔2〕=3，〔3〕=0，〔4〕=0，〔5〕=0

51 单片机的片内 RAM 很有限，编程时要把 RAM 分给参与运算的变量或数组，而那些程序中不变的数据则应存放在片内的 CODE 存储区。

定义二维及多维数组时，只要在数组名后面增加相应于维数的常量表达式即可。多维数组的定义形式如下

    数据类型 数组名〔常量表达式 1〕……〔常量表达式 N〕；

例如，要定义一个 3 行 5 列共 3 * 5＝15 个元素的整数数组 first，可以采用如下的定义方法：

    int first〔3〕〔5〕；
    int key〔2〕〔3〕=｛｛1，2，4｝，｛2，2，1｝｝；　//二维数组赋初值

4.4.2　字符数组

基本类型为字符类型的数组称为字符数组。字符数组是用来存放字符的。字符数组中的每个元素都是一个字符，因此可用字符数组来存放不同长度的字符串（称为字符串数组）。字符数组的定义方法与一般数组相同，下面是定义字符数组的例子：

    char second〔5〕=｛'H'，'E'，'L'，'L'，'O'｝；　// 字符用单引号
    char third〔6〕=｛"HELLO"｝；　　　　　　　　// 字符串用双引号

在 C 语言中字符串是作为字符数组来处理的。一个一维的字符数组也可以存放一个字符串，C 语言规定以"\0"作为字符串结束标志，这样，字符串常量会自动加一个"\0"作为结束符。因此，用字符串方式赋值比用字符逐个赋值要多占用一个元素用于存放结束标记"\0"。上述的 char second〔5〕、char third〔6〕就是一个例子。

4.5　指针

指针是 C 语言的精华部分，使用指针能够很好地利用内存资源，使其发挥最大的效率。

正确地使用指针类型的数据，能更有效地表达复杂的数据结构和使用数组或变量，能方便直接地处理内存或其他存储区的数据，也使程序的书写更简洁、高效。指针对于初学者来说，比较难于理解和掌握，需要一定的计算机硬件的知识作为基础，但在学习了单片机存储空间的配置和汇编语言后，对指针概念的理解就容易多了。

4.5.1　指针的概念

在计算机中，所有的数据都是存放在存储器中的。一般把存储器中存放一个字节的物理单位称为一个存储单元。为了能正确地访问存储单元，必须为每个存储单元编号。根据编号可准确地找到该存储单元。存储单元的编号称为地址。

既然根据存储单元地址就可以找到所需的存储单元，所以通常也把这个地址称为"指针"。

存储单元的指针和存储单元的内容是两个不同的概念。如一个 char 型的变量"temp"，其值为 03H，存放在 51 单片机内部 RAM（data 区）40H 这个地址中，那么"40H"这个地址就是变量"temp"的指针。temp 的内容 03H 也就是地址 40H 中的内容。

对于一个存储单元来说，单元的地址即为指针，其中存放的数据才是该单元的内容。在 C 语言中，允许用一个变量来存放指针，这种变量称为指针变量。因此，一个指针变量的值就是某个存储单元的地址。变量的指针和指针变量是两个不一样的概念。"变量的指针"是指变量的地址，存放变量地址的变量称为"指针变量"。

如用变量"p"来存放"temp"这个变量的地址"40H"，则变量"temp"的指针是"40H"，"p"是指针变量。

严格地说，一个指针是指一个地址，是一个常量。而一个指针变量却可以被赋予不同的指针值（即不同的地址），所以它是取值为地址的变量。

在 C 语言中，变量（包括指针变量）的地址是由编译系统分配的，用户并不需详细知道变量的具体地址。

既然指针变量的值是一个地址，那么这个地址不仅可以是变量的地址，也可以是其他数据结构的地址。在一个指针变量中存放一个数组或一个函数的首地址有何意义呢？因为数组或函数都是连续存放的。通过访问指针变量取得了数组或函数的首地址，也就找到了该数组或函数。这样一来，凡是出现数组、函数的地方都可以用一个指针变量来表示，只要该指针变量中赋予数组或函数的首地址即可。这样做将会使程序的概念十分清楚，程序本身也精炼。在 C 语言中，一种数据类型或数据结构往往都占有一组连续的存储单元。用"地址"这个概念并不能很好地描述一种数据类型或数据结构，而"指针"虽然实际上也是一个地址，但它却是一个数据结构的首地址，它是"指向"一个数据结构的，因而概念更为清楚，表示更为明确。这也是引入"指针"概念的一个重要原因。

4.5.2　指针变量的定义、赋值与引用

1. 指针变量的定义

C 语言规定所有变量在使用前必须通过定义来指定类型，以便编译器按此分配存储单元。指针变量不同于其他变量，它是用来存放地址的，必须将其定义为"指针类型"。

指针的定义一般形式是：

类型标识符　*指针变量名

如：char ＊c; int ＊ temp; long ＊ t;

指针变量名前的"＊"表示该变量的类型为指针型变量。

"＊"前面的"类型标识符"是必须的。指针变量中存放的是数据的地址，以便指针变量根据类型标识符决定下一个连续数据的地址。

如：char ＊p; 定义了一个指针变量"p"，它所指向的是一个字符型（char）的数据。在指针操作中，常用的一种操作是指针变量自增。如 p++，其意义是指向下一个数据的地址。由于指向的数据是字符型，只占 1 个字节，则指针变量自增时，只将地址值+1 即可。如果指针变量指向的数据类型是 int，即定义为 int ＊ p，则 p++自增时，地址值+2; 如果数据类型是 float，即定义为 float ＊p，则自增时，地址值+4。

2. 指针变量的赋值

指针变量使用前必须赋值，未赋值的指针变量不能使用。指针变量的赋值只能赋予地址，决不能赋予任何其他数据。但也要注意，在 C 语言中，变量的地址是由编译系统分配的，用户一般不知道变量的具体地址。

设有指向整型变量的指针变量 p，如要把整型变量 c 的地址赋予 p，可以有以下两种方式。

（1）初始化方法。

　　int c;

　　int ＊ p=&c;

（2）赋值语句方法。

　　int c;

　　int ＊ p;

　　p=&c;

注意：被赋值的指针变量前不能再加"＊"说明符，如写为 ＊p=&c 是错误的。

3. 指针变量的引用

C 语言可以定义一个指向某个变量的指针变量，并提供了 ＊（取内容）和 &（取地址）两个运算符。

取内容与取地址的一般形式为：

　　变量=＊指针变量　　　// 将指针变量所指向的地址单元中所存的内容赋给右边的变量

　　指针变量=& 目标变量　// 将目标变量的地址所赋给右边的变量

需要注意的是，指针运算符"＊"和指针变量说明中的指针说明符"＊"不是一回事。在指针变量说明中，"＊"是类型说明符，表示其后的变量是指针类型。而表达式中出现的"＊"则是一个运算符，用以表示指针变量所指的变量。

下面的一段 C51 程序：

```
unsigned char xdata ＊ x;
x=0x0456;
＊x=0x34;
```

相当于以下的汇编程序：

```
MOV DPTR, ＃0456H
MOV A, ＃34H
MOVX @DPTR, A
```

比较这两段程序可以加深对指针的理解。但要注意，不要轻易模仿上例中为指针变量赋具体的数值，这样强行为变量指定地址可能与编译器自行分配的地址存在冲突，使程序存在潜在的错误。

如果已完成了指针变量的定义等语句：

    int * ap, int a;

    ap=&a;

则引用时：

① * ap 与 a 是等价的，因由 ap=&a 知 ap 为 a 的地址，* ap 即 a 的地址单元中的内容。

② & * ap 与 &a 等价。

③ * &a 与 a 等价。

例：定义 char * px；char x=11，y；并运行了 px=&x；则

  y= * px+5;　　//把 x 的内容加 5 并赋给 y，则 y=16

  y=++ * px;　　//px 的内容加 1 后赋给 y，则 y=12

      // y=++ * px；因 px 是 x 的地址，px 的内容就是 x；相当于 y=++(* px)

  y= * px++;　　//相当 y= * px；px++；则 y=11，但指针 px 随后+1

4.5.3　Keil C51 的指针类型

C51 支持"基于存储器指针"和"一般指针"两种指针类型（初学者也可以暂时跳过此内容）。

1. 基于存储器的指针

由于单片机存储区的关系，C51 语言"基于存储器指针"的声明格式有别于普通 C 语言，其格式为

    类型标识符［存储区类型］ * ［指针变量存储区类型］指针变量名；

      ①　　　　　②　　　　　　　　　　③　　　　　　　　　④

应该明确的是指针是变量的地址，所以指针变量的值只能是整数，代表地址。

符号"*"前的意义是与所定义的指针变量指向的内容相关的：

①所定义的指针变量指向内容的数据类型（如 char、int、float 等）。

②所定义的指针变量指向内容存放的存储区类型（包括 data、bdata、idata、pdata、xdata、code）。

符号"*"后的意义是与指针变量相关的：

③定义的指针变量（它的值是地址）所存放的存储区类型（包括 data、idata、pdata、xdata）。

④定义的指针变量名称。

例：unsigned char　xdata * data yc；

其定义是：在片内 RAM 区（③data）分配一个指针变量 yc（④），这个指针指向一个无符号字符（①unsigned char），该无符号字符存放于 xdata 区（②xdata）。

2. 一般指针

一般指针也称为通用指针，它的声明和标准 C 语言中一样，如

    char * s;　　　　　// 字符指针

    int * numptr;　　　// 2 字节整数指针

    long * state;　　　　// 4 字节整数指针

一般指针总是需要三个字节来存储。第一个字节是用来表示存储区类型的编码值，第二个字节是指针的高字节，第三个字节是指针的低字节。存储区类型的编码值见表 4.5。

表 4.5　存储区类型的编码

存储区类型	idata/data/bdata	xdata	pdata	Code
编码值	0x00	0x01	0xFE	0xFF

指针中的"指针变量存储区类型"与编译时编译模式的默认值有关，如

```
char * p;
```

定义的是一般指针，p 指向的是一个 char 型变量，那么这个 char 型变量位于哪里呢？这和编译时编译模式的默认值有关。

如果是 Memory Model—Variable—Large：XDATA，那么这个 char 型变量位于 xdata 区。

如果是 Memory Model—Variable—Compact：PDATA，那么这个 char 型变量位于 pdata 区。

如果是 Memory Model—Variable—Small：DATA，那么这个 char 型变量位于 data 区。

一般指针可以用来访问所有类型的变量，而不管变量存储在哪个存储空间中。因而许多库函数都使用一般指针。通过使用一般指针，一个函数可以访问数据，而不用考虑它存储在什么存储器中。

一般指针使用方便，但速度慢。在所指向目标的存储空间不明确的情况下使用较多。

由于在单片机系统设计中最常用 Small 模式，所以在程序中也常用一般指针，它存放在 data 区。为优化程序，应该尽量在程序中使用基于存储器的指针。

4.6　结构

结构是一种数据的集合体，它可以按需要将不同类型的变量组合在一起，整个集合体用一个结构变量名表示，组成这个集合体的各个变量称为结构成员。

1. 定义结构类型

使用结构变量时，要先定义结构类型。一般定义格式为

```
struct 结构名
｛结构成员说明；｝；
```

例：struct data
```
｛
    unsigned char month；
    unsigned char day；
    unsigned int year；
｝
```

这里，data 为结构名，month、day、year 为结构成员，并说明了它们的数据类型。

2. 定义结构变量

定义好一个结构类型后，常在定义结构类型的同时定义该结构变量。

例：struct data
```
｛
```

```
            unsigned char month;
            unsigned char day;
            unsigned int year;
        } idata data1, Mydata [5];
```

本例在片内 RAM 中定义了一个结构变量 data1，同时也定义了一个结构数组 Mydata。

结构变量 data1 拥有所定义的结构类型 struct data 的所有成员，包括 month、day、year，写成：

```
        data1. month
        data1. day
        data1. year
```

其中，"."是成员运算符。

结构数组 Mydata 具有 5 个元素，那 Mydata [0]～Mydata [4]，每个数组元素都具有 struct data 的结构形式。

3. 结构变量的赋值和引用

赋值和引用的方式是对"结构变量名 . 成员名"进行的。

如赋值：data1. year=2007；对结构数组赋值，有

```
    Mydata [5] ={
                    {3, 18, 1978},
                    {4, 17, 1978},
                    {7, 23, 1979},
                    {8, 18, 1980},
                    {12, 16, 2010},
                };
```

结构类型变量的成员可以像普通变量一样进行引用和各种运算，如

```
    sum=data1. year+Mydata [2] . year;
    data1. day++;    // 日期在新的基础上加 1
```

此外，C51 还有共同体、枚举等数据类型，作为 C51 的入门教材，本教材没有讲述这些类型，请读者参考相关资料。

4.7　C51 的程序设计

4.7.1　C51 的程序结构

C51 的程序结构与标准 C 语言的结构相同，它以主函数 main() 为程序入口。

```
    包含<头文件>
    全程变量定义
    函数声明
    main()
    {
      局部变量定义
      <程序体>
    }
```

```
func1()
{
    局部变量定义
    <程序体>
}
  ⋮
funcN()
{
    局部变量定义
    <程序体>
}
```

其中，"func1()，…，funcN()"代表用户定义的函数，程序体指 C51 提供的任何库函数调用语句、控制流程语句或其他函数调用语句等。

用户定义的函数如果放在主函数之前，则可以不作函数声明。

4. 7. 2　C51 流程控制语句

1. 选择语句 if

if 语句是用来判断所给定的条件是否满足，根据判断的结果（真或假）给出两种操作中的一种操作。它有三种基本形式。

（1）if（表达式）
　　　　{语句；}

描述：如果表达式为"真"，则执行花括弧内的语句；否则为"假"，执行花括弧外的语句。注意，表达式是"非 0"，即"真"；如表达式是"0"，就是"假"。

　　例：a＝0；
　　　　if(a＋1＞0)
　　　　{a＝b；}

结果会执行"a＝b；"，因为表达式 a＋1＝1 大于 0，此条件为"真"。

但如果：
　　　　a＝0；
　　　　if(a)
　　　　{a＝b；}

结果就不会执行"a＝b；"，因为表达式 a＝0，此条件为"假"。

（2）if（条件表达式）
　　　　　{语句 1；}
　　　　else
　　　　　{语句 2；}

描述：当条件表达式成立时，就执行语句 1，否则就执行语句 2。

　　如：if(a==b)
　　　　　{a++；}
　　　　else

　　　　　　　　〔a－－;〕

当 a 等于 b 时，a＝a＋1，否则 a＝a－1。

（3）if（表达式 1）

　　　〔语句 1;〕

　　else if（表达式 2）

　　　〔语句 2;〕

　　else if（表达式 3）

　　　〔语句 3;〕

　　　⋮

　　else if（表达式 m）

　　〔语句 m;〕

　　else

　　〔语句 n;〕

上面所例举的程序中，语句中都为单一语句，这种情况是可以不用花括弧的。但使用花括弧将使程序更加安全可靠，从而提高程序的可读性。

值得注意的是，if 语句可以嵌套。

2. switch/case（开关）语句

用多个 if 语句可以实现多方向条件分支，但过多的 if 语句实现多方向分支会使条件语句嵌套过多，程序冗长、繁琐。这时使用开关语句同样可以达到多分支选择的目的，却可以使程序结构清晰。它的语法如下：

switch（表达式）

｛

　case 常量表达式 1：〔语句 1;〕　　break;

　case 常量表达式 2：〔语句 2;〕　　break;

　case 常量表达式 3：〔语句 3;〕　　break;

　　　⋮

　case 常量表达式 n：〔语句 n;〕　　break;

　default：　　〔语句 n＋1;〕

｝

运行中 switch 后面的表达式的值将会作为条件，与 case 后面的各个常量表达式的值相对比，如果相等，则执行 case 后面的语句，再执行 break（间断语句）语句，跳出 switch 语句。如果 case 后没有与所有条件相等的值，就执行 default 后的语句。当程序要求没有符合的条件时，不必做任何处理，可以不写 default 语句。

例：switch（k）

　　｛

　　　case 0：〔x＝1;〕　　break;

　　　case 2：〔c＝6; b＝5;〕　　break;

　　　case 3：〔x＝12;〕　　break;

　　　default：break;

　　｝

3. while 语句

while 的英语意思是"当……的时候……"，可以理解为"当条件为真（非 0，即为真）的时候就执行后面的语句"，它的语法为

```
while（条件表达式）
   ｛语句；｝          //循环体
```

while 循环语句的语法流程图如图 4.1 所示。

while 循环体结构的最大特点在于，其循环条件的测试处于循环体的开头，要想执行循环体内语句，必须经过条件测试，若条件不成立，则循环体内的重复操作一次也不能执行。

图 4.1　while 循环语句结构

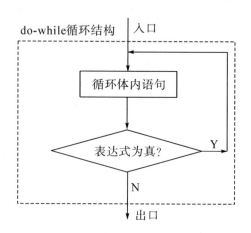

图 4.2　do－while 循环语句结构

4. do－while 语句

do－while 语句是 while 语句的补充，while 是先判断条件是否成立再执行循环体，而 do－while 则是先执行循环体，再根据条件判断是否要退出循环。这样就决定了循环体无论在任何条件下都会至少被执行一次。它的语法为

```
do
   ｛语句；｝          //循环体
   while（条件表达式）；
```

do－while 的程序流程图如图 4.2 所示。

例：int sum=0, i;

```
   do
   ｛
     sum+= i;
     i++;
   ｝ while(i<=10)
```

图 4.3　for 语句循环流程

5. for 语句

C51 中 for 语句是使用最灵活的循环控制语句。在明确循环次数的情况下，for 语句的使用非常简单。它的语法为

```
   for（［初值设定表达式］；［循环条件表达式］；［条件更新表达式］）
   ｛语句；｝
```

　　for 语句的括号中的表达式是可选的,所以 for 语句的变化较多。for 语句的执行如图 4.3所示:先代入初值,再判断条件是否为真,条件满足时执行循环体并更新条件,再判断条件是否为真,直到条件为假时,退出循环。

　　例:int i, sum=0 ;
　　　　for (i=0; i<=10; i++)
　　　　{sum+=i;}

4.8　函数的定义与调用

4.8.1　函数

　　函数是语句块的一种封装,可以在程序中多次使用。函数与“子程序”或“过程”是同样的事情。在 C51 中使用“函数”这个术语。函数用来将一个程序的操作元素分成多个基本部分。

　　函数的一个主要优点就是可以作为库的扩展,设计函数的目的是为了执行特定的任务,还可在其他程序中重用。这样可以节省时间,便于合作,维持稳定。

　　从用户的角度看,C 语言有标准库函数和用户自定义的函数两种。标准库函数是 C 编译器提供的,不需要用户进行定义,可以直接调用。

　　自定义函数的一般形式为
　　　　函数类型　函数名(形式参数表)
　　　　{
　　　　　　局部变量定义;
　　　　　　函数体语句;
　　　　}

　　函数类型说明了所定义函数返回值的类型。如函数不需要返回值,可以写作“void”。形式参数是指调用函数时要传入到函数体内参与运算的变量,它可以有一个、几个或没有,当不需要形式参数时,括号内可以为空或写入“void”。函数体中可以包含有局部变量的定义和程序语句,如果函数要返回运算值,则要使用 return 语句进行返回。在函数的 {} 号中也可以什么也不写,这就成了空函数,在一个程序项目中可以写一些空函数,在以后的修改和升级中可以方便地在这些空函数中进行功能扩充。

　　函数定义后,可以被其他函数调用。在 C51 语言中只有 main 主函数不能被其他函数调用。调用函数的一般形式为
　　　　　　　　　　函数名(实际参数表)
　　“函数名”指被调用的函数。“实际参数表”可以为空或多个参数,多个参数时要用逗号隔开,每个参数的类型、位置应与函数定义时的形式参数一一对应,它的作用就是把参数传到被调用函数中的形式参数,如果类型不对应,会产生错误。调用的函数是无参函数时不写参数,但不能省略后面的括号。

　　下例是一个有返回值的、带参数的、求两个数中最大值的函数:
　　　　unsigned char max (unsigned char x, unsigned char y)
　　　　{
　　　　　　unsigned z;

```
        if(x>=y) z=x；
    else z=y；
    return z；
}
```

下例是一个无返回值的、带参数的、延时毫秒的函数：

```
    void delayms（unsigned int x)
    {
    unsigned j；
    while(x--)
        {
        for(j=0；j<75；j++)
            {；}
        }
    }
```

调用函数前要对被调用的函数进行声明。标准库函数只要用♯include 引入已写好声明的头文件，就可以直接调用了。

通常使用的头文件有 reg51. h，math. h，ctype. h，stdio. h，stdlib. h，absacc. h 等。其中，reg51. h 定义特殊功能寄存器和位寄存器；math. h 定义常用数学运算。读者可以从 Keil C 的帮助文档中或其他资料中了解标准库函数的功能。

C51 函数的重入。由于单片机的片内 RAM 数量小，因此在"small"模式条件下，C51 会采用 idata 区域作为堆栈区，这时 CPU 采用增强型 52 系列比较适合。所谓函数的重入，就是一个程序在执行时再次调用这个函数本身。通常程序是顺序执行的，不存在这个问题。但在一些特殊场合，会有这种可能。这时需要定义可重入函数，如：

```
        void fuc1（int n）reentrant
```

reentrant 是个关键字，意为允许函数重入。

4.8.2　局部变量、全局变量和变量的存储类别

变量的存储从变量的作用域（Scope，范围）角度来分，可分为全局变量和局部变量。若从变量的生存期（Lifetime，生命时间）角度来分，可分为静态存储方式和动态存储方式。

静态存储方式是指在程序运行期间分配固定的存储空间的方式。

动态存储方式是指在程序运行期间根据需要进行动态的分配存储空间的方式。

局部变量是指在函数内部说明的变量，它的作用域只在该函数内部有效。局部变量在被定义时若没有初始化赋值，它的值是不确定的。形式参数在函数内部也是局部变量。

全局变量是指在函数外部定义的变量。全局变量与局部变量的区别在于它们的作用域。全局变量能在被定义后的每个函数使用；而局部变量只能在被定义它的函数中使用，其他函数不能使用。全局变量习惯上通常在程序的主函数前定义。全局变量在定义时若没有初始化，其值为 0。由于全局变量可被整个程序内的任何一个函数使用，所以可作为函数之间传递参数的手段，但全局变量太多时，内存开销也变大。

C51 用户存储空间可以分为三个部分：程序区、静态存储区、动态存储区。有 4 种变量存储类别（Storage Classes），auto、static、extern、register。它们共同描述了变量的作用

域和生存期。

静态存储区：存放全局变量，在程序开始执行时给全局变量分配存储区，程序执行完毕后就释放。

动态存储区：存放函数形式参数、自动变量（未加 static 声明的局部变量），在函数开始调用时分配动态存储空间，函数结束时释放这些空间。

Auto 声明的变量称为自动变量。函数中的局部变量，如不专门声明为 static 存储类别，将被动态地分配存储空间，存储在动态存储区中。函数中的形参和在函数中定义的变量（包括在复合语句中定义的变量）也属于此类，在调用该函数时系统会给它们分配存储空间，函数调用结束时会自动释放这些存储空间。关键字 auto 作为存储类别的声明一般都可省略。

Static 声明的变量称为静态变量。它又可分为静态局部变量和静态全局变量。

静态局部变量与局部变量的区别在于：在函数退出时，这个变量始终存在，但不能被其他函数使用，当再次进入该函数时，将保存上次的结果。其他与局部变量一样。

静态全局变量是指只在定义它的源文件中可使用而在其他源文件中不可使用的变量。它与全局变量的区别是：全局变量可以再说明为外部变量（extern），被其他源文件使用，而静态全局变量却不能再被说明为外部变量，即只能被所在的源文件中使用。

extern 声明的变量称为外部变量。如果你想在本源文件中使用另一个源文件的全局变量，就需要在使用前用 extern 声明该变量。例如在 file1.c 中定义了 i、j 和 c 三个全局变量，如果要在 file2.c 中也要使用这三个变量，就必须在 file2.c 中用 extern 加以声明。

Register 声明的变量称为寄存器变量，他将变量存储在 CPU 内部的寄存器内，但目前的 C51 编译器会自动优化处理这个问题，所以这一关键字对 C51 已无实际意义。

4.8.3　C51 中调用汇编程序

C51 调用汇编子程序，实际上就是用 C51 关于函数命名、函数参数和返回值传递等的规则来编写汇编子程序。

C51 编译器对 C 源程序进行编译时，将按照表 4.6 中所示规则，将源程序中的函数名转换为目标文件中的函数名，连接定位时将使用目标文件中的函数名。因此，被 C51 调用的汇编子程序的命名一定要符合这些规则，才能保证被正确调用。

表 4.6　C51 调用汇编子程序中的函数名转换

C51 中的函数声明	转换成 汇编中的函数名	说　　明
void func（void）	FUNC	无参数传递或参数传递不通过寄存器的函数，函数名只需转换成大写形式
void func（char）	_ FUNC	通过寄存器传递参数函数，函数名前加"_"
void func（void）reentrant	_ ?FUNC	对于重入函数，函数名前加"_ ?"

C51 通过单片机中的寄存器最多可传递 3 个参数，各参数传递所占寄存器不能冲突，具体规则见表 4.7。

表 4.7　参数传递中所使用的寄存器

参数类型	char	int	long、float	一般指针
第一个参数	R7	R6、R7	R4～R7	R1、R2、R3
第二个参数	R5	R4、R5	R4～R7	R1、R2、R3
第三个参数	R3	R2、R3	无	R1、R2、R3

对于函数返回值，仅允许有 1 个，其占用寄存器见表 4.8。

表 4.8　函数返回值的寄存器

返回值	寄存器	说　　明
bit	C	进位标志
（unsigned）char	R7	
（unsigned）int	R6、R7	高位在 R6，低位在 R7
（unsigned）long	R4～R7	高位在 R6，低位在 R7
float	R4～R7	32 位 IEEE 格式，指数和符号在 R7
指针	R1、R2、R3	R3 存放存储器类型，高位在 R2，低位在 R1

例：在 C51 程序 myadd. c 中调用汇编程序 intmult. asm（这是一个无符号的一个字节乘以一个字节的乘法程序），程序中需两个参数（乘数与被乘数）传递，返回一个 unsigned int（结果为两个字节的整数）的值。

C51 程序 myadd. c：

```
＃include ＜REG51. H＞
/＊声明所调用的汇编程序（采用了 extern）＊/
extern unsigned char intmult（unsigned char，unsigned char）；
main（void）
{
    unsighned char j；
    j＝intmult（4，76）；
}
```

汇编程序 intmul. asm：

```
PUBLIC _ INTMUL          ；带参数的函数声明，
                         ；PUBLIC INTMUL 为不带参数的函数声明
                         ；PUBLIC _？INTMUL 为重入函数的声明
PROC SEGMENT C0DE        ；定义 PROC 为再定位程序段
RSEG PROC                ；定义 PROC 为当前段
_ INTMUL：
    MOV A，R7            ；将参数值调入
    MOV B，R5
    MUL AB
    MOV R6，B            ；将结果返回
    MOV R7，A
    RET
END
```

4.8.4　预处理命令

所谓预处理，是指在进行编译的第一遍扫描之前所做的工作。常用的预处理命令有宏定义和文件包含两种。

1. 宏定义

在 C 语言中源程序中允许用一个标志符来表示一个字符串，称为"宏"。被定义为"宏"的标志符称为"宏名"。在编译处理时，对程序中所有出现的"宏名"都会用宏定义中的字符串去代替。

在 C 语言中，"宏"可分为有参数和无参数两种。

（1）无参数宏定义：♯define 标志符　字符串

如：♯define　LED　P1^2

（2）有参数宏定义：♯define 宏名（形参表）字符串

如：♯define　M(y)　　y＊y+3＊y　// 宏定义

　　　⋮

　　 k=M（5）；　　　　　　　　　//宏调用

这等于用实参 5 去代替形参 y，经预处理后相当于

　　　 K=5＊5+3＊5；

2. 文件包含

文件包含是 C51 预处理程序的一个重要功能。文件包含命令行的一般形式为

　　 ♯include"文件名"

文件包含命令的功能是把制定的文件插入该命令行位置取代该命令行，从而把指定的文件和当前的源程序文件连成一个源文件。

在程序设计中，文件包含是很有用的。一个大的程序可以分为多个模块，由多个程序员分别编程。有些公用的符号常量或宏定义等可以单独组成一个文件，在其他文件的开头用包含命令包含该文件即可使用。这样，可避免在每个文件开头都去书写那些公用量，从而避免出错和节省书写时间。

包含命令中的文件名可以用""或＜＞括起来。使用＜＞表示在 Keil 的"INC"文件目录中去找，""表示先在源文件所在的目录中找，或指定在 Keil 菜单中"Options for Target 'Target 1'中的'Include Path'"去找，未找到再到"INC"目录中去找。

文件包含可以嵌套，即在一个被包含的文件中又可以包含另一个文件。

4.8.5　头文件

通常，一个 C51 工程由多个模块组成，如 I2C. c、ADC. c、LED _ disp. c 等，为使用方便，可以为每个模块定义一个头文件，文件的主要作用是对同名的驱动函数中的自定义函数作出声明，另外也可以包含对程序中所使用的引脚进行的定义等。

比如，设计了一个驱动程序 4LED. c，主要功能是控制 4 位 LED 显示的模块。为了方便在其他程序设计中调用其中的"Disp _ 4LED"函数和毫秒延时函数"delayms"，于是就根据 4LED. c 定义了一个 4LED. h 的头文件（注意：头文件的名要与驱动程序的文件名一致，但文件名后缀除外），其格式如下：

```
#ifndef_4LED_H_    // 防止重复引用该文档，如没有定义过_4LED_H_,则编译下面语句
#define_4LED_H_    // 定义_4LED_H_，防止重定义
#include <reg51.h>
//LED 数码管位选线连接定义
sbit LED1＝P2^0;
sbit LED2＝P2^1;
sbit LED3＝P2^2;
sbit LED4＝P2^3;

void delayms（uint x）;              // 毫秒延时函数，x 为延时 ms 数
void Disp_4LED（uchar * ledbuf）;    // 显示 4 位 LED 函数；ledbuf 为显示缓冲区
#endif
```

定义完后，要引用该模块时，只要加入

```
#include "4LED.h"
```

就可以在程序中调用 Disp_4LED（uchar * ledbuf）和 delayms（uint z）的自定义函数了。实际上，如果仅仅是为了应用，只要根据头文件中对函数的相关注释和对引脚的定义，就可以正确地调用这些函数，而不必详细了解这些函数是如何编写的（这一点对初学者快速掌握单片机是非常有益的）。因此，在头文件中对函数进行正确的注释显得非常重要。

在头文件中除了声明自定义函数外，也可以把所声明函数的程序一起写入，这样就不需要再另写一个同名的驱动程序文件了。

本书从第 5 章起，有很多定义和使用自定义头函数的例子，如"5.2.3 独立式键盘"中的例子，"5.2.4 行列式键盘模块"中的例子，"5.3.3 LCM1602 模块"中的例子，以及第10 章、11 章和附录 D 中提供的模块例子，读者可以从中得到详细的范例。

4.8.6　C51 其他问题

本教材还在下面的章节中涉及了 C51 使用的其他问题，读者可以查询和学习。

（1）关于 sbit、sfr、sfr16 的定义和使用，见 5.2.1 节。

（2）C51 中";"的使用，见 5.2.1 节。

（3）关于"头文件"的使用，见 5.2.3 节。

（4）关于函数参数的问题，见 5.3.3 节。

（5）关于数组指针的使用问题，见 5.3.3 节。

（6）C51 中关于中断程序的编写，见 6.6 节。

（7）C51 中绝对地址的访问，见 9.2.5 节。

另外，C51 的编译平台、调试可参见附录 A。

思考题与习题

1. C51 有哪些数据类型？数据类型与存储区域有何联系？存储区域与哪些因素有关？

2. 按给定的数据类型和存储区域，写出下列数据的说明形式。

（1）up，down，无符号 8 位整数，使用内部数据存储器存储。

（2）first，last，浮点小数，使用外部数据存储器存储。

（3）cc，ch，8 位整数，使用间接寻址内部数据存储器存储。

（4）s，位变量。

3. 判断下列关系表达式或逻辑表达式的运算结果（1 或 0）。

（1）10==9+1。

（2）6&&0。

（3）10&&8。

（4）6‖0。

（5）!（3+2）。

（6）设 x=10，y=9，x>=88&&y<=x。

4. 设 x=4，y=8，说明进行下列运算后，x，y 和 z 的值分别是多少（用 16 进制表达)？

（1）z=(x++)*(--y)。

（2）z=(++x)-(y--)。

（3）z=(++x)*(--y)。

（4）z=(x++)+(y--)。

5. C 语言中的 while 和 do-while 的不同点是什么？

6. 用三种循环方式分别编写程序，显示整数 1 到 100 的平方。

7. 写出二维数组 Data［2］［4］的各个元素，并按它们在内存中存储时的顺序排列。

8. 写出下列表达式运算后 a 的值，设运算前 $a=10$；$n=9$；a、n 已定义为 8 位整型变量。

（1）a+=a。

（2）a*=2+3。

（3）a%=（n%=2）。

9. 什么是局部变量和全局变量？如何判断一个变量在程序中的使用范围和存在的时间？

10. 头文件有何作用？

第 5 章 I/O 口及简单应用

本章介绍 MCS-51 单片机的四个 I/O 口的输入输出的特性及简单应用实例，如显示、键盘等。

本章所介绍的显示、键盘方法，可使读者尽早地进行简单的单片机实验，把理论学习与实际应用结合起来。

初学者入门时可以暂不深入学习 P0~P3 口的输入输出特性，而直接学习 I/O 口的应用。但应掌握几个重要的结论：复位后，P0~P3 口各引脚均自动置"1"；P0 口作通用 I/O 口使用时，要加上拉电阻，而其余口可不加；在读 I/O 口的引脚状态时，需先向该引脚写"1"；各 I/O 口的单个引脚，允许灌入的最大电流为 10 mA；P1、P2 以及 P3 口（每个口都有 8 个引脚），允许向其灌入的总电流最大为 15 mA，P0 口的驱动能力最强，允许灌入的最大总电流为 26 mA；全部的四个口所允许的灌电流之和，最大为 71 mA。但各引脚"输出高电平"的时候，输出电流不到 1 mA（仅 800 μA）。P3 口还具有第二功能。

当然，在进一步的学习中，深入了解 P0~P3 口的输入输出特性是很重要的。

需要注意的是，51 单片机引脚的驱动能力与厂家及型号有关。上面的 I/O 口驱动能力参数来自 AT89C51 的数据手册。早期的 51 系列单片机的驱动能力要小的多，其引脚甚至不能驱动一般的发光二极管进行正常发光。在 51 系列单片机流行起来之后，制作商使其引脚的驱动能力大为增强，可以直接驱动发光二极管了。51 系列单片机中有一个输出电流特别大的型号，那就是 AT89C2051，其单个引脚可允许最大 20 mA 的灌电流输入。目前晶宏科技的 STC89 系列单片机从说明书可知：其每个 I/O 口引脚的驱动能力均可达到 20 mA，但整个芯片不要超过 100 mA。

5.1 I/O 端口的输入输出特性

单片机芯片内有一项主要资源就是并行 I/O 口。基本型 MCS-51 共有四个 8 位的并行 I/O 口，分别记作 P0、P1、P2、P3，对应有同名称的特殊功能寄存器，并且具有字节寻址和位寻址功能。每个口都包含一个锁存器、一个输出驱动器和输入缓冲器。实际上，对它们的控制就是对同名称的特殊功能寄存器的控制。

在访问片外扩展存储器时，低 8 位地址和数据由 P0 口分时传送，高 8 位地址由 P2 口传送。在无片外扩展存储器的系统中，这四个口的每一位均可作为双向的 I/O 端口使用。

基本型 MCS-51 单片机的四个 I/O 口都是 8 位双向口，这些接口在结构和特性上基本相同，但又各具特点，下面分别予以介绍。

5.1.1 P1 口

如图 5.1 是 P1 口其中一位的结构原理图。P1 口由 8 个这样的电路组成。图中有一个锁存器起输出锁存作用；场效应管 V1 与上拉电阻组成输出驱动器，以增大负载能力；三态门 1 起输入缓冲器的作用，三态门 2 在读锁存器端口时使用。

图 5.1 P1 口结构

为了便于理解，首先介绍三态门和锁存器的功能。

三态门：有三个状态，即高电平、低电平和高阻状态（或称为禁止状态）。图 5.1 中，锁存器的上端有缓冲器 2，要读取 D 锁存器输出端 Q 的数据，就得使这个缓冲器的三态控制端标号为'读锁存器'有效（'1'为有效，'0'为无效，下同）。锁存器的下端有缓冲器 1，要读取 P1.x 引脚上的状态，要使标号为'读引脚'的三态缓冲器的控制端有效，这样引脚上的状态才会传输到单片机的内部数据总线上。

锁存器：由 D 触发器构成。一个 D 触发器可以保存一位二进制的数（即具有保持功能），51 单片机的 32 根 I/O 线中都是用一个 D 触发器来构成锁存器的。图 5.1 中的 D 锁存器，D 端是数据输入端，CP 是控制端（即时序控制信号输入端），Q 是输出端，也是反向输出端。

当 D 输入端有一个输入信号，如果这时控制端 CP 的时序脉冲没有到来，此时输入端 D 的数据是无法传输到输出端 Q 及反向输出端的。当控制端 CP 的时序脉冲一到，D 端输入的数据就会传输到 Q 端。此后，CP 的时序脉冲将消失，但输出端还会保持着上次输入端 D 的数据（即把上次的数据锁存起来了）。当下一个 PC 时序控制脉冲信号到来，D 端的数据才再次传送到 Q 端，再次改变 Q 端的状态。

P1 口作为通用 I/O 使用，具有输出、读引脚、读锁存器 3 种工作方式。

（1）输出方式。单片机执行写 P1 口的指令，如"MOV P1，♯data"时，P1 口工作于输出方式。此时数据 data 经内部总线送入锁存器锁存。如果某位的数据为 1，该位锁存器输出端 Q＝1，＝0，使 V1 截止，从而在引脚 P1.x 上出现高电平；反之，如果数据为 0，则 Q＝0，＝1，使 V1 导通，P1.x 上出现低电平。

（2）读引脚方式。单片机执行读引脚的指令一般都是 以 I/O 端口为源操作数的指令，如"MOV A，P1"。这时"读引脚"端有效，控制器打开三态门 1，引脚 P1.x 上的数据经三态门 1 进入芯片的内部总线，并送到累加器 A。因此，读引脚输入时无锁存功能。

在单片机执行读引脚操作时，如果锁存器原来寄存的数据 Q＝0，那么由于＝1，将使 V1 导通，引脚 P1.x 被始终钳位在低电平上，无法读到引脚输入的高电平。为此，用户在使用读引脚指令前，必须先用输出指令置 Q=1、=0，使 V1 截止，这时才能读到引脚的真实状态。这就是 P1 被称为"准双向口"的含义（即输出可直接操作，但输入前需先置"1"再输入）。

（3）读锁存器方式。MCS-51 系列单片机有不少指令可以直接进行端口操作，如 ANL、ORL、XRL、JBC、CPL、INC、DEC、DJNZ、MOVPX.x、C、CLRPX.x、SETBPX.x 等。这些指令的执行过程分成"读—修改—写"三步，即先将端口的数据读入 CPU，在 ALU 中进行运算，运算结果再送回端口。执行"读—修改—写"类指令时，CPU 实际上是通过三态门 2 读回锁存器 Q 端的数据。

这种读锁存器的方式是为了避免可能出现的一种错误。例如，用一根接口线直接去驱动端口外的一个 NPN 晶体管基极，当向接口线写"1"时，该晶体管导通，导通了的三极管集电极与发射极间只有 0.7 V，会把端口引脚的高电平拉低，这样直接读引脚就会把本来的"1"误读为"0"。但若从锁存器 Q 端读，就能避免这样的错误，得到正确的数据。也就是说，如果某位输出为 1 时，有外接器件拉低电平，就有区别了，读锁存器状态是 1，读引脚状态是 0，锁存器状态取决于单片机企图输出什么电平，引脚状态则是引脚的实际电平。

因此，当作为读引脚方式使用时，应先对该接口写"1"，使场效应管截止，再进行读操作，以防止场效应管处于导通状态，使引脚为"0"，而引起误读。

P1 口能驱动 4 个 LSTTL 负载。P1 每位口灌入电流最大为 10 mA，8 位总共不能超过 15 mA。P1 口有内部上拉电阻，因此在输入时，由集电极开路或漏极开路电路驱动，也无需外接上拉电阻。

5.1.2　P3 口

如图 5.2 所示是 P3 口其中一位的结构原理图。P3 口为多功能口。

图 5.2　P3 口结构

当 P3 口作为第一功能即通用 I/O 口使用时，第二功能输出端应保持"1"。这时通过与非门 3 的 P3 口的结构完全与 P1 相同，是一个准双向 I/O 口，其功能也与 P1 相同。

当 P3 口作为第二功能（见表 5.1）使用时，相应的口锁存器 Q 端必须为"1"，这时与非门 3 的输出状态完全由第二功能输出端决定，从而反映第二功能的输出状态。

P3 口作为第二功能输入端使用时，相应的口锁存器 Q 端必须为"0"，从而使场效应管截止，第二功能输入取自缓冲器 4 得到的引脚输入信号。

表 5.1　P3 口第二功能定义

引脚	名称	第二功能定义
P3.0	RXD	串行通信数据接收端口
P3.1	TXD	串行通信数据发送端口
P3.2	$\overline{\text{INT0}}$	外部中断 0 请求端口
P3.3	$\overline{\text{INT1}}$	外部中断 1 请求端口
P3.4	T0	定时/计数器 0 外部计数输入端口
P3.5	T1	定时/计数器 1 外部计数输入端口
P3.6	$\overline{\text{WR}}$	外部数据存储器写选通
P3.7	$\overline{\text{RD}}$	外部数据存储器读选通

在应用中，P3 口的各位如不设定为第二功能，则自动处于第一功能。在更多情况下，根据需要，可将几条口线设置为第二功能，剩下的口线作为第一功能使用，此时宜采用位操作形式。

图 5.2 下方的输入通道中有两个缓冲器 1 和 4。第二功能输入信号取自缓冲器 4；而通用 I/O 口输入信号取自"读引脚"缓冲器 1 的输出端。

P3 口的负载能力和 P1 口相同，能驱动 4 个 LSTTL 负载。每位口灌入的最大电流为 10 mA，8 位总共不能超过 15 mA。

5.1.3　P0 口

如图 5.3 所示是 P0 口其中一位的结构原理图。

图 5.3　P0 口结构

P0 口的输出驱动电路由上拉场效应管 V2 和驱动场效应管 V1 组成，控制电路包括 1 个与门、1 个非门和多路开关 MUX。

P0 口既可以作为通用 I/O 口进行数据的输入/输出，也可以作为单片机系统的地址/数据线使用，为此，在 P0 口的电路中有 1 个多路转接电路 MUX。在控制信号的作用下，多路转接电路可以分别接通锁存器输出或地址/数据线。

P0 作为通用 I/O 口使用时，CPU 内部发出控制电平 0 封锁与门，即与门的输出为 0

（不会受另一条输入端状态的限制），多路开关与 $\overline{Q}$ 接通，上拉场效应管 V2 处于截止状态，此时，输出级是漏极开路电路，这时，P0 口与 P1 口一样，有三种工作方式。

（1）输出方式。当写脉冲加在锁存器时钟端 CP 端上时，与内部总线相连的 D 端数据取反后出现在 $\overline{Q}$ 端，又经输出 V1 反相，在 P0 引脚上出现的数据正好是内部总线的数据。当要从 P0 口输入数据时，引脚信息仍经输入缓冲器 1 进入内部总线。

在输出数据时，由于 V2 截止，输出级是漏极开路电路，要使"1"信号能正常输出，必须外接上拉电阻，上拉电阻的阻值一般为 4.7 kΩ～10 kΩ。

（2）读引脚方式。P0 口作为通用 I/O 口使用时，是准双向口。其特点是在输入数据时，应先把口置 1，此时锁存器的 $\overline{Q}$ 端为 0，使输出级的两个场效应管 V1、V2 均截止，引脚处于悬浮状态，这时才能作高阻输入。原因是，从 P0 口引脚输入数据时，V2 一直处于截止状态，引脚上的外部信号既加在三态缓冲器 1 的输入端，又加在 V1 的漏极。若在此之前曾给锁存器输出过数据 0，则 V1 是导通的，这样引脚上的电位就始终被钳位在低电平，使输入高电平无法读入。因此，在输入数据时，应先向口写 1，使 V1、V2 均截止，方可得到正确的引脚信息。

（3）读锁存器方式。此时 V2 截止，与 P1 口在读锁存器方式时的"读—修改—写"工作过程一样。

在 P0 作为地址/数据总线分时复用功能连接外部存储器时，由于访问外部存储器期间，CPU 会自动向 P0 口的锁存器写入 FFH，对用户而言，P0 口此时才是真正的三态双向口。

在访问片外存储器而需从 P0 输出地址或数据信号时，控制信号应为高电平"1"，使转换开关 MUX 把反相器的输出端与 V2 连通，为把与门打开做好准备。当地址或数据为"1"时，经反相器使 V1 截止，而经与门又使 V2 导通，P0.x 引脚上出现相应的高电平"1"；当地址或数据为"0"时，经反相器使 V1 导通而 V2 截止，引脚上出现相应的低电平"0"，从而将地址/数据的信号输出。

综上所述，P0 口在有外部扩展存储器时被作为地址/数据总线口，此时是一个真正的双向口；在没有外部扩展存储器时，P0 口也可作为通用的 I/O 接口，但必须加上拉电阻，此时是一个准双向口。另外，P0 口能驱动 8 个 LSTTL 负载。P0 每位口灌入的最大电流为 10 mA，8 位总共不能超过 26 mA。

5.1.4　P2 口

如图 5.4 所示是 P2 口其中一位的结构原理图。P2 口既可以作为通用 I/O 口使用，也可作为地址总线使用，所以它的位结构比 P1 口多了一个多路控制开关 MUX。

当 P2 口作为通用 I/O 口使用时，多路开关 MUX 指向锁存器的输出端 Q，构成一个准双向口。其功能与 P1 口相同，有输出、读引脚、读锁存器 3 种工作方式。

P2 口的另一功能是作系统扩展的地址总线口。当单片机从片外 ROM 中取指令，或者执行访问片外 RAM、片外 ROM 的指令时，多路开关 MUX 接通"地址"，P2 口出现程序指针 PC 的高 8 位地址或数据指针 DPTR 的高 8 位地址。以上操作锁存器的内容不受影响。所以，取指令或访问外部存储器结束后，由于多路开关 MUX 又与锁存器 Q 端接通，引脚上将恢复原来的数据。

P2 口的负载能力和 P1 口相同，能驱动 4 个 LSTTL 负载。每位口灌入的最大电流为 10 mA，8 位总共不能超过 15 mA。

图 5.4　P2 口结构

5.2　I/O 端口的应用

5.2.1　I/O 的简单控制

下面举例说明 I/O 的简单控制。

例 1：在 P3.2～P3.4 这 3 个引脚上分别接有红、黄、绿 3 个发光二极管，用 C51 编程实现 3 个发光二极管依次闪亮，循环不止。电路原理图如图 5.5 所示。

图 5.5　LED 循环闪烁原理图

分析：3 个发光二极管 LED 连接在 P3 口的 3 个引脚上。要让发光二极管闪亮，只需隔一段时间在相应的引脚输出的高低电平进行转换。为避免发光二极管电流过大烧坏，需加 430 Ω 左右的限流电阻。程序框图如图 5.6 所示。

C51 程序如下：

```
#include<reg51.h>
//LED 数码管位连接定义
sbit   LED1=P3^2;//定义 SFR 中引脚的"位"接红灯
sbit   LED2=P3^3;//接黄灯
sbit   LED3=P3^4;//接绿灯
/* ———————————————————————
功能：毫秒延时函数
参数：当晶振为 11.0592 MHz 时，x 为 ms 数，x=1000，为 1s
```

图 5.6　LED 循环闪烁程序框图

```
— — — — — — — — — — — — — — — — — — — — — — — — — — — */
void delayms（unsigned int x）
{
    unsigned char j;
    while（x——）
        {
         for（j=0；j<113；j++）{；}
        }
}

void main（void）//主程序
{
    while（1）
     {
     LED1=0；LED2=1；LED3=1；delayms（1000）；
     //LED1 亮，LED2、LED3 灭，延时 1 秒
     LED1=1；LED2=0；LED3=1；delayms（1000）；
     //LED2 亮，LED1、LED3 灭，延时 1 秒
     LED1=1；LED2=1；LED3=0；delayms（1000）；
     //LED3 亮，LED1、LED2 灭，延时 1 秒
     }
}
```

程序分析：

这是我们学习 C51 的第一个完整程序，程序的第 1 行 "♯include<reg51. h>" 是所有 C51 程序都必须有的，reg51. h 对 51 单片机的寄存器和引脚进行了定义，include 是包含的意思，加入了这条语句后，相当于把 reg51. h 的所有内容都加入到了自己的程序中。

①"sbit LED1=P3^2；" 等 3 条语句是 C51 对特殊功能寄存器 SFR 中位的定义，C51 对于引脚 PX. X 的访问必须先定义。一般定义的方法如下：

　　sbit　位名=特殊功能寄存器名^位置；

特殊功能寄存器名必须是已定义的 SFR 的名字。"^" 后的数字定义了位的位置，必须是 0~7 的数。如 "sbit LED1=P3^2；" 就定义了 P3.2 为 LED1，后面的程序中用 LED1 代替了 P3.2。

C51 中还可以用 sfr 和 sfr16 直接对 51 单片机的特殊功能寄存器进行定义，如

　　sfr　特殊功能寄存器名=特殊功能寄存器地址；

　　sfr16　特殊功能寄存器名=特殊功能寄存器地址；

sfr 用来定义 8 位的特殊功能寄存器，如

　　sfr P1=0x90；//定义 P1 口，其地址为 90H；

sfr16 用来定义 16 位的特殊功能寄存器，如

　　sfr16 T2=0xcdcc；//定义 8052 的定时器 T2，地址为 TL2=CCH，TH2=CDH

②void delayms（unsigned int x）是自定义的函数，注释已说明 "当晶振为 11.0592 MHz 时，x 为 ms 数"，这是将此函数编译成汇编语言后，根据每条汇编语句的执行时间计算出来的。由于 C51 生成汇编时与优化级别有关，调试时可用观察寄存器窗口 states

（运行的机器周期数）和 sec（运行的时间）调整 j 的值，以获得精确的结果。

③while（1）是条件循环，即如果条件为"真"，就执行 ｛ ｝ 中的语句。"真"的概念是非零。这里，条件是"1"，即非零，永远为"真"。所以，主程序中 while（1）中的循环部分将无穷地执行下去。

④C 语言中，为了阅读方便，一般一条语句占 1 行，以分号"；"结束，但 C 语言并没有硬性规定一条语句占 1 行，本程序在 while 语句后，每行写了 4 条语句，但代表了一个完整功能，这样阅读起来更方便。

此例中，用到一个 430 Ω 左右的限流电阻 R，其计算公式为

$$R = \frac{V_{CC} - V_{LED} - V_{DRI}}{I_{LED}}$$

式中，V_{CC} 为电源电压；V_{LED} 为发光二极管压降（取 1.2 V~1.8 V）；V_{DRI} 为驱动器压降（取 0.3 V~0.5 V）；I_{LED} 为发光二极管工作电流（取 8 mA~20 mA）。

本例中取 V_{CC}=5 V，V_{LED}=1.3 V，V_{DRI} 未使用，I_{LED}=8 mA，有

$$R = \frac{5 - 1.5 - 0}{0.008} = 437.5 \approx 430 （Ω）$$

I_{LED} 为发光二极管工作电流，其值越大，二极管越亮。为了提高亮度，可减少限流电阻，也可以选用驱动器件以提供更大的电流。常用的驱动器件有 74LS06、74LS07、小功率三极管等。

5.2.2 LED 数码管显示

1. LED 显示器及其工作原理

LED 有着显示亮度高、响应快的特点。最常用的是七段式 LED 显示器，又称数码管。七段式 LED 显示器内部由 7 个条形发光二极管和 1 个小圆点发光二极管组成。这种显示器分共阳极和共阴极两种：共阳极 LED 显示器的发光二极管的所有阳极连接在一起，为公共端，如图 5.7（a）所示；共阴极 LED 显示器发光二极管的所有阴极连接在一起，为公共端，如图 5.7（b）所示。单个数码管的引脚配置如图 5.7（c）所示。

（a）共阳极　　　　　（b）共阴极　　　　　（c）数码管引脚（com 为公共端）

图 5.7　LED 显示器

利用各段发光二极管的"亮"、"暗"可以组成各种数字和符号，这种组合称为段码。常

用的 LED 数码管段码表见表 5.2，如果数码管的引脚不是按表中所列的连接对应关系，需要编写自己使用的段码表。如图 5.8 所示是 LED 数码管实物图。

图 5.8　LED 数码管实物图

表 5.2　LED 数码管段码表

显示字符	共阴极时引脚连接对应关系								十六进制代码	
	D7 dp	D6 g	D5 f	D4 e	D3 d	D2 c	D1 b	D0 a	共阴极	共阳极
0	0	0	1	1	1	1	1	1	3FH	C0H
1	0	0	0	0	0	1	1	0	06H	F9H
2	0	1	0	1	1	0	1	1	5BH	A4H
3	0	1	0	0	1	1	1	1	4FH	B0H
4	0	1	1	0	0	1	1	0	66H	99H
5	0	1	1	0	1	1	0	1	6DH	92H
6	0	1	1	1	1	1	0	1	7DH	82H
7	0	0	0	0	0	1	1	1	07H	F8H
8	0	1	1	1	1	1	1	1	7FH	80H
9	0	1	1	0	1	1	1	1	6FH	90H
A	0	1	1	1	0	1	1	1	77H	88H
b	0	1	1	1	1	1	0	0	7CH	83H
C	0	0	1	1	1	0	0	1	39H	C6H
d	0	1	0	1	1	1	1	0	5EH	A1H
E	0	1	1	1	1	0	0	1	79H	86H
F	0	1	1	1	0	0	0	1	71H	8EH
H	0	1	1	1	0	1	1	0	76H	89H
P	0	1	1	1	0	1	1	0	73H	8CH
黑	0	0	0	0	0	0	0	0	00H	FFH

2. 应用单片机 I/O 口的 LED 数码管显示接口及程序设计

数码管的接口有静态显示和动态显示。

（1）静态显示接口为固定显示方式，无闪烁，其电路可采用一个并行口接一个数码管。采用这种接法，n 个数码管就需要 n 个 8 位的接口，占用资源多。将 MCS−51 单片机的四个口全部利用也只能接 4 个 LED 数码管。这里只举一个用 P1 和 P3 口显示两位数码管的例子。

例 2：电路原理图如图 5.9 所示。编写程序使 LED 显示 00，每秒钟加 1 直至 99，如此循环不止。

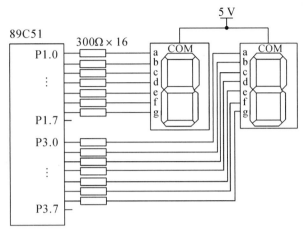

图 5.9　两位 LED 数码管静态显示

```
#include<reg51.h>
#define uchar unsigned char
#define uint unsigned int
//以下定义了 LED 数码管共阳极的段码
uchar code dispcode[]={0xc0,0xf9,0xa4,0xb0,0x99,0x92,0x82,0xf8,0x80,0x90,0xff};
/*————————————————————————————————————
功能：毫秒延时函数
参数：当晶振为 11.0592 MHz 时，x 为 ms 数
————————————————————————————————————*/
void delayms (uint x)
{
    uchar j;
    while (x——)
      {
        for (j=0；j<113；j++) {；}
      }
}


void main (void) //主程序
{
  uchar num=0；
  while (1)
   {
    P1=dispcode [num/10]；
    P3=dispcode [num%10]；
    delayms (1000)；
    num++；
    if (num>99) num=0；
   }
}
```

程序分析：

①采用宏定义"♯define uchar unsigned char"定义了一个 uchar，主要是为了以后书写程序时方便，本程序还用同样的方法定义了 uint。

②"uchar code dispcode[]"在 ROM 空间，定义了 LED 数码管的段码。

③"P1＝dispcode[num/10]；"根据 num 的十位数进行段码的查询并将查询结果送 P1 口显示。

（2）动态显示采用各数码管循环显示的方法。当循环显示的时间间隔较小时（如 5 ms），利用人眼的暂留特性，看不出闪烁的现象。这种显示方式是将各个段码管的各段脚分别并接在一个端口上，输出段码；各个数码管的公共端分别由其他端口控制，完成数位的选择，控制各数码管轮流点亮。如图 5.10 所示是两位数码管动态显示的简单例子。因公共端的电流较大（最大为点亮 8 个发光二极管所需要的电流），加了一个小功率三极管作为驱动。

图 5.10　动态 LED 数码管显示原理图

图 5.11　两位数码管动态显示程序框图

例 3：电路原理如图 5.10 所示。编写一程序，显示"86"。其程序框图如图 5.11 所示。

```
♯include<reg51.h>
♯define uchar unsigned char
♯define uint unsigned int
/*——————————————————————————
LED 数码管位选线连接定义
注：LED 数码管段码线连接在 P2 口
——————————————————————————*/
sbit LED1＝P3^6；  //十位
sbit LED0＝P3^7；  //个位
uchar code dispcode[]={0xc0,0xf9,0xa4,0xb0,0x99,0x92,0x82,0xf8,0x80,0x90,0xff};
/*——————————————————————————
功能：毫秒延时函数
参数：晶振为 11.0592 MHz 时，x 为 ms 数，x=1000，为 1s
——————————————————————————*/
```

```
void delayms(unsigned int x)
{
    unsigned char j;
    while (x--)
      {
        for (j=0; j<123; j++) {;}
      }
}


void main(void) //主程序
{
  uchar num=86;
  while (1)
    {
    //如采用 Proteus 仿真，加 P2=0xff；
    P2=dispcode [num/10]; LED1=1; LED0=0; delayms (5);
    //如采用 Proteus 仿真，加 P2=0xff；
    P2=dispcode [num%10]; LED1=0; LED0=1; delayms (5);
    }
}
```

以上程序 Proteus 仿真运行结果如图 5.12 所示，其中的 Proteus 所使用的元件见表5.3。

图 5.12 两位 LED 数码管动态仿真

表 5.3　元件列表

元件编号	元件名	Proteus 中元件名	值
51 单片机	AT89C51		
共阳极两位数码管	7SEG－MPX－CA		
RX8	并排电阻	RX8	200 Ω
R1~R4	电阻	RES	2 kΩ~5 kΩ
Q1、Q2	小功率三极管	NPN	

动态显示需要的固定循环间隔时间（扫描时间），本程序是用软件延时来解决的。实际应用时，CPU 还要执行其他应用程序，一般会采用定时器中断的方式解决定时扫描问题。教材后的附录 D 中的实验 4 就是采用这种方案实现动态显示的。用同样的原理，还可以显示 3、4、5、6、7、8 等多位 LED 数码管。

5.2.3　独立式键盘

键盘是由若干个按键组成的，它是单片机最简单的输入设备。用户通过键盘输入数据和命令，实现简单的人机对话。"键"就是一个简单的开关，当键按下时，相当于开关闭合；当键松开时，相当于开关断开。键在闭合和断开时会存在抖动现象。键的抖动时间一般为 5 ms~10 ms，抖动可能造成一次按键的多次闭合、释放的问题，所以应采用措施消除抖动的影响。

单片机应用中常采用软件延时 5 ms~10 ms 的办法来消除抖动的影响。根据如图 5.13 所示，当单片机检测到有键闭合时，先延时 5 ms~10 ms，然后再检测按键的状态，若仍是闭合状态，则认为真正有键按下。当需要检测到键释放时，也可做同样的处理。

图 5.13　按键实物及按键抖动的波形

常见键盘电路有独立式和行列式。独立式键盘用于按键较少，如 1~4 个键的场合；行列式键盘用于按键较多的场合。

本节介绍独立式常见键盘电路及其程序设计，下节介绍行列式键盘。

独立式键盘中，每个键占用一根 I/O 口线，每个键电路相对独立，如图 5.14 所示，I/O 通过键与地连接，键闭合时，对应的 I/O 口与地接通。在读取 I/O 口状态时，需先向 I/O 口送 "1"。注意，如果 I/O 口无内部上拉电阻（如按键被接在 P0 口上），则需外部加上拉电阻。

图 5.14　独立按键例题电路原理图

　　下面将根据图 5.14 所示电路原理，设计一个独立式键盘管理程序，在检测到键按下时，点亮对应的 LED。键闭合时，采用软件延时消抖动的处理，键释放时不加消抖动处理。

　　首先设计一个头文件（文件名 key.h），内容为

```
/*————————————————————————
文件名：key.h
功能：三独立键处理函数
————————————————————————*/
#ifndef _ KEY _ H _
#define _ KEY _ H _
#include<reg51. h>
#define uchar unsigned char

#define UP 0x01            //定义键号
#define DOWN 0x02
#define ENTER 0x03

sbit UP _ key=P1^0;        //定义键与51单片机连接的引脚
sbit DOWN _ key=P1^1;
sbit ENTER _ key=P1^2;

/*————————————————————————
功能：毫秒延时函数
参数：当晶振为 11.0592 MHz 时，x 为 ms 数；x=1000，为 1 秒
引用举例：delayms（500）；表示延时 500 毫秒。
————————————————————————*/
void delayms(unsigned int x)
{
    uchar j;
    while（x——）
      {
        for (j=0；j<113；j++) {;}
      }
}
```

```
/*——————————————————————————————————————
功能：扫描获取键号
返回：key=键号1~3；key=0无键按下。
引用举例：如果之前定义了一个uchar的变量Key_NUM，则用
         Key_NUM=KeyScanNUM();后，Key_NUM将被赋予按键后的键号值。
——————————————————————————————————————*/
uchar KeyScanNUM（void）
{
    uchar key=0;//无键按下，key=0
    UP_key=1;DOWN_key=1;ENTER_key=1;//键引脚先置高电平
    if(UP_key==0){delayms(10);if(UP_key==0)key=UP;else key=0;}
    if(DOWN_key==0){delayms(10);if(DOWN_key==0)key=DOWN;else key=0;}
    if(ENTER_key==0){delayms(10);if(ENTER_key==0)key=ENTER;else key=0;}
    return key;//返回键号
}
#endif
```

程序补充解释：

①该头文件是解释第4章"4.8.5　头文件"的一个很好的例子。该头文件包括了声明的函数和相对应函数的驱动程序。这种定义头文件的方法就不需要再写驱动源程序了。当驱动源程序较为简单时，常采用这种头文件方式。关于"驱动程序"，本章的5.3.3节有详细的解释。

②该头文件对3独立按键键号和与51单片机引脚的连接做了定义，并对键号进行了定义。如果引脚和键号有变动，可以只对头文件这些内容进行修改。

③注意，头文件最好对自定义的函数进行详细的注释和说明，本例是一个很好的范例。

其演示程序（文件名3keydemo.c）为

```
/*——————————————————————————————————
文件名：3keydemo.c
功能：独立键处理演示程序
——————————————————————————————————*/
#include "key.h"
sbit L ED_RED=P3^2;     //定义LED引脚
sbit L ED_YELLOW=P3^3;
sbit L ED_GREEN=P3^4;
/*——————————————————————————————————
键处理子函数
功能：按UP键红灯亮，按DOWN键黄灯亮，按ENTER键绿灯亮
——————————————————————————————————*/
void KeyProc(uchar key)
{
    switch(key)
    {
      case UP:{LED_RED=0;LED_YELLOW=1;LED_GREEN=1;}break;
      case DOWN:{LED_RED=1;LED_YELLOW=0;LED_GREEN=1;}break;
      case ENTER:{LED_RED=1;LED_YELLOW=1;LED_GREEN=0;}break;
    }
}
```

```
//主程序
void main(void)
{
    uchar key;
    while(1)
    {
      key=KeyScanNUM();
      if(key==UP‖key==DOWN‖key==ENTER)
      {
        KeyProc(key);
      }
      key=0;
    }
}
```

程序补充解释：

①该程序中♯include "key.h"表示此程序包含了 key.h 中的所有内容，包括 key.h 中所引用的头文件 reg51.h、对符号的定义（如 uchar）、独立键引脚的定义、键号的定义、自定义的函数等。♯include "key.h"中采用了双引号，表示引号中的头文件必须与 main 程序同在一个文件目录下。而♯include<>表示<>中的头文件在 Keil 平台的 INC 目录下。

②自定义函数 void KeyProc（uchar key）定义在主函数 main 之前，如果定义在 main 之后，就必须在 main 之前进行声明，即在 main 前加一行：void KeyProc（uchar key）；然后将 KeyProc 函数的所有内容放到 main 函数的后面。

5.2.4　行列式键盘模块

独立式键盘只适合按键较少的场合，否则占用的端口太多。按键较多时，可采用行列式键盘电路。但行列式键盘的管理程序较复杂，需要采用键盘扫描技术。常用的键盘扫描方式有扫描法、线反转法、状态矩阵法等。

本节只介绍一种线反转法（Line-Reverse），图 5.15 描述了其编程原理，电路的连接方法如图 5.16 所示。

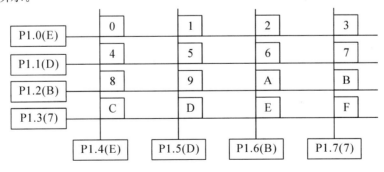

图 5.15　线反转法接线与键号图

I/O 端线分为行线和列线，按键跨接在行线和列线上，键按下时，行线与列线将发生短路。

线反转法扫描的过程步骤如下：

（1）先从 P1 口的高 4 位输出低电平（列），低 4 位输出高电平（行），即 P1＝0x0f。再从 P1 口读取键盘状态。

这时，如果低 4 位中只要有一位出现"0"，说明此行中有键按下。各行有键按下时，从 P1 口读取的数值依次是 0EH、0DH、0BH、07H。

（2）再从 P1 口的低 4 位输出低电平（行），高 4 位输出高电平（列），即 P1＝0xf0。再从 P1 口读取键盘状态。

这时，如果高 4 位中只要有一位出现"0"，说明此列中有键按下。各列有键按下时，从 P1 口读取的数值依次为 E0H、D0H、B0H、70H。

（3）将两次读取的特征值，根据图 5.15 进行组合，得到当前"按键的特征码"。

以下是按此过程编写的程序的头文件（文件名 4x4KEY.h）：

```
/*———————————————————————————————
4x4KEY.h 头文件
功能:对 4x4KEY.c 函数的声明
————————————————————————————————*/
#ifndef  _4x4KEY_H_
#define  _4x4KEY_H_
#include <reg52.h>

#define uchar unsigned char
#define uint  unsigned int
#define Key_Port P1              //定义键盘接口

/*———————————————————————————————
功能：消振处理后获取键号函数
返回值:键号(0x00－0x0f);无按键返回 0xff;
————————————————————————————————*/
uchar Get_Key(void);

#endif
```

其驱动程序(文件名 4x4KEY.c)如下：

```
/*———————————————————————————————
文件名:4x4KEY.c
函数功能:4x4KEY 的驱动函数
原理:线反转法
————————————————————————————————*/
#include "4x4KEY.h"

/*———————————————————————————————
功能:毫秒延时函数
参数:当晶振为 11.0592MHz 时,x 为 ms 数;x=1000,为 1 秒
————————————————————————————————*/
void delayms(uint x)
{
    uchar j;
```

```
    while(x－－)
    {
        for(j=0;j<123;j++){;}
    }
}


/*——————————————————————————————————
扫描获取键号函数:uchar Get_Key(void)
返回键号(0x00-0x0f);无按键返回 0xff;
——————————————————————————————————*/
uchar Get_Key(void)
{
    uchar keycode=0xff;              //定义返回键值等变量
    uchar keycode1,keycode2;         //定义中间键值变量
    Key_Port=0x0f;                   //高 4 位低电平,低 4 位高电平
    delayms(10);                     //延时去抖动
    if(Key_Port!=0x0f)               //如有键按下
    {
        keycode1=Key_Port;           //记录被按下键的行号
        Key_Port=0xf0;               //低 4 位低电平,高 4 位高电平
        delayms(10);                 //延时去抖动

        if(Key_Port!=0xf0)
        {
            keycode2=Key_Port;       //记录被按下键的列号
            keycode=keycode1 | keycode2;  //组合后得到的键的特征码
            switch ( keycode )
            {
                case 0xee: keycode=0;    break;
                case 0xde: keycode=1;    break;
                case 0xbe: keycode=2;    break;
                case 0x7e: keycode=3;    break;
                case 0xed: keycode=4;    break;
                case 0xdd: keycode=5;    break;
                case 0xbd: keycode=6;    break;
                case 0x7d: keycode=7;    break;
                case 0xeb: keycode=8;    break;
                case 0xdb: keycode=9;    break;
                case 0xbb: keycode=10;   break;
                case 0x7b: keycode=11;   break;
                case 0xe7: keycode=12;   break;
                case 0xd7: keycode=13;   break;
                case 0xb7: keycode=14;   break;
                case 0x77: keycode=15;   break;
```

```
        }
      }
    }
    return keycode;                    //返回键值
  }
```

以上提供的"扫描获取键号函数 uchar Get _ Key（void）"键值是用 switch 方式实现的，也可以根据扫描特征码用查表的方式实现。用查表的方式实现的程序代码要简洁些，最后生成的机器码也要小得多，是用 switch 方式生成的机器码的一半。程序如下：

```
/*——————————————————————————————————
扫描获取键号函数 uchar Get_Key(void) ;(用查表的方式实现)
返回键号(0x00-0x0f)；无按键返回 0xff；
————————————————————————————————————*/
//扫描特征码
uchar code key_tab[]={0xee,0xde,0xbe,0x7e,0xed,0xdd,0xbd,0x7d,
                      0xeb,0xdb,0xbb,0x7b,0xe7,0xd7,0xb7,0x77};
uchar Get_Key(void)
{
  uchar keycode=0xff,i;              //定义返回键值等变量
  uchar keycode1,keycode2;          //定义中间键值变量
  Key_Port=0x0f;                     //高 4 位低电平,低 4 位高电平
  delayms(10);                       //延时去抖动
  if(Key_Port! =0x0f)               //如有键按下
  {
    keycode1=Key_Port;              //记录被按下键的行号
    Key_Port=0xf0;                   //低 4 位低电平,高 4 位高电平
    delayms(10);                     //延时去抖动

    if(Key_Port! =0xf0)
    {
      keycode2=Key_Port;            //记录被按下键的列号
      keycode=keycode1 | keycode2;  //组合后得到的键的特征码
      for(i=0;i<=15;i++)
      {
        if(keycode==key_tab[i])     //将特征码和 key_tab[]中的扫描特征码逐一比较
        keycode=i;                   //相等时返回扫描码在 key_tab[]中下标,即键号
      }
    }
  }
  return keycode;                    //返回键值
}
```

程序分析：①头文件 4x4key. h 对应的驱动程序"4x4KEY. c"必须与头文件同名（后缀除外，文件名的大小写可以不区分）。

②程序中"keycode=keycode | Key _ Port；//组合后得到的键的特征值（步骤3）"中

Key _ Port 的值是从 P1 口输入的值，而上一句 Key _ Port＝0xf0；是向 P1 口输出 0x0f。

③驱动程序"4x4KEY. c"（文件名：4x4KEY. c）必须在 Keil 平台中用"Add Files to Group 'Source Group 1'"加入到项目中去，因此最好将其放置在与主程序相同的目录下。

④驱动程序要用附录 A 中图 A. 7～图 A. 11 所示的方法导入到 Keil 所建的工程中去。

4x4KEY 的演示程序（文件名 4x4keydemo. c）如下：

```
/*—————————————————————————————
文件名:4x4keydemo. c
函数功能:4x4key 的演示程序
————————————————————————————— */

#include "4x4KEY. h"
void main(void)
{
    uchar KeyNum＝0xff;          //定义存放键号的变量,并赋值 0xff
    P2＝KeyNum;                  //P2 口用 BCD 码显示键号,"FF"为无键按下
    while(1)
    {
        KeyNum＝Get_Key();      //获取键号
        if(KeyNum! ＝0xff)      //如果有键按下
        {
            P2＝KeyNum;         //将键号送 P2 口用 BCD 码数据管进行显示
        }
    }
}
```

程序分析：

从这个例子中可以看出，一个较为复杂的 C51 程序项目由主程序（4x4KEYdemo. c）、自定义头文件（4x4KEY. h）、驱动程序（4x4KEY. c）组成。当项目复杂时，会采用更多模块的自定义头文件和相对应的驱动程序。通常可以把这些头文件和驱动程序放置在与主程序相同的目录下。希望读者熟悉这种管理文件的方法。

以上程序 Proteus 仿真运行结果如图 5.16 所示。

图 5.16　4×4 键盘的仿真

接在 P2 口的 BCD 码 LED 数码管显示按键的键号，其中 BCD 码 LED 数码管（在 Proteus 中的元件名为 7SEG－BCD）有 4 根数据线，对应二进制的 4 位，可以不经译码显示 0~F，如它的 4 只引脚为 1001 时，将显示"9"；为 1010 时，将显示"A"。在 Proteus 中可方便的用 2 个 BCD 数码管显示一个字节的数据而不需译码，调试程序非常方便。但在实际电路中很少使用。

5.3　LCM1602 字符型液晶显示模块

LCM（Liquid Crystal display Mould）是将 LCD（Liquid Crystal Display，液晶显示器）、驱动和控制电路组合成的模块。LCM 的种类繁多，最常用的有段式、字符型 LCM 和点阵型 LCM。段式 LCM 与 LED 数码管类似，只是每一段由液晶段组成。字符型的每个字符一般由 5×7 点阵组成（所以又称为"点阵字符型"），可以显示数字和英文字母、标点符号等，一般自带显示符号库。点阵型 LCM 全部由点阵的液晶组成（如 64×64、128×64、256×128、320×240 等），可以显示汉字和图形。本节介绍最常用的字符型 LCM1602 模块（有时也称为 LCD1602），如图 5.17 所示，左边为引脚图，右边为实物相片图：上为 LCM 的正面，下为背面。

图 5.17　LCM1602 液晶显示器及实物

5.3.1　字符型 LCM1602 介绍

字符型 LCM1602 通常采用日立公司生产的控制器 HD44780 作为 LCD 的控制芯片。凡是基于 HD44780 液晶芯片的，其控制原理完全相同，因此，为 HD44780 写的控制程序可以很方便地应用于市面上大部分的字符型液晶模块。

1. LCM1602 的内部寄存器

（1）具有字符发生器 ROM（即 CGROM，Character Generator ROM，用来寄存固定的字符图形），可显示 192 个 5×7 点阵字符，见表 5.4（绝大多数与 ASCII 码相同）。可以看出，LCM1602 显示的数字和字母的码值，与 ASCII 码表中的数字和字母的码值相同。

（2）具有 64B 的自定义字符 RAM（即 Character Generator RAM，CGRAM，用来寄存用户自定义的字符图形），可自行定义 8 个 5×7 点阵字符。

（3）具有 80 个字节的数据显示存储器 RAM（即 Display Data RAM，DDRAM，用来寄存待显示的字符代码）。

表 5.4　LCM1602 显示字符表

Upper 4bit / Lower 4bit	LLLL	LLLH	LLHH	LHLL	LHLH	LHHL	LHHH	HLLL	HLLH	HLHL	HLHH	HHLL	HHLH	HHHL	HHHH
LLLL	CG RAM (1)														
LLLH	(2)														
LLHL	(3)														
LLHH	(4)														
LHLL	(5)														
LHLH	(6)														
LHHL	(7)														
LHHH	(8)														
HLLL	(1)														
HLLH	(2)														
HLHL	(3)														
HLHH	(4)														
HHLL	(5)														
HHLH	(6)														
HHHL	(7)														
HHHH	(8)														

2. LCM1602 的引脚定义

LCM1602 引脚功能见表 5.5。

表 5.5　LCM1602 引脚功能

引脚	符号	功能说明
1	V_{SS}	电源地
2	V_{DD}	＋5V 电源
3	V_{EE}	驱动 LCD 电源（用于调节对比度）
4	RS	寄存器选择：1−指令；0−数据
5	R/W	READ/WRITE：选择 1−READ；0−WRITE
6	E	读写使能（下降沿使能）
7	DB0	
8	DB1	低 4 位三态、双向数据总线
9	DB2	
10	DB3	

续表5.5

引脚	符号	功能说明
11	DB4	
12	DB5	高 4 位三态、双向数据总线
13	DB6	
14	DB7	

3. LCM1602 显示器地址

LCM1602 能显示 2 行，每行 16 个字符。显示的字符需存入 DDRAM，每个显示字符与 DDRAM 的地址的映射关系见表 5.6（用 16 进制表示）。

表 5.6　映射关系

80	81	82	83	84	85	86	87	88	89	8A	8B	8C	8D	8E	8F	第 1 行
C0	C1	C2	C3	C4	C5	C6	C7	C8	C9	CA	CB	CC	CD	CE	CF	第 2 行

也就是说，要在 LCM1602 屏幕的第一行第一列显示一个 "A" 字，就要向 DDRAM 的 80H 地址写入 "A" 字的代码 "0100 0001＝41H"（见表 5.4，与 ASCII 码相同）。但写入时要按 LCM 模块的指令格式来进行。

4. LCM1602 的指令集

对 LCM1602 的操作，就是对它内部寄存器的操作。

其寄存器的选择控制见表 5.7。

表 5.7　寄存器的选择控制

RS	R/W	操作说明
0	0	写入指令寄存器（清除屏幕等操作）
0	1	读 Busy flag（DB7），以及读取地址计数器（DB0～DB6）值
1	0	写入数据寄存器（显示各字形等）
1	1	从数据寄存器读取数据

LCM1602 的指令共 11 条。

（1）清屏指令（见表 5.8）。

表 5.8　指令字描述

指令功能	控制线		数据线							
	RS	R/W	D7	D6	D5	D4	D3	D2	D1	D0
清除显示屏	0	0	0	0	0	0	0	0	0	1

功能：①清屏，即将 DDRAM 的内容全部填入 "空白" 的 ASCII 码 20H。

②光标归位，即将光标撤回液晶显示屏的左上方。

③将地址计数器（AC）的值设为 0。

（2）光标归位指令（见表 5.9）。

表 5.9 指令字描述

指令功能	控制线		数据线							
	RS	R/W	D7	D6	D5	D4	D3	D2	D1	D0
光标归位	0	0	0	0	0	0	0	0	1	X

注：X 可为 0 或 1

功能：①把光标撤回到显示器的左上方。

②把地址计数器（AC）的值设置为 0。

③保持 DDRAM 的内容不变。

（3）模式设置指令（见表 5.10）。

表 5.10 指令字描述

指令功能	控制线		数据线							
	RS	R/W	D7	D6	D5	D4	D3	D2	D1	D0
模式设置	0	0	0	0	0	0	0	1	I/D	S

功能：设定每次写入 1 位数据后光标的移位方向，并且设定每次写入的一个字符后光标是否移动。参数设定的情况为

位名		设置	
I/D	=0 写入新数据后光标左移	；=1 写入新数据后光标右移
S	=0 写入新数据后显示屏不移动	；=1 写入新数据后显示屏整体右移 1 个字符

（4）显示开关控制指令（见表 5.11）。

表 5.11 指令字描述

指令功能	控制线		数据线							
	RS	R/W	D7	D6	D5	D4	D3	D2	D1	D0
显示开关控制	0	0	0	0	0	0	1	D	C	B

功能：控制显示器开/关、光标显示/关闭以及光标是否闪烁。参数设定的情况为

位名		设置	
D	=0 显示功能关	；=1 显示功能开
C	=0 无光标	；=1 有光标
B	=0 光标不闪烁	；=1 光标闪烁

（5）设定显示屏或光标移动方向指令（见表 5.12）。

表 5.12 指令字描述

指令功能	控制线		数据线							
	RS	R/W	D7	D6	D5	D4	D3	D2	D1	D0
设定显示屏或光标移动方向	0	0	0	0	0	0	S/C	R/L	X	X

功能：使光标移位或整个显示屏幕移位。参数设定的情况为

S/C	R/L	设定情况
0	0	光标左移1格，且地址计数器 AC 值减 1
0	1	光标右移1格，且地址计数器 AC 值加 1
1	0	显示器上字符全部左移1格，但光标不动
1	1	显示器上字符全部右移1格，但光标不动

（6）功能设定指令（见表 5.13）。

表 5.13　指令字描述

指令功能	控制线		数据线							
	RS	R/W	D7	D6	D5	D4	D3	D2	D1	D0
功能设定	0	0	0	0	1	DL	N	F	X	X

功能：设定数据总线位数、显示的行数及字形。参数设定的情况为

位名	设置	
DL	=0 数据总线为 4 位	；=1 数据总线为 8 位
N	=0 显示 1 行	；=1 显示 2 行
F	=0　5×7 点阵/每字符	；=1 15×10 点阵/每字符

（7）设定 CGRAM 地址指令（见表 5.14）。

表 5.14　指令字描述

指令功能	控制线		数据线							
	RS	R/W	D7	D6	D5	D4	D3	D2	D1	D0
设定 CGRAM 地址	0	0	0	0	CGRAM 地址（6 位）					

功能：设定下一个要存入数据的 DDRAM 的地址。

（8）设定 DDRAM 地址指令（见表 5.15）。

表 5.15　指令字描述

指令功能	控制线		数据线							
	RS	R/W	D7	D6	D5	D4	D3	D2	D1	D0
设定 DDRAM 地址	0	0	1	DDRAM 地址（7 位）						

功能：设定下一个要存入数据的 CGRAM 的地址。

（9）读取忙信号或 AC 地址指令（见表 5.16）。

表 5.16　指令字描述

指令功能	控制线		数据线							
	RS	R/W	D7	D6	D5	D4	D3	D2	D1	D0
读取忙信号或 AC 地址	0	1	FB	AC 内容（7 位）						

功能：①读取忙碌信号 BF（Busy Flag）的内容，BF=1 表示液晶显示器忙，暂时无法接收单片机送来的数据或指令；当 BF=0 时，液晶显示器可以接收单片机送来的数据或指令。

②读取地址计数器（AC）的内容。

（10）数据写入 DDRAM 或 CGRAM 指令（见表 5.17）。

表 5.17　指令字描述

指令功能	控制线		数据线							
	RS	R/W	D7	D6	D5	D4	D3	D2	D1	D0
数据写入 DDRAM 或 CGRAM	1	0	要写入的数据 D7~D0							

功能：①将字符码写入 DDRAM，以使液晶显示屏显示出相对应的字符。

②将使用者自己设计的字符存入 CGRAM。

（11）从 CGRAM 或 DDRAM 读出数据的指令（见表 5.18）。

表 5.18　指令字描述

指令功能	控制线		数据线							
	RS	R/W	D7	D6	D5	D4	D3	D2	D1	D0
数据写入 DDRAM 或 CGRAM	1	1	要读出的数据 D7~D0							

功能：读取 DDRAM 或 CGRAM 中的内容。

基本操作时序为

　　读状态　输入:RS=L,RW=H,E=H　　　　　　输出:DB0~DB7=状态字

　　写指令　输入:RS=L,RW=L,E=下降沿脉冲，　输出:无

　　　　　　DB0~DB7=指令码

　　读数据　输入:RS=H,RW=H,E=H　　　　　　输出:DB0~DB7=数据

　　写数据　输入:RS=H,RW=L,E=下降沿脉冲，　输出:无

　　　　　　DB0~DB7=数据

5. LCM1602 的时序

LCM1602 的时序如图 5.18、图 5.19 所示，其时序参数见表 5.19。不同厂家的 LCM1602 的时序可能略有差别，但差异不大。

图 5.18　LCM1602 读操作时序

图 5.19　LCM1602 写操作时序

表 5.19　LCM1602 时序参数

时序参数	符号	极限值			单位	测试条件
		最小值	典型值	最大值		
E 信号周期	t_C	400	—	—	ns	引脚 E
E 脉冲宽度	t_{PW}	150	—	—	ns	
E 上升沿/下降沿时间	t_R, t_F	—	—	25	ns	
地址建立时间	t_{SP1}	30	—	—	ns	引脚 E、RS、R/W
地址保持时间	t_{HD1}	10	—	—	ns	
数据建立时间（读操作）	t_D	—	—	100	ns	引脚 DB0～DB7
数据保持时间（读操作）	t_{HD2}	20	—	—	ns	
数据建立时间（写操作）	t_{SP2}	40	—	—	ns	
数据保持时间（写操作）	t_{HD2}	10	—	—	ns	

5.3.2　LCM1602 与单片机的接口

LCM1602 与 51 单片机的接口原理图如图 5.20 所示，其中 10 kΩ 可调电阻的作用是改变其阻值从而调节 LCD 的背光亮度。P0 口接了一个 10 kΩ 的排阻，此排阻的内部结构和实物如图 5.20（b）所示，它是作为 P0 口的上拉电阻使用的。

(a) 接口原理图　　　　　　　　　　　　　　(b) 10 kΩ 排阻的内部结构图

图 5.20　LCM1602 与 51 单片机的接口原理图

5.3.3　LCM1602 的驱动程序设计

1. 驱动程序

一个 51 单片机的应用系统除了 CPU 芯片外，还需要一些外部设备，如键盘、显示、AD、DA 等。设计者必须编写对这些外设的控制程序，这些程序称为"驱动程序"。

一个完整的"驱动程序"一般由两部分组成：头文件和驱动程序的源程序。头文件对所使用的设备与 CPU 的连接引脚作出定义，对所使用的驱动函数作出声明。驱动程序的源程序对在头文件中声明的函数进行详细的编写。从应用的角度，使用者只要详细了解头文件的内容就可以在自己的应用系统中控制相关的外设了。

2. LCM1602 驱动程序的头文件

LCM1602 驱动程序的头文件（文件名 lcd1602. h）如下：

```
/*————————————————————————————————————
文件名:lcd1602. h
功能:LCD1602 驱动函数的声明
—————————————————————————————————— */

#ifndef _LCD1602_H_
#define _LCD1602_H_
#include<reg52. h>
#define uint unsigned int
#define uchar unsigned char
//接口定义
sbit LcdRs=P2^0;
sbit LcdRw=P2^1;
sbit LcdEn=P2^2;
```

```
sfr DBPort=0x80;      //P0 口为 LCD 数据总线


/* ——————————————————————————————————————————
功能：LCD 初始化函数
—————————————————————————————————————————— */
void LCD_Initial();


/* ——————————————————————————————————————————
功能：LCD 显示字符（ASIIC 码）函数
参数：x—列 0~15；y—行 0~1；str—要显示的字符串指针
—————————————————————————————————————————— */
void LCD_Prints(uchar x,uchar y,uchar * str);


#endif
```

程序解释：

上面头文件中函数 void LCD_Prints（uchar x，uchar y，uchar * str）存在一个函数的参数问题。数组作为函数参数有两种形式：一种是把数组元素（下标变量）作为函数实参使用，另一种是把数组名作为函数的形参和实参使用。

形参全称为"形式参数"，是指调用函数时要传入到函数体内参与运算的变量。实参全称为"实际参数"，它的作用是代替被调用函数中的形式参数。

如果函数的参数是指针类型变量，在调用该函数的过程中，参数传递的是实参的地址，在函数体内部使用的也是实参的地址，用这种方式在函数体内部改变了实参的值。

本头文件中 void LCD_Prints（uchar x，uchar y，uchar * str）；带了一个指针型的函数参数，它的使用方法有两种：

第一种：LCD_Prints（4，0，"XIHUA"）；

将把引号中字符串的首地址传递给函数，执行该函数后，LCM1602 显示出 XIHUA。

另一种：uchar Disp[6] = {'X','I','H','U','A','\0'}；

　　　　LCD_Prints（4，0，Disp）；

这里，采用了数组的首地址，数组 Disp 的第一个元素的地址被传递给函数的参数，执行该函数后，LCM1602 显示出 XIHUA。

为了测定字符串的实际长度，C 语言规定以"\0"作为字符串结束标志，对字符串常量也自动加一个"\0"作为结束符。所以，Disp 数组中最后一个元素是'\0'。

3. LCM1602 驱动程序

LCM1602 驱动程序是由内部等待函数、向 LCD 写入命令和数据函数、设置显示模式函数、设置输入模式函数、初始化 LCD 函数、液晶字符显示位置函数、字符输出函数、清屏函数等组成的。这些函数主要是根据第 5.3.1 节介绍的 LCM1602 指令集和时序编写的。主要方法是向 LCM1602 发送相关的指令，对 LCD 进行控制。为了满足时序要求，程序中常使用 _nop_()函数，此函数将延迟一个机器周期，从而达到满足时序要求的作用。

LCM1602 显示驱动源程序（文件名 lcd1602.c）如下：

```
/* ——————————————————————————————————
文件名:lcd1602. c
函数功能:LCM1602 的驱动函数
原理:采用普通 I/O 口方式模拟 LCM1602 时序,未采用总线方式
—————————————————————————————————— */

#include<REG51. H>
#include<intrins. h>        //此头文件中定义有_nop_()函数
#include "lcd1602. h"


/* ——————————————————————————————————
功能:内部等待函数
返回参数:P0 数据
—————————————————————————————————— */
uchar LCD_Wait(void)
{
    LcdRs=0;
    LcdRw=1;      _nop_();
    LcdEn=1;      _nop_();
    /* ————————————————————————————————
while(DBPort&0x80);
    在用 Proteus 仿真时,屏蔽此语句,否则会进入死循环,实际硬件操作时打开此语句
    ———————————————————————————————— */
    LcdEn=0;
    return DBPort;
}


/* ——————————————————————————————————
功能:写 LCD 命令/数据函数
参数:style 为写命令/数据,0—命令,1—数据;input 为写入的 8 位命令/数据
—————————————————————————————————— */
#define LCD_COMMAND           0     //命令
#define LCD_DATA              1     //数据
#define LCD_CLEAR_SCREEN      0x01  //清屏
#define LCD_HOMING            0x02  //光标返回原点
void LCD_Write(bit style,uchar input)
{
    LcdEn=0;
    LcdRs=style;
    LcdRw=0;          _nop_();
    DBPort=input;     _nop_();
    LcdEn=1;          _nop_();
    LcdEn=0;          _nop_();
    LCD_Wait();
}
```

```
/*————————————————————————————————————
功能：设置 LCD 显示模式
参数：DisplayMode 见下面的定义
————————————————————————————————————*/
//显示模式定义
#define LCD_SHOW          0x04      //显示开
#define LCD_HIDE          0x00      //显示关
#define LCD_CURSOR        0x02      //显示光标
#define LCD_NO_CURSOR     0x00      //无光标
#define LCD_FLASH         0x01      //光标闪动
#define LCD_NO_FLASH      0x00      //光标不闪动
void LCD_SetDisplay(uchar DisplayMode)
{
    LCD_Write(LCD_COMMAND,0x08|DisplayMode);
}


/*————————————————————————————————————
功能：设置 LCD 输入模式
参数：InputMode 见下面的定义
————————————————————————————————————*/
#define LCD_AC_UP         0x02      //地址计数器递增的方式
#define LCD_AC_DOWN       0x00      //为缺省设置
#define LCD_MOVE          0x01      //画面可平移
#define LCD_NO_MOVE       0x00      //画面不可平移

void LCD_SetInput(uchar InputMode)
{
    LCD_Write(LCD_COMMAND,0x04|InputMode);
}


//初始化 LCD 详见 LCD1602.h 中的说明
void LCD_Initial()
{
    LcdEn=0;
    LCD_Write(LCD_COMMAND,0x38);        //8 位数据端口,2 行显示,5*7 点阵
    LCD_Write(LCD_COMMAND,0x38);                   //此句不能省
    LCD_SetDisplay(LCD_SHOW|LCD_NO_CURSOR);        //开启显示,无光标
    LCD_Write(LCD_COMMAND,LCD_CLEAR_SCREEN);   //清屏
    LCD_SetInput(LCD_AC_UP|LCD_NO_MOVE);           //AC 递增,画面不动
}


/*————————————————————————————————————
功能：液晶字符显示的位置函数
```

参数：x—列 0~15；y—行 0~1；

———————————————————————————————— * /

```
void LCD_Pos(uchar x,uchar y)
{
    if(y==0)
    LCD_Write(LCD_COMMAND,0x80|x);
    if(y==1)
    LCD_Write(LCD_COMMAND,0x80|(x-0x40));
}


//将字符(ASIIC 码)输出到液晶显示,详见 LCD1602.h 中的说明
void LCD_Prints(uchar x,uchar y,uchar * str)
{
    LCD_Pos(x,y);
    while( * str!='\0')
    {
        LCD_Write(LCD_DATA, * str);
        str++;
    }
}
```

4. LCM1602 驱动程序的使用

LCM1602 程序应用（文件名：LCD1602demo. c）举例：

```
/ * * * * * * * * * * * * * * * * * * * * * * * * * * * * * *
文件名:LCD1602demo. c
功能:LCM1602 的演示程序
* * * * * * * * * * * * * * * * * * * * * * * * * * * * * * */
#include "LCD1602. h"
uchar DispBuffer[4];//存放转换成液晶显示字符(ASCII)的数组


main()
{
    uchar i=156;
    LCD_Initial();//液晶初始化

    LCD_Prints(1,0,"THENUMBERIS");

    DispBuffer[0]=i/100+0x30;        //将显示数据分解出百位并转换成 ASCII 码
    DispBuffer[1]=i%100/10+0x30;     //将显示数据分解出十位并转换成 ASCII 码
    DispBuffer[2]=i%100%10+0x30;     //将显示数据分解出个位并转换成 ASCII 码
    DispBuffer[3]='\0';              //最后一个字符是回车符号

    LCD_Prints(6,1,DispBuffer);
    while(1);
    }
```

注意，以上程序仅根据 LCD1602.h 使用了 LCD_Initial、LCD_Prints 两个函数。可见，只要认真理解好头文件中提供的函数，就可以很容易地写出 LCM1602 的应用程序。以上程序 Proteus 仿真运行结果如图 5.21 所示，其中的 Proteus 所使用的元件见表 5.20。

表 5.20 LCM1602 Proteus 仿真显示元件列表

元件编号	元件名	Proteus中元件名	值	元件编号	元件名	Proteus中元件名	值
U1	51 单片机	AT89C52		X1	晶振	CRYSTAL	12 MHz
LCM	字符型液晶模块	LM016L		C3	电解电容	CAP-ELEC	22 μF
RP1	排阻（上拉用）	RESPACK-8	10 kΩ	RV1	可变电阻	POT-LIN	10 kΩ
C1、C2	电容	CAP	20 pF	R1、R2	电阻	RES	1 kΩ、200 Ω

图 5.21 LCM1602 仿真显示

5. 驱动程序设计总结

外设的控制程序，就是"驱动程序"。一个完整的"驱动程序"一般由两部分组成：头文件和驱动源程序。当驱动程序的源程序比较简单时，可以把它的内容直接写在头文件中，5.2.3 节中独立键盘的驱动程序就是这样的。

驱动程序的编写特别是驱动源程序的编写对初学者来讲是较为复杂的。本章中的驱动程序 LCD1602.C 是根据 LCM1602 的官方说明书编写出来的。初学者可以先使用它，等水平提高后再仔细研究它。在实际应用中，大多数厂商都会为自己的产品提供 C51 的驱动程序（或称为 demo 程序），使用者在购买产品的同时可以索取这些程序，从而加快开发项目的速度。

读者可能觉得直接使用驱动程序就不能学到更多更深入的东西，其实学习是一个循序渐进的过程，对于初学者而言，走上学习轨道，掌握学习方法显得更为重要。初学者可以先大概浏览一下本教材的驱动源程序，重点研究头文件中函数的使用，再完成基于驱动程序的各种应用程序的开发和设计，从而提高自己的兴趣。之后再认真研究驱动程序，掌握比较深入的知识。随着学习面和工作面的深入，掌握更加复杂的驱动程序编写技巧（其实，一些搞单片机应用的技术人员自己不编写驱动程序的现象是普遍存在的）。

思考题及习题

1. 使用 51 单片机的 I/O 口时要注意哪些问题？
2. 51 单片机各端口的驱动能力为多少？
3. 为什么读取 I/O 引脚状态时要先向该引脚送 "1"？
4. 自定义头文件的主要作用是什么？如何编写？驱动程序的作用是什么？
5. LED 数码管的段码是如何确定的？
6. 如何用 Keil 建立项目？在项目中应导入哪些文件？
7. 自定义函数的参数中如何引入指针变量？
8. 用 Proteus 设计一个动态显示 4 位 7 段 LED 数码管的电路，并编写程序，显示 "1234"。
9. 用 Proteus 设计一个 4×4 的键盘和一位 7 段 LED 数码管（不能用 BCD 码的数码管）显示的电路，编写程序，将按键的编码显示出来（0~F）。
10. 用 Proteus 设计一个 LCM1602 显示的电路，编写程序，使之显示 000~255（每秒钟加 1）。

第6章 中断系统

中断系统在计算机中有着重要的作用。一个功能强大的中断系统，能大大提高计算机处理事件的能力，提高计算机的工作效率，增强实时性。本章讲述 MCS—51 单片机的中断系统。

学习中断系统，要特别注意对中断概念的理解，要能像讲述"故事"一样"叙述"中断的产生、允许、优先、中断保护、中断服务等响应过程。

6.1 中断的概念

中断是指计算机在执行程序的过程中，当出现异常情况或特殊请求时，计算机停止现行程序的运行，自动转向对这些异常情况或特殊请求的处理，处理结束后再返回现行程序的间断处，继续执行原程序。

中断是单片机实时地处理内部或外部事件的一种内部机制。当某种内部或外部事件发生时，单片机的中断系统将迫使 CPU 暂停正在执行的程序，转而去进行中断事件的处理，中断处理完毕后，又返回被中断的程序处，继续执行下去。

中断的过程如图 6.1 所示，它包括以下几个部分：

中断源：产生中断的请求源，如一个电平的变化、一个脉冲的发生或计数器的溢出等。

中断响应：如何停止当前程序去响应中断，包括中断优先、保护断点等。

中断服务：对中断事件的处理。

中断返回：事件处理完后，返回原来被中止的程序。

计算机中的"中断"模仿了人脑处理突发事件的过程。在人们日常生活中，"中断"现象十分普遍。例如，

图 6.1 中断响应程序流程图

某人在看书，突然电话铃响，此人就会"中断"看书，并把书签夹在所看书的页码中，然后去接电话，接完电话又从书签所做记号处继续看书。这种日常生活中处理中断的过程，几乎完全被计算机继承了。"看书"可以理解成正执行当前程序；"电话铃响"可视为"突发事件"，称为"中断源"；如果同时还有"门铃响"、"水开了"等多个中断源，这就有一个处理"事件"的先后次序问题，计算机称为"中断优先级"问题；在书中用书签做记号可认为是

"保护断点"；接电话是执行"中断服务程序"；接完电话继续看书为中断返回。

中断与子程序有着本质的区别，虽然它们都是暂时停止当前程序去执行另一程序，然后返回继续执行原程序。但是，中断是随机发生的，而子程序是预先安排好的。用前面所举的"看书接电话"的例子："中断"方式接电话时，看书人预先并不知道看到哪一页电话铃会响；"子程序"方式接电话，则意味看书人看到某一页时，电话铃一定响。显然，中断方式比子程序更容易处理这类突发事件。

中断技术是计算机技术的一次飞跃。处理中断能力也在一定程度上反映了计算机能力的强弱。中断技术具有以下主要优点：

（1）提高了 CPU 的工作效率。中断可以解决快速的 CPU 与慢速的外设之间的矛盾。CPU 在启动外设工作后继续执行主程序，同时外设也在工作。每当外设做完一件事就向CPU 发出中断申请，CPU 中断它正在执行的程序，转去执行给外设布置任务（一般情况是处理输入/输出数据），布置完之后 CPU 恢复执行主程序，外设也继续工作。用这样的方式，CPU 还可启动多个外设同时工作，大大地提高了 CPU 的效率。

键盘、打印机、AD 转换器等处理的外部设备一般都是采用中断方式工作的。

（2）并行工作。中断可使计算机多任务同时并行工作，计算机可以分时在多任务中轮换处理各自的任务，从而在宏观上显示出同一时间并行工作。

（3）实时处理。在实时控制中，现场的各种参数、信息均随时间变化。这些外界变量可根据要求随时向 CPU 发出中断申请，请求 CPU 及时处理。如中断条件满足，CPU 马上就会响应，进行相应的处理，从而实现实时处理。

（4）故障处理。针对难以预料的情况或故障，如掉电、存储出错、运算溢出等，可通过中断系统由故障源向 CPU 发出中断请求，再由 CPU 转到相应的故障处理程序进行处理。

6.2　中断系统的结构

基本型 MCS-51 系列单片机的中断系统属于 8 位单片机中功能较强的一种中断系统，它可以提供 5 个中断源，每个中断源有两个中断优先级别可供选择，可实现两级中断服务程序嵌套。此外，所有中断均可由软件设定为允许中断或禁止中断，也就是说，用户可以用关中断指令（或复位）来屏蔽所有的中断请求，也可以用开中断指令使 CPU 接受中断请求。MCS-51 单片机的中断系统结构示意图如图 6.2 所示。

基本型 51 系列单片机的 5 个中断源为：

（1）外部中断 0 请求。由 $\overline{INT0}$（P3.2）脚输入，当此口是低电平或负跳变时，就向CPU 申请中断。

（2）外部中断 1 请求。由 $\overline{INT1}$（P3.3）脚输入，当此口是低电平或负跳变时，就向CPU 申请中断。

（3）定时/计数器 T0 中断请求。当定时/计数器 T0 产生溢出时，请求中断处理。

（4）定时/计数器 T1 中断请求。当定时/计数器 T1 产生溢出时，请求中断处理。

（5）串行中断请求。当接收或发送完一串行帧时，请求中断。

MCS-51 系列增强型单片机如 89C52 有 6 个中断源，即增加了一个定时/计数器 2 的中断源。

图 6.2　MCS-51 中断系统结构示意图

6.3　中断控制系统

中断的控制系统包括中断的请求、中断的屏蔽、中断的优先等，都是对单片机中的 4 个特殊功能寄存器 TCON、SCON、IE、IP 中的可寻址位的操作来完成（实际上，MCS-51系列单片机的内部功能都是通过对特殊功能寄存器的操作完成的）。下面分别介绍关于中断的 4 个特殊功能寄存器。

6.3.1　中断请求标志寄存器

TCON 的字节地址为 88H，可位寻址，其格式见表 6.1。

表 6.1　TCON 的格式

TCON	TF1	TR1	TF0	TR0	IE1	IT1	IE0	IT0
位地址	8FH	8EH	8DH	8CH	8BH	8AH	89H	88H

各位的功能如下：

（1）IE0：外部中断 0（$\overline{\text{INT0}}$）中断申请标志位。

（2）IT0：外部中断 0（$\overline{\text{INT0}}$）触发方式选择位。

IT0＝0，电平触发方式，即 $\overline{\text{INT0}}$ 为低电平时，引起中断。要求低电平一直要保持请求到 CPU 中断响应为止。

IT0＝1，跳变触发方式，当 CPU 前一个机器周期采集到 $\overline{\text{INT0}}$ 引脚为高电平，后一个机器周期采集到 $\overline{\text{INT0}}$ 引脚为低电平时（即从"1"→"0"，负跳变），置 IE0＝1，由 IE0 申请中断。这种方式即使 CPU 暂时不响应申请信号，中断申请也不会丢失。IE0 进入中断时被硬件清除。

（3）TF0：定时/计数器 T0 溢出标志位。当定时/计数器 T0 计数产生溢出时，由硬件自动置 TF0=1。在中断允许时，向 CPU 发出定时/计数器 T0 的中断请求，进入中断服务程序后，由硬件自动清 0。在中断屏蔽时，TF0 可作查询测试用，此时只能由软件清除中断。

（4）IE1：外部中断 1（$\overline{\text{INT1}}$）请求标志位，功能同 IE0。

（5）IT1：外部中断 1 触发方式选择位，功能同 IT0。

（6）TF1：定时/计数器 T1 溢出标志位，功能同 TF0。

（7）TR0、TR1：定时/计数器 T0、定时/计数器 T1 运行控制位，将在第 7 章中讲解。

可以很方便地用位操作指令来设置 TCON 的功能，如：

　　　SETB　IT1 ；外部中断 1 选择跳变触发方式

　　　CLR　　IT0 ；外部中断 0 选择电平触发方式

这 2 条位操作指令也可合并为 1 条指令：

　　　MOV　TCON，#05H ；TCON=0000 0101B

SCON 为串行口控制器，字节地址为 98H。其低二位 TI 和 RI 为串行口的发送中断标志和接收中断标志，其格式见表 6.2。

表 6.2　SCON 的格式

SCON							TI	RI
位地址							99H	98H

（1）TI：串行发送中断标志。CPU 将数据写入发送缓冲器 SBUF 时，就启动发送，每发送完一个串行帧，硬件将使 TI 置位。但 CPU 响应中断时并不会清除 TI，必须由软件清除。

（2）RI：串行接收中断标志。在串行口允许接收时，每接收完一个串行帧，硬件将使 RI 置位。同样，CPU 在响应中断时不会清除 RI，必须由软件清除。

单片机系统复位后，TCON 和 SCON 均为 0，所以在应用时要注意中断标示位的初始状态。

6.3.2　中断允许寄存器（Interrupt Enable，IE）

计算机中断系统一般有两种不同类型的中断，即非屏蔽中断和可屏蔽中断。对非屏蔽中断，用户不能用软件的方法加以禁止，一旦有中断申请，CPU 必须予以响应。对可屏蔽中断，用户可以通过软件方法来控制是否允许某中断源的中断，允许中断称为中断开放，不允许中断称为中断屏蔽。基本型 51 系列单片机的 5 个中断源都是可屏蔽中断，其中断系统内部设有一个专用寄存器 IE，其字节地址为 A8H，用于控制 CPU 对各中断源的开放或屏蔽。IE 寄存器各位定义见表 6.3。

表 6.3　IE 寄存器的格式

IE	EA			ES	ET1	EX1	ET0	EX0
位地址	AFH			ACH	ABH	AAH	A9H	A8H

（1）EA：总中断允许控制位。EA=1，开放所有中断，各中断源的允许和禁止可通过相应的中断允许位单独加以控制；EA=0，禁止所有中断。

（2）ES：串行口中断允许位。ES=1，允许串行口中断；ES=0，禁止串行口中断。

（3）ET1：定时/计数器 T1 中断允许位。ET1＝1，允许定时/计数器 T1 中断；ET1＝0，禁止定时/计数器 T1 中断。

（4）EX1：外部中断 1 中断允许位。EX1＝1，允许外部中断 1 中断；EX1＝0，禁止外部中断 1 中断。

（5）ET0：定时/计数器 T0 中断允许位。ET0＝1，允许定时/计数器 T0 中断；ET0＝0，禁止定时/计数器 T0 中断。

（6）EX0：外部中断 0 中断允许位。EX0＝1，允许外部中断 0 中断；EX0＝0，禁止外部中断 0 中断。

这 5 个中断控制位，都必须在总中断允许控制位 EA＝1 时，对这些中断的开放控制才有效。

51 单片机系统复位后，IE 中各中断允许位均被清 0，即禁止所有中断。可以很方便地用位操作指令开放或屏蔽某些中断，如：

```
SETB  EA  ；开总中断
SETB  ET1 ；开 T1 中断
```

这 2 条位操作指令也可合并为 1 条指令：

```
MOV  IE，＃88H
```

6.3.3　中断优先寄存器（Interrupt Priority，IP）及中断嵌套

1. 中断优先级

MCS－51 单片机基本型有 5 个中断源，当多个中断源同时发出中断请求时，要求单片机能确定哪个中断更紧迫，以便首先响应。为此，51 单片机给每个中断源规定了优先级别，称为优先级。51 单片机有高优先级和低优先级两种。每个中断源都可以通过编程确定其优先级。

寄存器 IP 为中断优先级寄存器，字节地址为 B8H，它锁存各中断源优先级控制位，IP 中的每一位均可由软件来置 1 或清 0，1 表示高优先级，0 表示低优先级。其格式见表 6.4。

表 6.4　寄存器 IP 的格式

IP			PS	PT1	PX1	PT0	PX0
位地址			BCH	BBH	BAH	B9H	B8H

（1）PS：串行口中断优先控制位。PS＝1，设定串行口为高优先级中断；PS＝0，设定串行口为低优先级中断。

（2）PT1：定时器 T1 中断优先控制位。PT1＝1，设定时/计数器 T1 中断为高优先级中断；PT1＝0，设定时/计数器 T1 中断为低优先级中断。

（3）PX1：外部中断 1 中断优先控制位。PX1＝1，设定外部中断 1 为高优先级中断；PX1＝0，设定外部中断 1 为低优先级中断。

（4）PT0：定时/计数器 T0 中断优先控制位。PT0＝1，设定时/计数器 T0 中断为高优先级中断；PT0＝0，设定时/计数器 T0 中断为低优先级中断。

（5）PX0：外部中断 0 中断优先控制位。PX0＝1，设定外部中断 0 为高优先级中断；PX0＝0，设定外部中断 0 为低优先级中断。

当系统复位后，IP 低 5 位全部为 0，所有中断源均被设定为低优先级中断。

如果几个同一优先级的中断源同时向 CPU 申请中断，CPU 通过内部硬件查询逻辑，按

同级优先级顺序确定先响应哪个中断请求。51 单片机中，同级优先级由硬件形成，优先级
排队顺序见表 6.5。

表 6.5　中断优先级同级顺序

中 断 源		同级的中断优先级
符号	名　　称	
INT0	外部中断 0	最高
T0	定时/计数器 T0	↓
INT1	外部中断 1	↓
T1	定时/计数器 T1	↓
PS	串行口中断	最低

MCS-51 系列单片机中断优先级处理有以下三条原则：

（1）CPU 同时接受到几个中断时，首先响应优先级别高的中断请求。

（2）正在进行的中断过程不能被新的同级或低优先级的中断请求所打断。

（3）正进行的低优先级中断服务，能被高优先级中断请求所打断。

MCS-51 系列单片机内部有两个用户不可寻址的"优先级状态触发器"来实现这些原则。当
其中一个置 1，表示正在进行高优先级的中断，它将阻止后来所有的中断请求。另一个触发器置
1，表示低优先级的中断正在执行，而后所有同级的中断都被阻止，但不阻止高优先级别的中断。

按 MCS-51 单片机的中断优先排队规则，大多数中断排队顺序是可以实现的，但也有
少数排队顺序无法实现，如 INT0→T1→INT1→T0→PS 这样的排队顺序就因优先级管理的
限制而无法实现。

2. 中断嵌套

当 CPU 正处理一个中断请求时，又出现一个优先级比它高的中断请求，CPU 暂时停止当
前的中断，并保留断点，响应高优先级中断，待高级中断处理结束以后，再继续进行被打断的
低级中断，这个过程称为中断嵌套，其示意图如图 6.3 所示。如果发出新的中断请求的中断源
的优先权级别与正在处理的中断源同级或更低，CPU 不会响应这个中断请求，直至正在处理
的中断服务程序执行完以后才能去处理新的中断请求。但 51 单片机只可实现两级中断嵌套。

图 6.3　中断嵌套流程图

6.4　中断处理过程

6.4.1　中断响应条件

当单片机中断源有请求，并在中断允许寄存器 IE 相应位置 1 时（包括总中断 EA＝1 和相应的中断允许位），在 CPU 时序的每个机器周期的 S5P2 期间，对所有中断源按用户设置的优先级进行顺序检测，并在 S6 期间找到所有有效的中断请求。如有中断请求，且满足下列三个条件，则在下一个机器周期的 S1 期间响应中断，否则将丢弃中断采样的结果。这个过程称为中断采集。中断请求需满足的三个条件是：

（1）无同级或高级中断正在处理。

（2）现行指令执行到最后 1 个机器周期且已结束。

（3）若现行指令为 RETI 或访问 IE、IP 的指令时，执行完该指令且紧随其后的另一条指令也已执行完毕。

6.4.2　中断响应过程

MCS−51 单片机响应中断的过程较为复杂，这里仅作简单叙述。

CPU 响应中断后，由硬件自动执行如下的功能操作：

（1）中断优先级查询，对相应的优先级状态触发器置 1，阻止后来同级或低级中断请求。

（2）保护断点，即把程序计数器 PC 的内容压入堆栈保存。

（3）清除可清除的中断请求标志位（IE0、IE1、TF0、TF1、PS）。

（4）把被响应的中断服务程序入口地址（又称中断矢量）送入 PC，由硬件生成子程序调用指令"LCALL"，程序跳转到该入口地址，去执行那里的程序（即"中断服务程序"）。各中断服务程序的入口地址见表 6.6。

（5）执行完 RETI 指令后，返回原程序继续运行。

表 6.6　中断入口地址

中断源	入口地址
外部中断 0	0003H
定时/计数器 T0	000BH
外部中断 1	0013H
定时/计数器 T1	001BH
串行口中断	0023H

中断响应过程可由单片机硬件自动完成（有些清除中断请求标志位要软件完成），但中断服务程序必须由用户自己编写。

51 单片机 CPU 只是保护了"断点"，而没有保护"现场"，即没有自动保护 PSW、A 等寄存器或其他存储单元的内容，如有需要，必须编写软件自己保护，并在中断服务后、中断返回前恢复现场。

响应的中断服务程序入口地址之间只相隔 8 个字节空间，如果中断服务程序较长，无法容纳，可写一条跳转指令，安排另一个较大的空间容纳所需要的中断服务程序。

RETI 是中断服务程序结束的标记，CPU 执行完这条指令后，把响应中断时所置位的优先级状态触发器清 0，然后从堆栈中弹出顶上的两个字节送到程序计数器 PC，CPU 从原来中断处重新执行被中断的程序。

注意，不能用 RET 指令代替 RETI 指令，虽然用 RET 指令也能控制 PC 返回原来中断的地址，但 RET 没有清 0 优先级状态触发器，中断系统会认为中断仍在进行，其结果是此同级的中断请求将不被响应。所以，用户的中断复位程序的最后一条指令必须是 RETI，用 C51 编程时，编译器会自动加上这条指令。

如要详细了解中断响应过程，需要分析中断的响应时序，如图 6.4 所示。

图 6.4　中断响应时序

图中 M1~M5 表示机器周期。若中断源在 M1 周期内发生中断请求，将置 TCON 中的对应标志位，且于 S5P2 其状态被采集。在接着的 M2 机器周期，执行中断查询和优先级处理。如果执行的当前指令不是 RET、RETI、IE、IP，而是其他指令的最后一个机器周期且中断请求有效，CPU 即响应中断。在 M3、M4 两个机器周期中，内部硬件自动生成长调用指令 LCALL，并置位中断优先级状态触发器，将断点地址（PC 的当前值）压入堆栈保护，把对应的中断服务程序入口地址送 PC，同时清除该中断请求标志位。但不会自动清 0 串行通讯的中断请求标志位 RI、TI，必须通过软件才能清除它们。在 M5 机器周期开始执行中断服务程序。

从中断源提出中断申请，到 CPU 响应中断，自动转向中断矢量地址，执行中断服务程序，直到返回断点继续原程序。这就是中断响应的全过程。

6.4.3　中断的撤销

MCS-51 各中断源中断请求撤销的方法各不相同，分别为：

（1）定时/计数器中断请求的撤销。

对于定时/计数器 T0 或 T1 溢出中断，CPU 在响应中断后即由硬件自动撤销其中断标志位 TF0 或 TF1，无需采取其他措施。

（2）串行口中断请求的撤销。

对于串行口中断，CPU 在响应中断后，硬件不能自动撤销中断请求标志位 TI、RI，必须在中断服务程序中用软件将其撤销。

（3）外部中断请求的撤销。

外部中断可分为跳变触发型和电平触发型。

对于跳变触发的外部中断 0 或 1，CPU 在响应中断后由硬件自动清除其中断标志位 IE0 或 IE1，无需采取其他措施。

对于电平触发的外部中断，其中断请求撤除方法较复杂。首先 CPU 在响应中断后不会自动清除其中断标志位 IE0 或 IE1，因此，在中断返回前，应用软件撤销（清除）该中断请求标志。其次，因低电平引起外部中断，所以在 CPU 响应中断后，应立即撤除引脚上的低电平，否则就会引起重复中断。由于此时 CPU 不能控制引脚的信号，只有通过硬件再配合相应软件才能解决这个问题。如图 6.5 所示是可行方案之一。

图 6.5　撤除外部中断请求的电路

由图 6.5 可知，外部中断请求信号不直接加 $\overline{INTx}$（$\overline{INT0}$ 或 $\overline{INT1}$）引脚上。当外部中断请求的低电平有效信号经反相器后送到 D 触发器（如 74LS74）的 CLK 端产生正跳变时，$\overline{Q}$ 端输出为 0，向单片机发出中断请求。通过一根 I/O 口线（如 P1.0）来控制 $\overline{CLR}$ 端，输入一个负脉冲（持续时间为两个机器周期）即可使 $\overline{Q}$ 置 1，从而撤销中断请求。在中断服务程序中采用以下三条指令：

　　CLR P1.0
　　NOP
　　SETB P1.0

它会在 P1.0 上输出一个宽度为两个机器周期的负脉冲，使 D 触发器复位，$\overline{Q}=1$，撤销中断请求，从而不会产生重复中断。

6.4.4　外部中断响应的时间

中断响应时间是指从中断请求标志位置位到 CPU 开始执行中断服务程序的第一条指令所需要的时间。CPU 并非每时每刻对中断请求都予以响应。另外，不同的中断请求其响应时间也是不同的。

以外部中断为例，CPU 在每个机器周期的 S5P2 期间采样其输入引脚 $\overline{INT0}$ 或 $\overline{INT1}$ 端的电平，如果中断请求有效，则置位中断请求标志位 IE0 或 IE1，然后在下一个机器周期再对这些值进行查询，这就意味着中断请求信号的低电平至少应维持一个机器周期。这时，如果满足中断响应条件，则 CPU 响应中断请求，在下一个机器周期执行一条硬件长调用指令"LACLL"，使程序转入中断地址入口。该调用指令执行时间是两个机器周期，因此，外部中断响应时间至少需要 3 个机器周期，这是最短的中断响应时间。

如果中断请求不能满足前面所述的三个条件而被阻断，则要增加等待时间。例如，一个同级或更高级的中断正在进行，则附加的等待时间取决于正在进行的中断服务程序的长度，等待时间不确定。

若没有同级或高优先级的中断正在进行，所需要的附加等待时间在 3~5 个机器周期之间。这是因为：

（1）如果正在执行的一条指令还没有进行到最后一个机器周期，则附加的等待时间为 1~3 个机器周期（因为即使是执行时间最长的 MUL、DIV 指令也只有 4 个机器周期）。

（2）如果查询周期恰逢 RET、RETI 或访问 IE、IP 指令（这些指令后面至少要再执行一条指令才能接受中断请求），而这些指令后又碰巧是 MUL、DIV 指令，则此时引起的附加时间不会超过 5 个机器周期（一个机器周期完成 RET、RETI 或 IE、IP 指令再加 4 个机器周期完成 MUL、DIV）。

所以，对于外部中断源，在没有嵌套的单级中断情况下，响应时间为 3 个机器周期（最短响应外部中断时间）至 8 个机器周期（加最长的 5 个机器周期附加时间）。

中断响应的时间会给一些高要求应用造成时间差，请在实际应用中予以注意。

6.5　外部中断触发方式的选择

CPU 在采集外部中断时，会检测 $\overline{INT0}$、$\overline{INT1}$ 引脚的电平，这个电平对中断的触发方式可定义设置为两种：电平触发方式和跳变触发方式（设置方法见第 6.3.1 节）。

若外部中断定义为电平触发方式，则外部中断申请标志位（IE0、IE1）的状态会随 CPU 在每个机器周期采样到的外部中断输入引脚的电平变化而变化。这样能提高 CPU 对外部中断请求的响应速度。这种方式要求外部中断请求的有效低电平一直保持到请求获得响应为止，不然就会丢失；并要求在中断服务程序结束之前，及时撤销其低电平，否则中断返回之后将再次产生中断。电平触发方式适合于外部中断输入为低电平，且中断服务程序能清除外部中断请求源，或硬件设计中能消除外部中断引脚上低电平的情况。

若外部中断定义为跳变触发方式，则外部中断申请标志位（IE0、IE1）的状态能被锁住。原因是：定义为跳变触发方式后，CPU 在前一个机器周期采样到外部中断输入为高电平，下一个机器周期采样到为低电平时（即从"1"→"0"，负跳变），则置 IE0 或 IE1 为逻辑 1。这样，即便是 CPU 暂时不能响应，中断申请标志也不会丢失。CPU 响应中断时会自动清零 IE0、IE1。因此，为保证下降沿能被可靠地采样到，$\overline{INT0}$ 或 $\overline{INT1}$ 上的高、低电平至少要保持一个机器周期（若晶振为 12 MHz，为 1 μs）。跳变触发方式适合于以负脉冲形式输入的外部中断请求，如 ADC0809 的转换结束标志 EOC 为正脉冲，经反相后就可以作为 51 单片机的外部中断输入。这种触发方式可靠性高，不易发生连续被中断响应的错误。

6.6　C51 中断程序设计

C51 编译器支持在 C 源程序中直接开发中断过程，使用该扩展属性的函数定义语法为

　　　　返回值类型　函数名　interrupt n using m

其中，interrupt 中的 n 对应中断源的编号，其值从 0 开始，以 89C51 单片机为例，编号为 0~4，分别对应外中断 0、定时/计数器 T0 中断、外中断 1、定时/计数器 T1 中断和串行口中断，见表 6.7。

表 6.7　编号 n 的含义

编号 n	所代表的中断源
0	外部中断 0
1	定时/计数器 T0
2	外部中断 1
3	定时/计数器 T1
4	串口

using m 指定寄存器组，m 值是 0～3，对应使用四组工作寄存器，默认为 0 组，这时可以省略"using 0"。

下面是一个简单的例子，较复杂的例子在学习完定时/计数器后再举例。

例：如图 6.6 所示，编写程序，每次按键使外部中断 0 产生中断，在中断服务程序中使外接发光二极管 LED 改变一次亮灭状态。

图 6.6　中断例题电路原理图

先看一下汇编程序：

```
            ORG   0000H
            AJMP  MAIN
            ORG   0003H      ；中断入口
            CPL   P1.0       ；改变 LED
            RETI             ；返回主程序
            ORG   0030H      ；主程序
    MAIN：  SETB  EA         ；开总允许开关
            SETB  EX0        ；开 INT0 中断
            SETB  IT0        ；负跳变触发中断
    Here：  SJMP  Here       ；相当于执行其他任务，等待下一次中断
            END
```

程序分析：

①中断服务程序的入口地址见表 6.6，范围在 0003H～0023H，为了避免主程序与中断服务程序的地址混淆，一般主程序会避开这个范围，习惯上从 0030H 开始，所以第一条指令跳转到 0030H。

②0003H 是外部中断 0 的中断服务程序的入口地址，由于任务简单，只有两条指令；RETI 是中断服务程序必须的最后一条指令；如果中断服务程序较长，可以在此处安排一条跳转指令跳到另一个地址位置编写中断服务程序。

③主程序首先对中断的初始条件进行了设置。

④"Here：SJMP Here；"（也可用 SJMP $；）是在等待中断的到来，由于本例题主程序没有其他任务，所以用这种特殊的方式（也可以理解成在执行一个任务）等待中断。如果有其他任务就可以去执行其他任务。当中断到来时就会中断主程序的任务，进入中断服务程序，返回后仍然回到这条指令处。

下面采用 C51 编程：

```
#include <reg51.h>
sbit P1_0=P1^0;
void main(void)          //主程序
{
    IT0=1;               //负跳变触发中断
    EA=1;                //开总允许中断
    EX0=1;               //开 INT0 中断
    while(1);            //无限循环,等待下一次中断
}

void Int0(void) interrupt 0   //中断服务程序,工作寄存器采用 0 组(省略了 using 0)
{
    P1_0=~P1_0;          //P1.0 取反,改变 LED 亮灭的状态
}
```

可以看出，这个程序几乎与汇编语言的程序完全对应，只是中断服务程序采用了 C51 规定的格式，C51 编译器会自动给中断服务程序分配相应的入口地址。"while（1）；"相对于"Here：SJMP　Here"语句。

思考题及习题

1. 问答题

（1）什么是中断？什么是中断源？中断与调用子程序有何异同？举一生活中的例子说明这些概念。

（2）MCS－51 基本型单片机提供了哪几个中断源？如何识别各中断源的状态？各中断源的优先级高低是如何排列确定的？

（3）MCS－51 响应中断的条件是什么？各中断源的中断服务程序入口地址是多少？

（4）简述 CPU 响应中断的过程。

（5）保护断点和保护现场各解决什么问题？

2. 填空题

（1）51 单片机有＿＿＿个中断源，有＿＿＿个中断优先级，优先级由软件填写特殊功能寄存器＿＿＿＿＿＿＿＿加以选择。

（2）外部中断的请求标志是＿＿＿＿＿＿和＿＿＿＿＿＿。

3. 选择题

（1）MCS－51 单片机中，CPU 正在处理定时/计数器 T1 中断，若有同一优先级的外部中断 INT0 又提出中断请求，则 CPU （　　　）。

　　A. 响应外部中断 INT0　　　　　　B. 继续进行原来的中断处理

　　C. 发生错误　　　　　　　　　　　D. 不确定

（2）中断服务程序的最后一条指令必须是 （　　　）。

　　A. END　　　　　　　　　　　　　B. RET

　　C. RETI　　　　　　　　　　　　　D. AJMP

（3）在中断服务程序中，至少应有一条指令必须是 （　　　）。

　　A. 传送指令　　　　　　　　　　　B. 转移指令

C. 加法指令　　　　　　　　　　D. 中断返回指令

（4）51 单片机响应中断时，下列哪种操作不会自动发生？（　　　）

A. 保护现场　　　　　　　　　　B. 保护 PC

C. 转入中断入口地址

4. 如将第 6 章 6.6 节中例题改成如下程序：

```
#include <reg51.h>
sbit P3_2=P3^2;

void main（void）
{
  while（1）
  {
    if（P3_2==0）P1_0=~P1_0；
  }
}
```

问：仅就本例而言，采用此程序与采用中断的方法编程，在运行程序时结果是否有区别？用此程序的缺点有哪些？

第7章 定时/计数器

在单片机应用系统中，常常会有定时控制的需要，如定时输出、定时检测、定时扫描等；也经常要对外部事件进行计数。MCS—51单片机基本型片内集成了两个可编程的定时/计数器，即 T0 和 T1。它们既可以工作于定时模式，也可以工作于对外部事件计数模式，此外，还可以作为串行口的波特率发生器。

7.1 定时/计数器的结构与工作原理

7.1.1 定时/计数器的实质

定时/计数器（Counter/Timer）的实质是计数器，如图 7.1 所示。输入脉冲从"1"到"0"负跳变，即每一次下降沿时计数器数值将加 1，当计数器的数值计满后进位溢出标志向 CPU 申请中断。

图 7.1　定时/计数器的实质是计数器

如果计数器的脉冲来源于单片机内部（晶振的 12 分频），由于单片机的振荡周期极为精确，这时称为定时器。计数的脉冲如果来源于单片机外部的引脚，由于其周期一般不固定，这时称为计数器。

控制开关可以控制计数器的启动和停止。

这里，对几个计算器的基本概念作一个解释。

（1）计数器的容量：计算器的量程一般用二进制的位数来表示。如 8 位计数器的最大计数量是 256，16 位计数器的最大计数量是 65536。

（2）加一计数器：每来一个脉冲，计数器的计数数值"+1"。

（3）计数器溢出：一个盛水的容器，当所盛的水超过其容量时就会"溢出"。计数器计到最大值时，如果再来一个脉冲，计数值会回到零，这种现象叫"溢出"。

（4）溢出标记：计算器的"溢出"如同加法"进位"。计数器将"进位"给溢出标记，在单片机中溢出标记可导致中断。

（5）计数初值：如果计数器的容量是 16 位，其最大的计数值是 FFFFH，65535。因此，当计数到 65535，再来一个脉冲，即第 65536 个脉冲时就会产生溢出又回到 0。实际中，经常会有少于 65536 个计数值的要求，这时可采用预置数的方法来解决这个问题。例如，要计100 个脉冲，如果先放进 65436，再来 100 个脉冲就到了 65536 这个最大值，产生溢出。这个 65436 称为计数初值。

7.1.2　定时/计数器的结构与工作原理

MCS—51 基本型单片机定时/计数器的结构如图 7.2 所示。

图 7.2　定时/计数器的结构框图

作计数器用时，加法计数器对芯片引脚 T0（P3.4）或 T1（P3.5）上的输入脉冲计数。每输入一个脉冲，加法计数器增加 1。加法计数溢出时可向 CPU 发出中断请求信号。

作定时器用时，加法计数器对内部机器周期脉冲计数。由于机器周期是定值，其精度高，所以计数值乘以机器周期就是定时的时间，如晶振为 12 MHz，则计数值 100，相当于定时 100 μs。

加法计数器的初值可以由程序设定，设置的初值不同，计数值或定时时间就不同。在定时/计数器的工作过程中，计数器的内容可用程序读入。

7.2　定时/计数器的控制

MCS—51 单片机的特点是用特殊功能寄存器对内部资源进行控制。定时/计数器的工作由两个特殊功能寄存器控制。TMOD 用于设置其工作方式，TCON 用于控制其启动和中断申请。

7.2.1　方式控制寄存器（Timer/Counter Mode Control，TMOD）

TMOD 为定时/计数器 T0、定时/计数器 T1 的工作方式寄存器，字节地址为 89H，其格式为其中，TMOD 的低 4 位为定时/计数器 T0 的方式字段，高 4 位为定时/计数器 T1 的方式字段，它们的含义完全相同。

C/$\overline{\text{T}}$：计数、定时功能选择位，当 C/$\overline{\text{T}}$＝1 时，为计数方式；当 C/$\overline{\text{T}}$＝0 时，为定时方式。它是 Counter/$\overline{\text{Timer}}$ 的缩写，T 上有一横表示 0 有效，C 上无一横表示 1 有效，了解这些符号有助于记忆。

M1、M0：工作方式定义位，其具体定义方式见表 7.1。

表 7.1　定时/计数器工作方式

M1	M0	工作方式	方式说明
0	0	方式 0	13 位定时/计数器
0	1	方式 1	16 位定时/计数器
1	0	方式 2	8 位自动重装定时/计数器
1	1	方式 3	T0 分为两个独立的 8 位 C/$\overline{\text{T}}$；T1 停止使用

GATE：门控位。GATE＝0 时，与外部中断无关，由 TCON 寄存器中的 TRx 位控制定时/计数器启停。GATE＝1 时，由控制位 TRx 和引脚 $\overline{\text{INTx}}$ 共同控制定时/计数器启停。

应注意的是，由于 TMOD 不能进行位寻址，所以只能用字节指令设置定时/计数器的工作方式。单片机复位时 TMOD 所有位清 0。

7.2.2　控制寄存器（Timer/Counter Control Register，TCON）

TCON 控制寄存器的字节地址为 88H，能进行位寻址，各位的定义为

TF1	TR1	TF0	TR0	IE1	IT1	IE0	IT0

其中，TCON 的低 4 位用于控制外部中断，在中断一章中已解释了相关内容。TCON 的高 4 位用于控制定时/计数器的启停和中断申请，其中 TF1、TF0 在中断一章中也解释了相关内容，但为了对定时/计数器有一个全面的了解，这里与 TR0、TR1 一起解释如下。

TF0（TF1）：为 T0（T1）定时/计数器溢出中断标志位。当 T0（T1）计数溢出时，由硬件置位，并在允许中断的情况下，发出中断请求信号。当 CPU 响应中断转向中断服务程序时，由硬件自动将该位清 0。

TR0（TR1）：为 T0（T1）运行控制位。当 TR0（TR1）＝1 时，启动 T0（T1）；当 TR0（TR1）＝0 时，关闭 T0（T1）。该位由软件进行设置。

TCON 寄存器在复位时也被清 0。

7.3　定时/计数器的工作方式

MCS－51 单片机的定时/计数器有 4 种工作方式，分别由 TMOD 寄存器中的 M1、M0 两位组成的二进制编码所决定，见表 7.1。

7.3.1　方式 0

当 M1M0＝00 时，定时/计数器设定为工作方式 0。其逻辑结构如图 7.3 所示，图中 THx、TLx、Tx、TRx、TFx 中的"x"可全部用"0"或全部用"1"替换，表示定时/计数器 T0、定时/计数器 T1 的相关字节和位。下面的文字解释中也用同样的方法，避免了对两个定时/计数器的分别介绍。这些约定也适应于本书对另外几种工作方式的介绍。

工作方式 0 是 13 位定时/计数器。THx 全部 8 位和 TLx 低 5 位（TLx 的高 3 位无效）组成 13 位加 1 计数器。最大计数值为 2^{13}＝8192 个脉冲。方式 0 采用 13 位计数器是为了与其早期的产品 MCS-48 系列单片机兼容，其初值的计算较麻烦，如果不是为了兼容，在实际应用中不必使用，而采用方式 1。方式 0 的全部功能都可以由方式 1 代替。

图 7.3　方式 0 的逻辑结构

7.3.2　方式 1

方式 1 逻辑结构如图 7.4 所示。THx 和 TLx 组成了 16 位加法计数器。其中，THx 为高 8 位，TLx 为低 8 位。当 TLx 低 8 位计数溢出时自动向 THx 进位，而 THx 溢出时向中断位 TFx 进位（硬件自动置位），并申请中断。

图 7.4　方式 1 的逻辑结构

当 C/$\overline{\text{T}}$=0 时，多路开关连接 12 分频器输出，计数器对机器周期计数，此时为定时器。

当 C/$\overline{\text{T}}$=1 时，多路开关与 Tx 相连，外部计数脉冲由 Tx 脚输入，当外部信号电平发生由 1 到 0 的负跳变时，计数器加 1，此时为计数器。

方式 1 下的计数器，其最大计数脉冲为 65536。因此其最长定时时间（晶振为 12 MHz 时）为：$T \times 65536 = 65.536$ ms，其中 T 为机器周期，是晶振周期的十二分频，当晶振为 12 MHz 时，$T = 1$ μs。

当 GATE=0 时，经非门后，或门输出 1，这样 TRx 将直接控制定时器的启动和关闭。这时如果 TRx=1，则接通控制开关，定时器从初值开始计数直至溢出。溢出时，16 位加计数器为 0，TFx 置位，并申请中断。如要循环计数，则定时器需重置初值，且需用软件将 TFx 复位。TRx =0，则与门被封锁，控制开关被关断，停止计数。

当 GATE=1 时，与门的输出由输入 $\overline{\text{INTx}}$ 的电平和 TRx 位的状态来确定。这时若 TRx=1，则引脚 $\overline{\text{INTx}}$ 可直接开启或关断计数器：当 $\overline{\text{INTx}}$ 为高电平时，允许计数；当 $\overline{\text{INTx}}$ 为低电平时，停止计数。若 TRx=0，则与门被封锁（即输出为 0），控制开关被关断，不能计数。

以上控制启动、停止计数方式总结如下：

（1）非门控方式。

当 GATE=0 时，控制权由 TRx 决定，TRx=1 时计数启动，TRx=0 时计数停止。这种方式实际上是用软件控制启动、停止计数。

（2）门控方式。

当 GATE=1、TRx=1 时，控制权由 $\overline{\text{INTx}}$ 决定，$\overline{\text{INTx}}$=1 时计数启动，$\overline{\text{INTx}}$=0 时计数停止。这种方式实际上是用外部硬件 $\overline{\text{INTx}}$ 引脚控制启动、停止计数。

7.3.3 方式 2

定时/计数器工作于方式 2 时，其逻辑结构如图 7.5 所示。

图 7.5 方式 2 的逻辑结构

由图 7.5 可知，工作于方式 2 时，16 位加法计数器的 THx 和 TLx 具有不同功能，其中 TLx 是 8 位计数器，THx 是重置初值的 8 位缓冲器。在程序初始化时，TLx 和 THx 由软件赋予相同的初值。一旦 TLx 计数溢出，TFx 将被置位，同时，THx 中的计数初值自动装入 TLx，从而进入新一轮计数，如此循环不止。

方式 0 和方式 1 用于循环计数时，每次计满溢出后，计数器都复位为 0，要进行新一轮计数还需重置计数初值。这不仅导致编程麻烦，而且影响定时时间精度。方式 2 具有初值自动装入功能，避免了上述缺陷，适合用做较精确的定时脉冲信号发生器。

方式 2 的最大计数值为 256，最长定时时间（晶振为 12 MHz 时 $T=1\ \mu s$）为 256 μs。

7.3.4　方式 3

定时/计数器工作于方式 3 时，其逻辑结构如图 7.6 所示。

图 7.6　方式 3 的逻辑结构

由图 7.6 可知，工作在方式 3 时，T0 被分解成 2 个 8 位定时/计数器。

其中 TL0 作为一个定时/计数器，占用了原定时/计数器 T0 的控制位、引脚和中断源，即 GATE、TR0、TF0、T0（P3.4）引脚、$\overline{INT0}$（P3.2）引脚。除计数位数不同于方式 0、方式 1 外，其功能、操作与方式 0、方式 1 完全相同，可定时，亦可计数。

TH0 作为另一个定时/计数器，占用原定时/计数器 T1 的控制位 TF1 和 TR1，同时还占用了 T1 的中断源，其启动和关闭仅受 TR1 置 1 或清 0 控制。TH0 只能对机器周期进行计数，因此，TH0 只能用做简单的内部定时，不能用做对外部脉冲进行计数。TH0 是定时器 T0 附加的一个 8 位定时器。

因定时/计数器 T1 的控制位 TF1 和 TR1 被 TH0 计数时占用，为了避免中断冲突，当 T0 工作在方式 3 仅用 TL0 计数时，T1 一定不要用在有中断的场合，但能够以 8 位的方式工作在方式 0、方式 1、方式 2。此时，都不能再使用 T1 的中断，因为这时 T1 的中断被工作在方式 3 的 T0 的 TH0 占用了。

7.4　计数器对输入脉冲频率的要求

当定时/计数器作为计数器时，计数脉冲来自外部输入引脚 T0 或 T1。当输入脉冲从"1"到"0"负跳变，即每一次下降沿时计数器数值将加 1，51 单片机在每个机器周期的

S5P2 时对外部信号采样。如在第一个周期中采样为 1，而在下一个周期中采到的值为 0，则在紧接着的再下一个周期 S3P1 期间计数器加 1。由于确认一次下降沿跳变要花两个机器周期，即 24 个振荡周期，因此，51 单片机能够检测到的外部输入脉冲的最高频率为振荡周期的 1/24。这样，如果 51 单片机采用的晶振是 6 MHz，则能够计数的外部脉冲最高频率为 250 kHz；如果晶振是 12 MHz，则能够计数的外部脉冲最高频率为 500 kHz。

7.5　定时/计数器的 C51 编程和应用举例

由于 MCS−51 单片机的定时/计数器是可编程的，因此，在使用之前需要进行初始化。在编程时主要注意两点：第一要能正确写入控制字，第二要进行计数初值的计算。一般情况下，包括以下几个步骤：

（1）确定工作方式，即对 TMOD 寄存器进行赋值。

（2）计算计数初值，并写入寄存器 TH0、TL0 或 TH1、TL1 中。

（3）需要时，置位 ETx 允许定时/计数器中断，置位 EA 开放中断。

（4）置位 TRx 启动计数。

7.5.1　定时/计数器初值的计算

1. 计数方式公式

计数初值的公式为

$$C = 2^n - N$$

式中，C 为计数初值；N 为需要的计数值；n 为计数器的位数，方式 0 时 $n=13$，方式 1 时 $n=16$，方式 2、方式 3 时 $n=8$。

例：计 100 个脉冲产生中断的计数初值。

方式 0：13 位计数器，为与早期的产品 MCS−48 系列单片机兼容时采用，在实际应用中不必使用，而采用方式 1。

这里，$C = 2^{13} - 100 = 1F9CH$。

根据 13 位定时器的特性，初值为：$THx = 0FCH$，$TLx = 1CH$。

方式 1：$C = 10000H - 64H = FF9CH$ 或 $C = 65536 - 100 = 65436 = FF9CH$。

方式 2：$C = 100H - 64H = 9CH$。

这个公式实质上就是求 N 的补码。

2. 定时方式公式

定时计数初值的公式为

$$C = 2^n - \frac{t}{T}$$

式中，t 为需要定时的时间，单位 s；T 为机器周期，单位 s，$T = \frac{12}{f_{osc}}$，f_{osc} 为晶振的频率；其余参数与计数方式公式相同。

7.5.2　定时/计数器 C51 编程应用举例

本节将举 4 个例子说明定时/计数器在定时、计数、测量外部脉冲宽度方面的应用。

1. 定时方面的应用

例 1：已知 MCS−51 单片机系统晶振频率为 12 MHz，试编写程序，用定时器 T0、工作方式 2，使 P1.0 引脚输出如图 7.7 所示的周期方波。

图 7.7　定时器例 1 图

程序分析：

每隔 0.1 ms 改变一次 P1.0 的输出状态，即可形成周期方波，用 T0 方式 2 定时实现。

定时计算 0.1 ms 的计数初值为

$$C = 2^8 - \frac{t}{T} = 256 - \frac{0.0001}{10^{-6}} = 256 - 100 = 156 = 9\text{CH}$$

程序如下：

```c
#include <reg51.h>
sbit P1_0=P1^0;
void main(void)          //主程序
{
    TMOD=0x02;           //置定时器 T0 为方式 2
    TL0 =0x9c;           //置定时器初值
    TH0 =0x9c;
    EA=1;                //开总中断
    ET0=1;               //开 T0 中断
    TR0=1;               //启动定时
    while(1);            //无限循环,等待定时中断
}

void Timer0() interrupt 1     //T0 中断服务程序
{
    P1_0=~P1_0;               //P1.0 取反,产生方波
}
```

需要说明的是，例题程序在定时器初始化之后，进入主程序，用执行 while 等待定时器溢出产生中断。这是主程序处于无事状态等待中断的一种方法。实际系统中的等待期间，CPU 完全可以去做其他事情。

例 2：用 P1.0 驱动 LED 亮 1 秒、灭 1 秒地闪烁，设晶振频率为 12 MHz。

程序分析：

MCS−51 定时器最长的定时时间达不到 1 秒，这里采用了一种长定时方法，即先做一个 10ms 即 0.01 秒的定时，增加一个软件计数器（本例定义了一个 uchar 变量 TimeCouter），记录 0.01 秒定时中断次数，计满 100 个中断为 1 秒。程序框图如图 7.8 所示。

图 7.8 定时器例 2 电路原理图及程序框图

计数定时 0.01 s 的计数初值

$$C = 2^{16} - \frac{t}{T} = 65536 - \frac{0.01}{10^{-6}} = 0D8F0H$$

```
#include <reg51.h>
#define uchar unsigned char
sbit Led=P1^0;
uchar TimeCouter=100;        //软件计数器初值
void main(void)              //主程序
{
   TMOD=0x10;                //置定时器 T1 为方式 1
   TL1 =0xf0;                //置定时器初值
   TH1 =0xd8;
   EA=1;                     //开总中断
   ET1=1;                    //开 T1 中断
   TR1=1;                    //启动定时
   Led=0;                    //LED 灯亮
   while(1);                 //无限循环,等待下一次定时中断
}

void Timer1( ) interrupt 3   //T1 中断服务程序
{
    TL1 =0xf0;               //重置定时器初值
    TH1 =0xd8;
    TimeCounter——;           //软件计数值减 1
    if(TimeCounter==0)
    {
      TimeCounter=100;       //重置软件计数初值
      Led=~Led;              //LED 引脚电平反向
    }
}
```

2. 计数方式的应用

当定时/计数器定义为计数器时，计数脉冲来源于外部引脚 T0（P3.4）和 T1（P3.5）。当输入的脉冲信号由 1 到 0 沿边沿下降跳变时，计数器的值加 1，由于确认一次跳变需要花 2 个机器周期，即 24 个振荡周期，因此，外部输入计数脉冲的最高频率为振荡器频率的 1/24。如选用 12 MHz 的晶振，允许输入的外部脉冲最高频率为 500 kHz。由于定时/计数器定义为定时器时，其计数脉冲来源于单片机内部的机器周期（晶振的 1/12），所以，计数脉冲的最高频率为晶振频率的 1/12。

例 3：如图 7.9 所示，设计一个程序，记录按键被按下的次数。

图 7.9 计数器应用例子

程序分析：

将按键如图 7.9 所示连接在计数器 T0 的外部引脚上，设置 T0 为计数器工作方式 2，然后把计数器 TL0 的值进行显示。

```
#include <reg51.h>
void main(void)
{
    TMOD=0x06;  //置 T0 为计数器方式 2
    TL0 =0;     //置计数器初值
    TH0 =0;
    TR0=1;      //启动计数
    while(1)
    {
        if(TL0>99)TL0=0;
        P0=TL0/10;  //将十位数送 P0 显示
```

```
      P2=TL0%10;    //将个位数送 P2 显示
  }
}
```

此例中 T0 引脚上接一个 $10\,k\Omega$ 上拉电阻,可以保证 T0 脚在未按键时是高平,不会进行计数。显示采用了 BCD 数码管,分别用 P0 和 P2 进行显示,"P0=TL0/10;"和"P2=TL0%10;"两条语句把十位数和个位数转换成了 0~9 的 BCD 码,这样使显示显得非常简单,适合在 Proteus 仿真中验证程序使用,可减轻编程工作,把精力放在学习主要内容上。由于只采用了 2 个数码管,此题能记录的按键次数最大为 99。要增大计数次数,可使计数器工作于方式 1,显示也可以改成多位数码管或 LCD 模块。

3. 测量外部脉冲宽度方面的应用

例 4:$\overline{INT1}$引脚输入被检测信号,用门控方式测量正脉冲宽度(设脉宽小于 65.5 ms)。

程序分析:

采用 T1 的门控制方式,使 T1 的启动受$\overline{INT1}$的控制,当 GATA=1,TR1=1 时,一旦$\overline{INT1}$引脚输入高电平,T1 就启动计时,直至出现低电平,停止计时。为了测量确保真正从高电平上升沿开始计时,T1 的计数要先等到出现一个低电平后,下一个高电平到来才开始计数,如图 7.10 所示。

图 7.10　定时器例 3 图

```
#include <reg51.h>
#defined uint unsigned int
sbit InputPulse=P3^3;


void main(void)           //主程序
{
  uint PulseWidth;
  TMOD=0x90;              //置 T1,门控方式,定时器,工作方式 1
  TL1 =0;                 //置定时器初值
  TH1 =0;
  while(InputPulse==0)
  {
    TR1=1;               //定时可以开始,但还要等外部脉冲为高电平时
  }


  while(InputPulse==0)   //当外部脉冲为低电平时,计时停止,取出定时数值
  {
    TR1=0;
```

```
        PulseWidth＝TH1 * 256＋TL1;
    }
}
```

注意:

本例是在停止了定时后再读取定时的计时值（由于 T1 是定时方式，所以 T1 所计的内部脉冲个数实质上就是时间），这时的数值结果已无法改变。如果需要在定时/计数器运行中读取它的数值，可能会出错。原因是不可能在同一时刻读取 THx 和 TLx 的内容。比如，先读 TLx，后读 THx，由于定时/计数器还在运行，在读 THx 前，恰好 TLx 产生溢出向 THx 进位，这时 TLx 的值就完全不同了。解决的方法是：先读 THx，后读 TLx，再读 THx，若两次读得的 THx 相同，则可确定读得的内容是正确的。若前后两次读得的 THx 有变化，则再重复上述过程，直至正确为止。本例的定时是由外部脉冲接在 $\overline{INT1}$ 的引脚控制的，不存在上述问题。

思考题及习题

1. 问答题

（1）T0、T1 用做定时器时，其定时时间与哪些因素有关?

（2）MCS−51 单片机定时器的门控信号 GATE 设置为 1 时，定时器如何启动?

（3）MCS−51 T0、T1 用做定时和计数时，其计数脉冲由谁提供?

（4）T0 设为工作方式 3，由于 TR1 位已被 TH0 占用，如何控制定时器 T1 的启动和关闭?

（5）如果需要在定时/计数器运行中读取数值，则如何减少出错?

2. 填空题

（1）51 单片机计数器最大的计数值为＿＿＿＿，此时工作与工作方式＿＿＿＿。

（2）当把定时/计数器 T0 定义为可自动重新装入初值的 8 位定时/计数器时，＿＿＿＿为 8 位计数器，＿＿＿＿为常数寄存器。

（3）若系统晶振频率是 12 MHz，利用定时/计数器 T1 定时 1 ms，在方式 1 下定时初值为＿＿＿＿。

（4）读以下程序，并回答问题。

```
#include <reg51.h>

unsigned char a;
void main(void)
{
    TMOD=0x02;
    TL0 =0xd8;
    TH0 =0xd8;
    EA=1;
    ET0=1;
    TR0=1;

    while(1);
```

```
    }

    void Timer0() interrupt 1
    {
        a++;
    }
```

①本程序把定时/计数器 T0 设置成方式_____。

②本程序执行时，变量 a 的内容将_____。

③程序在_____语句处发生中断，执行完中断服务程序后，返回到_____语句处。

④本程序中断服务程序的入口地址为_____。

⑤是否可将 interrupt 1 改为 interrupt 3?　_____。

3. 选择题

（1）下面哪一种仅适用于定时器 T0（　　）。

A. 方式 0　　　　　B. 方式 1　　　　　C. 方式 2　　　　　D. 方式 3

（2）若 51 单片机的晶振频率是 24 MHz，则其内部定时/计数器利用计数器对外部输入脉冲的最高计数频率是（　　）。

A. 1 MHz　　　　　B. 6 MHz　　　　　C. 12 MHz　　　　　D. 24 MHz

4. 设计题

（1）已知单片机系统晶振频率为 6 MHz，试编写程序，用定时器 T0、工作方式 1，使 P1.0 输出如题图 7.1 所示的周期波形。

题图 7.1　周期波形图

（2）用 Proteus 完成例 4。

（3）用 Proteus 完成例 3，将计数次数增加到 65535，用 LCM1602 显示出来。

（4）采用定时器中断的方法，完成第 5 章第 8 题。

第8章 串行通信接口

串行通信是 CPU 与外界交换信息的一种基本方式。串行通信成本低、通信可靠、安装方便，得到广泛的应用。单片机应用于数据采集或工业控制时，常作为下位机安装在工业现场，由于远离上位机，现场数据常采用串行通信方式发往上位机并进行处理，上位机也常通过串行通信发送命令给下位机。MCS-51 系列单片机自身有全双工的异步通信接口，实现串行通信极为方便。本章将介绍串行通信的基本概念、原理以及 MCS-51 单片机串行通信接口的控制和应用。

8.1 串行通信基本知识

8.1.1 概述

计算机与外界的信息交换称为通信，基本通信方式有两种。

并行通信（Parallel Communication）：所传送数据的各位同时发送或接收。

串行通信（Serial Communication）：所传送数据的各位按顺序一位一位地发送或接收。

如图 8.1 所示为这两种通信方式的示意图。

图 8.1 两种通信方式的示意图

在并行通信中，一个并行数据占多少位（二进制位），就需要多少根数据传输线。这种方式的特点是通信速度快，但传输线多、价格较贵，适合近距离传输；而串行通信仅需两根传输线即可，故在长距离传输数据时，成本较低。由于它只能一位一位传输，所以传输速度较慢。

下面介绍串行通信中的一些基本概念。

8.1.2 串行通信的制式

在串行通信中数据是在两个站之间进行传送的，按照数据传送方向，串行通信可分为单工（Simplex）、半双工（Half duplex）和全双工（Full duplex）三种制式。如图 8.2 所示为三种制式的示意图。

图 8.2　单工、半双工和全双工三种制式示意图

在单工制式下，通信线的一端为发送器，一端为接收器，数据只能按照一个固定的方向传送，如图 8.2（a）所示。

在半双工制式下，系统的每个通信设备都由一个发送器和一个接收器组成，如图 8.2（b）所示。在这种制式下，数据能从 A 站传送到 B 站，也可以从 B 站传送到 A 站，但是不能同时在两个方向上传送，即只能一端发送，一端接收。其收/发开关一般是由软件控制的电子开关。

全双工通信系统的每端都有发送器和接收器，可以同时发送和接收，即数据可以在两个方向上同时传送，如图 8.2（c）所示。

在实际应用中，尽管多数串行通信接口电路具有全双工功能，但一般情况下，工作于半双工制式较多，因这种方法简单、实用。

（1）波特率（Baud rate）。

波特率为每秒钟传送二进制数的位数，单位为 b/s，即位/秒。波特率用于表征数据传输的速度，波特率越高，数据传输速度越快。

（2）异步串行通信。

在异步串行通信中，数据是一帧一帧传送的，每帧数据包括一位起始位、一个字节数据、一位校验位和一位停止位。每帧数据之间可以插入若干个高电平的空闲位。

异步串行通信要求发送数据和接收数据双方约定相同的数据格式和波特率，用启、停位来协同发送与接收过程。接收和发送端采用独立的移位脉冲控制数据的串行移出与移入，发送移位脉冲与接收移位脉冲是异步的，因此称为异步串行通信。

异步串行通信中，每帧数据只有一个字节数据，也不需要同步脉冲，因此应用较为灵活。但由于每帧数据需要插入启停位，故传输速度较慢。

（3）同步串行通信。

同步串行通信是一种连续的数据传送方式。每次传送一帧数据，每帧数据由同步字符和若干个数据及校验字符组成。

同步串行通信中，发送和接收双方有同一个同步脉冲控制，数据位的串行移出移入是同步的，因此称为同步串行通信。同步串行通信速度快，适应于大量数据传输场合，但需要同步脉冲信号，控制较为复杂。

8.2 MCS-51 串口控制器

MCS-51 有一个可编程的全双工串行通信接口，可作为通用异步接收/发送器（Universal Asychronous Receiver/Transmitter，UART），也可作为同步移位寄存器。其帧格式可为 8 位、10 位、11 位，并可设置多种不同的波特率。通过引脚 RXD 和 TXD 与外界进行通信。

MCS-51 内部有两个物理上独立的接收、发送缓冲器 SBUF（SBUF 属于特殊功能寄存器）。一个用于存放接收到的数据，另一个用于存放欲发送的数据。可同时发送和接收数据。两个缓冲器共用一个地址 99H，通过对 SBUF 的读写指令来区别是对接收缓冲器还是发送缓冲器进行操作。CPU 在写 SBUF 时，就是使用发送缓冲器；读 SBUF 时，就是读接收缓冲器的内容。接收或发送数据，是通过串行口对外的两条独立收发信号线 RXD（P3.0）、TXD（P3.1）来实现的，因此可以同时发送、接收数据。串行口的结构如图 8.3 所示。

图 8.3　串行口结构示意图

与 MCS-51 串行口有关的特殊功能寄存器还有 SCON、PCON，下面分别进行详细的讨论。

8.2.1 串口控制寄存器 SCON

SCON 的字节地址是 98H，各位的定义为

位名称	SM0	SM1	SM2	REN	TB8	RB8	TI	RI
位地址	9FH	9EH	9DH	9CH	9BH	9AH	99H	98H

（1）SM0、SM1 是串行口 4 种工作方式的选择位，表 8.1 列出了它的工作方式。

表 8.1　串行口的 4 种工作方式

SM0	SM1	工作方式	功能说明	波特率
0	0	0	同步移位寄存器方式（用于扩展 I/O 口）	$f_{osc}/12$
0	1	1	8 位异步收发，一帧为 10 位	由定时器控制
1	0	2	9 位异步收发，一帧为 11 位	$f_{osc}/64$ 或 $f_{osc}/32$
1	1	3	9 位异步收发，一帧为 11 位	由定时器控制

（2）SM2 是多机通信控制位，主要用于方式 2 或方式 3 中。

①当串行口以方式 2 或方式 3 接收时：

如果 SM2＝1，只有当接收到的第 9 位数据（RB8）为"1"时，才将接收到的前 8 位数据送入 SBUF，并置"1"RI，产生中断请求；当接收到的第 9 位数据（RB8）为"0"时，则将接收到的前 8 位数据丢弃。

如果 SM2＝0，则不论第 9 位数据是"1"还是"0"，都将前 8 位数据送入 SBUF 中，并置"1"RI，产生中断请求。

②在方式 1 时，如果 SM2＝1，则只有收到有效停止位时，RI 才置 1，以便接收下一帧数据。

③在方式 0 时，SM2 必须为 0。

（3）REN 是允许串行接收位，要由软件置"1"或清"0"。

REN＝1，允许串行口接收数据。

REN＝0，禁止串行口接收数据。

（4）TB8 是发送的第 9 位数据。

方式 2 和方式 3 时，TB8 是要发送的第 9 位数据，其值由用户通过软件设置，可作为奇偶校验位使用，RT＝1 作为地址帧标志，RT＝0 作为数据帧的标志。

（5）RB8 是接收到的第 9 位数据。

方式 2 和 3 时，RB8 存放接收到的第 9 位数据，它代表接收到的数据的特征：可能是奇偶校验位，也可能是地址/数据帧的标志位。在方式 1 时，如果 SM2＝0，RB8 是接收到的停止位。在方式 0 时，不使用 RB8。

（6）TI 是发送中断标志位。发送中 TI 必须保持零电平。

方式 0 时，串行发送第 8 位数据结束时由硬件置"1"。其他工作方式，串行口发送停止位开始时置"1"。TI＝1，表示一帧数据发送结束，可供软件查询，也可申请中断。CPU 响应中断后，在中断服务程序中向 SBUF 写入要发送的下一帧数据，TI 必须由软件清 0。

（7）RI 是接收中断标志位。接收中 RI 必须保持零电平。

方式 0 时，接收完第 8 位数据时，RI 由硬件置 1。其他工作方式，串行接收到停止位时，该位置"1"。RI＝1，表示一帧数据接收完毕，并可申请中断，要求 CPU 从接收 SBUF 取走数据。该位的状态也可供软件查询。如果再接收，RI 必须由软件清"0"。

8.2.2　特殊功能寄存器 PCON

PCON 的字节地址为 87H，没有位寻址功能，其格式为

SMOD	—	—	—	—	—	—	—

SMOD 是波特率选择位。当 SMOD＝1 时，比 SMOD＝0 时的波特率加倍，因此也称 SMOD 位为波特率倍增位。

8.3　串行口的工作方式

8.3.1　方式 0

方式 0 为同步移位寄存器输入输出方式，常用于外接移位寄存器，以扩展并行 I/O 口。

8 位数据为一帧，不设起始位和停止位，先发送或接收最低位。波特率固定为 $f_{osc}/12$。

1. 方式 0 发送

当 CPU 执行一条将数据写入发送缓冲器 SBUF 的指令时，产生一个正脉冲，串行口即把 SBUF 中的 8 位数据以 $f_{osc}/12$ 的固定波特率从 RXD 引脚串行输出，低位在先，TXD 引脚输出同步移位脉冲，发送完 8 位数据置 "1" 中断标志位 TI。时序如图 8.4 所示。

图 8.4　方式 0 收发时序

2. 方式 0 接收

方式 0 接收时，REN 为串行口接收允许接收控制位，REN=0，禁止接收。

方式 0 下，SCON 中的 TB8、RB8 位没有用到，发送或接收完 8 位数据由硬件置 "1" TI 或 RI 中断标志位，CPU 响应中断。TI 或 RI 标志位需由用户软件清 "0"，可采用如下指令：

    CLR　TI　　;TI 位清 "0"
    CLR　RI　　;RI 位清 "0"

方式 0 时，SM2 位（多机通信控制位）必须为 0。

8.3.2　方式 1

方式 1 用于数据的串行发送和接收。TXD 脚和 RXD 脚分别用于发送和接收数据。

方式 1 收发一帧的数据为 10 位，1 个起始位（0），8 个数据位，1 个停止位（1），先发送或接收最低位，时序如图 8.5 所示。

波特率由下式确定：

$$方式 1 波特率 = \frac{2^{SMOD}}{32} \times 定时器 T1 的溢出率$$

式中，SMOD 为 PCON 寄存器的最高位的值（0 或 1）。定时器 T1 的溢出率的计算见 8.4 节。

1. 方式 1 发送

方式 1 发送时，数据位由 TXD 端输出，一帧信息为 10 位，1 个起始位（0），8 个数据位（低位在先），1 个停止位（1）。当 CPU 执行一条数据写入发送缓冲器 SBUF 的指令，就启动发送。图 8.5（a）中 TX 时钟的频率就是发送的波特率。发送开始时，内部发送控制信号变为有效，将起始位向 TXD 输出，此后，每经过一个 TX 时钟周期，便产生一个移位脉冲，并由 TXD 输出一个数据位。8 个数据位全部发送完毕后，中断标志位 TI 置 "1"。TI 必须由用户清零，以便下一次发送。

（a）发送时序

（b）接收时序

图 8.5　方式 1 发收时序

2．方式 1 接收

接收数据的时序如图 8.5（b）所示。当 CPU 采样到 RXD 端从 1 到 0 的跳变时，开始接收数据（CPU 以波特率 16 倍的速率采样 RXD 上的电平，每一位都采样 16 次，并把 7、8、9 三次采样中至少二次相同的值确认为数据）。一帧数据接收完毕以后，必须同时满足以下两个条件，这次接收才真正有效，然后 RI 自动置 1，向 CPU 发出中断请求，完成一次数据接收。

（1）RI＝0。

（2）SM2＝0 或收到的停止位＝1。

若这两个条件不满足，收到的该帧数据将丢失。中断标志 RI 必须由用户清零，以便下一次接收。通常情况下，串口在方式 1 工作时，SM2＝0。

8.3.3　方式 2

方式 2 为 9 位异步通信方式。每帧数据为 11 位，1 个起始位（0），8 个数据位（先低位），1 个可程控的第 9 位数据，1 个停止位。

方式 2 的波特率由下式确定：

$$方式 2 波特率 = \frac{2^{\text{SMOD}}}{64} \times f_{\text{osc}}$$

1．方式 2 发送

发送前，先根据通信协议由软件设置 TB8（例如，双机通信时的奇偶校验位或多机通信时的地址/数据的标志位）。

方式 2 发送数据的波形如图 8.6 所示。

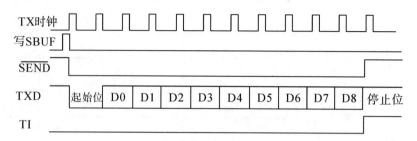

图 8.6　方式 2 发送

2. 方式 2 接收

SM0＝1，SM1＝0，且 REN＝1。数据由 RXD 端输入，接收 11 位信息。当位检测逻辑采样到 RXD 引脚从 1 到 0 负跳变，并判断起始位有效后，便开始接收一帧数据（CPU 对数据采样与方式 1 接收相同）。在接收器接收完第 9 位数据后，需满足以下两个条件，才能将接收到的数据送入 SBUF。

（1）RI＝0，意味着接收缓冲器为空。

（2）SM2＝0 或接收到的第 9 位数据位 RB8＝1。

当上述两个条件满足时，接收到的数据送入 SBUF（接收缓冲器），第 9 位数据送入 RB8，并置"1"RI。若不满足这两个条件，接收的信息将被丢弃。

串行口方式 2 接收数据的时序波形如图 8.7 所示。

方式 2 的 TI、RI 也必须由用户软件清零，才能进行下一次的发送和接收。

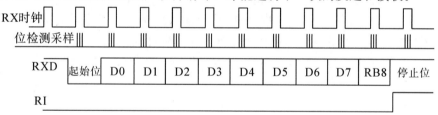

图 8.7　方式 2 接收

8.3.4　方式 3

方式 3 为波特率可变的 9 位异步通信方式，除波特率外，方式 3 和方式 2 相同。方式 3 发送和接收数据的时序波形与方式 2 相类似。

方式 3 的波特率的计算与方式 1 相同。

8.4　波特率的制定方法

方式 0 和方式 2 的波特率是固定的；方式 1 和方式 3 的波特率可由定时器 T1 的溢出率来确定。

（1）方式 0，波特率固定为时钟频率 f_{osc} 的 1/12，且不受 SMOD 位的值的影响。若 f_{osc}＝12 MHz，波特率为 $f_{osc}/12$，即 1 Mb/s。

（2）方式 2，波特率与 SMOD 位的值有关。

$$波特率 B = \frac{2^{\text{SMOD}}}{64} \times f_{\text{osc}}$$

当 $f_{\text{osc}} = 12\ \text{MHz}$；SMOD=0 时，波特率 $B = 187.5\ \text{kb/s}$；SMOD=1 时，波特率 $B = 375\ \text{kb/s}$。

（3）串行口工作在方式 1 或方式 3 时，常用定时器 T1 作为波特率发生器，其波特率为：

$$波特率 B = \frac{2^{\text{SMOD}}}{32} \times T1\ 的溢出率$$

其中：T1 溢出率=定时器 T1 的溢出次数/秒。

实际设定波特率时，T1 常设置为方式 2 定时方式（自动装初值），这种方式不仅操作方便，也可避免因软件重装初值而带来的定时误差。

当 T1 工作于方式 2 定时方式时，计数脉冲来源于晶振的 1/12，即每秒（$f_{\text{osc}}/12$）次，若计数初值为 x，则每计数（$2^8 - x$）次将产生一次溢出，所以

$$T1\ 溢出率 = \frac{f_{\text{osc}}}{12} \div (2^8 - x) = \frac{f_{\text{osc}}}{12 \times (2^8 - x)}$$

将此式带入方式 1、3 波特率的计算公式，可得到计算初值的公式为

$$x = 256 - \frac{f_{\text{osc}}}{384 \times 2^{\text{SMOD}} \times B}$$

其中：x 为计数初值；B 为此条件下产生的波特率。

实际使用时，常需要根据已知波特率和晶振来计算 T1 的初值。为避免烦杂的初值计算，常用的波特率和初值间的关系见表 8.2，以供查用。

表 8.2　定时器 1 产生的常用波特率

波特率（b/s）	f_{osc}（MHz）	SMOD	定时器 1		
			C/T	模式	初值
方式 0：1M	12	×	×	×	×
方式 2：375 k	12	1	×	×	×
方式 1、3：62.5 k	12	1	0	2	FFH
19.2 k	11.0592	1	0	2	FDH
9.6 k	11.0592	0	0	2	FDH
4.8 k	11.0592	0	0	2	FAH
2.4 k	11.0592	0	0	2	F4H
1.2 k	11.0592	0	0	2	E8H
137.5 k	11.986	0	0	2	1DH
110	6	0	0	2	72H

例：若 51 单片机的时钟振荡频率为 11.0592 MHz，选用 T1 为方式 2 定时作为波特率发生器，波特率为 2400 b/s，求初值。

用上述公式计算出 T1 的初值为

$$x = 256 - \frac{11.0592 \times 10^6}{384 \times 2^0 \times 2400} = 244 = \text{F4H}$$

上述结果可直接从表 8.2 中查到，为 F4H，与计算结果一致。

晶振选为 11.0592 MHz，可使计算过程无余数产生，初值为整数，从而产生精确的波特率。

8.5　串行通信的接口电路

8.5.1　RS−232C 接口

RS−232C 是使用最早、应用最多的一种异步串行通信总线标准。它是美国电子工业协会（EIA）1962 年公布，1969 年最后修计而成的。其中，RS 表示 Recommended Standard，232 是该标准的标识号，C 表示最后一次修订。1987 年修订为 EIA−232D，1991 年修订为 EIA−232E，1997 年修订为 EIA−232F。由于修订得不多，所以人们习惯于早期的名字"RS−232C"。

RS−232C 主要用来定义计算机系统的一些数据终端设备（DTE）和数据电路终端设备（DCE）之间的电气性能。由于 MCS−51 系列单片机本身有一个全双工的串行接口，因此，该系列单片机用 RS−232C 串行接口总线非常方便。

下面介绍 RS−232C 的一些主要特性。

1. 机械特性

RS−232C 接口规定使用 25 针连接器，但一般应用中并不一定用到 RS−232C 标准的全部信号线，而常常使用 9 针连接器，如图 8.8 所示，连接器的引脚定义见表 8.3。图中所示为阳头定义，通常的 PC 机主板上都采用这种接头，对应的阴头用于连接线。每行的序号顺序是相反的，使用时要小心。

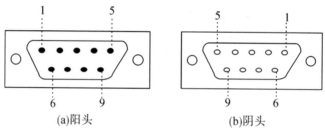

图 8.8　9 针 RS−232C 连接器

表 8.3　9 针 RS−232C 连接器引脚定义

序号	名称	功　　能	信号方向
1	PGND	保护接地	
2	RXD	接收数据（串行输入）	DTE←DCE
3	TXD	发送数据（串行输出）	DTE→DCE
4	DTR	DTE 就绪（数据终端准备就绪）	DTE→DCE
5	SGND	信号就绪	
6	DSR	DCE 就绪（数据建立就绪）	DTE←DCE
7	RTS	请求发送	DTE→DCE
8	CTS	允许发送	DTE←DCE
9	RI	振铃指示	DTE←DCE

2. 电气特性

RS−232C 规定了自己的电气标准，由于它是在 TTL 电路之前研制的，所以它的电平不是+5 V 和地，而是采用负逻辑电平，即逻辑"0"：+ 3 V～+ 15 V；逻辑"1"：−3 V～−15 V。因此，RS−232C 不能和 TTL 电平直接相连，使用时必须进行电平转换，否则将使 TTL 电路烧坏，实际应用时必须注意。

RS−232C 串行接口总线适用于设备之间的通信距离不大于 15 m，传输速率小于 20 kb/s 的情况。

3. RS−232C 电平与 TTL 电平转换器

MCS−51 系列单片机串行口与 PC 机的 RS−232C 接口不能直接对接，必须进行电平转换。常用的有 MAX232、MAX202 等芯片。它能满足 RS−232C 的电气规范，且仅用+5 V 电源，内置电子泵电压转换器将+5 V 转换成−10 V～+10 V。该芯片与 TTL/CMOS 电平兼容，片内有 2 个发送器，2 个接收器，使用比较方便。图 8.9 为 MAX232、MAX202 的引脚、典型工作电路图。图中电容 C_1～C_4 MAX202 用 0.1 μf，MAX232 用 1 μf。电容小了，电压升不起来，通信时干扰大，容易错码。电容过大，会降低通信速率。C_5 是旁路电容，常用 0.1 μf。

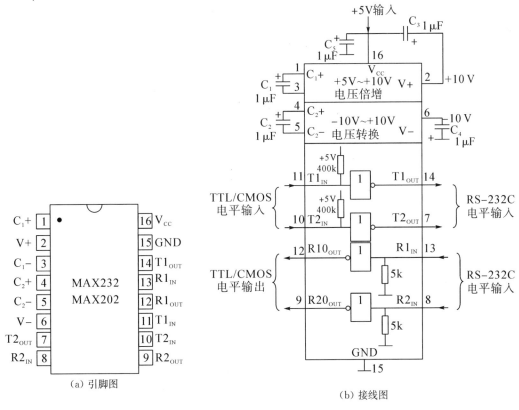

图 8.9 MAX232 接口芯片

8.5.2 RS−485 接口

由于串行通信简单易用，所以在工业领域大量作为数据交换的工具。可是工业环境通常会有噪声干扰传输线路，在用 RS−232 串行通信进行传输时，经常会受到外界的电气干扰而使信号发生错误。为了解决以上问题，RS－485 串行通信方式就应运而生了。

　　RS－232C 的逻辑电平是利用传输信号线与公共地之间的电压差表示的，RS－485 的逻辑电平是利用信号导线之间的电压差表示的（+2V～+6V 表示逻辑"1"，-2V～-6V 表示逻辑"0"）。RS－485 通讯接口要通过平衡驱动器，把 TTL 逻辑电平变换成信号导线之间的电位差，完成始端的信号传送；再通过差动接收器，把电位差转换成 TTL 逻辑电平，完成终端信号的接收。如图 8.10 所示。

图 8.10　RS－485 接口示意图

　　RS－485 的传输距离长、速度快，传输速率最大可达 10 Mb/s，最大距离可达 1200 m。

　　RS－485 是一点对多点的通信接口，一般采用双绞线的结构。普通的 PC 机一般不带 RS－485 接口，因此要使用 RS－232/RS－485 转换器。在计算机和单片机组成的 RS－485 通信系统中（如图 8.11 所示），下位机由单片机系统组成，主要完成工业现场信号的采集和控制。上位机为工业 PC 机，负责监视下位机的运行状态，并对其状态信息进行集中处理，以图文方式显示下位机的工作状态和工业现场被控设备的工作状态。系统中的各节点（包括上位机）的识别是通过设置不同的站地址来实现的。

图 8.11　RS－485 总线组成的测控系统　　　　图 8.12　MAX1487 引脚

　　对于单片机，可以通过 MAX1487 来完成 TTL/ RS－485 的电平转换。如图 8.12 所示和见表 8.4 是它的引脚和引脚说明。类似功能的芯片还有 SN75LB184 等。

表 8.4 MAX1487 引脚说明

管脚	名称	功 能
1	RO	接收器输出。如果 A>B 200 mV，则 RO 为高电平；如果 A<B 200mV，则 RO 为低电平
2	$\overline{RE}$	接收器输出使能。当 $\overline{RE}$ 为低电平时，RO 有效；当 $\overline{RE}$ 为高电平时，RO 为高阻状态
3	DE	驱动器输出使能。当 DE 为高电平时，驱动器输出有效；当 DE 为低电平时，驱动器输出为高阻态 当驱动器输出有效时，器件被用做线驱动器。而高阻状态下，若 $\overline{RE}$ 为低电平，则器件被用做线接收器
4	DI	驱动器输入
5	GND	地
6	A	接收器同相输入端和驱动器同相输出端
7	B	接收器反相输入端和驱动器反相输出端
8	V_{CC}	正电源输入，$V_{CC} \geqslant 4.75$ V

8.6 串口的 C51 编程与应用

8.6.1 用串行口扩展并行 I/O 口

在方式 0 下，串行口是作为同步移位寄存器使用的。它可以与"并入串出"功能（如 74LS165、74HC165、CD4014 等）或"串入并出"功能（如 74LS164、74HC164、CD4096 等）的移位寄存器配合使用。

如图 8.13 所示是 74LS165 和 74LS164 的引脚图。

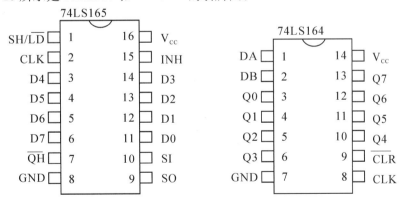

图 8.13 74LS165、74LS164 引脚图

1. 用并行输入 8 位移位寄存器 74LS165 扩展输入口

如图 8.14 所示是利用并行输入 8 位移位寄存器 74LS165 扩展输入口的电路图。从理论上讲，利用这种方法可以扩展更多的输入口，但扩展得越多，口的操作速度会越低。74LS165 的串行输出数据 SO 端（QH 为数据反向输出端，即 $\overline{SO}$）接到 RXD 作为单片机串行口的数据输入，而 74LS165 的移位时钟由单片机 TXD 端提供。P1.2 作为 74LS165 的接

收和移位控制端 SH/$\overline{\text{LD}}$，当 SH/$\overline{\text{LD}}$＝0 时，允许 74LS165 置入并行数据；当 SH/$\overline{\text{LD}}$＝1 时，允许 74LS165 串行移位输出数据。SI 为级联端，可以与下一个 74LS165 的 SO 连接，形成级联。INH 为 CLK 时钟禁止，INH＝0 允许 CLK，INH＝1 禁止 CLK。

图 8.14　利用 74LS165 串行扩展输入口电路原理图

下面是图 8.14 所示的从 8 位扩展口读入数据的程序。程序选用方式 0，并将 SCON 的 REN 置位就开始一个数据的接收过程。数据存放在变量 i 中。

程序代码如下：

```
#include <reg51.h>
#include <intrins.h>
sbit P1_2=P1^2;

void main(void)
{
    unsigned char i;
    SCON=0x10;                //定义为方式0,允许接收 REN=1
    while(1)
    {
      P1_2=0;                 //允许74LS165 从D0~D7 读入数据
      _nop_();_nop_();        //延时
      P1_2=1;                 //允许74LS165 从SO 移位输出数据
      while(RI==0) {;}        //等待读串口完成
      RI=0;                   //软件清零RI,以便接收下一次数据
      i=SBUF;                 //将接收到的数据送 i
    }
}
```

2. 用 8 位并行输出串行移位寄存器 74LS164 扩展输出口

如图 8.15 所示是 MCS51 串口配合 8 位并行输出串行移位寄存器 74LS164 扩展输出口的 LED 显示原理图。

图 8.15　74LS164 显示 8 位 LED 数码管电路原理图

图中串行口的数据通过 RXD 加到 74LS164 的输入端，单片机的 TXD 引脚作为移位时钟加到 74LS164 的 CLK 端。图中 8 位共阳极七段 LED 显示器。由于 74LS164 在低电平输出时，允许通过电流可达 20 mA，故不需要再加 LED 的驱动电路。

程序将数组 led 中的数据（0～7）送到 8 个 LED 中去显示。

程序代码如下：

```
♯include <reg51.h>

unsigned char DispData[8]={0,1,2,3,4,5,6,7};   //需要显示的数据
unsigned char code
DispCode[11]={0xC0,0xF9,0xA4,0xB0,0x99,0x92,0x82,0xF8,0x80,0x90,0xff};
                       //共阳极段码,存储在 ROM 中
void main(void)
{
    unsigned char j;
    SCON=0x00;        //串口方式 0

    for(j=0;j<8;j++)
    {
      SBUF=DispCode[DispData[j]]; //查显示数据的段码并送 SBUF
      while(TI==0) {;}            //等发送完成,发送过程中 TI=0,发送完成后 TI=1
      TI=0;                       //软件清零,以便下一个数据发送
    }
    while(1);
}
```

可以用任意两根引脚模仿方式 0，下面是用 P2.6、P2.7 模仿方式 0 的程序：

```
♯include "REG51.h"
♯define uchar unsigned char

sbit DIO =P2^6;
sbit CLK =P2^7;
uchar code DispCode[11]={0xC0,0xF9,0xA4,0xB0,0x99,0x92,0x82,0xF8,0x90,0x88,0xFF};
```

```
uchar DispData[8]={1,2,3,4,5,6,7,8};

void Disp_LED(uchar * DispData)
{
    uchar j,i,c;
    for(j=0;j<8;j++)
    {
      c=DispCode[DispData[j]];
      for(i=0;i<8;i++)
      {
        c>>=1;          //相当于 c=c>>1;
        CLK=0;
        DIO=CY;
        CLK=1;
      }
    }
}

void main()
{
    Disp_LED(DispData);
    while(1);
}
```

8.6.2　单片机与单片机通信

要实现两台单片机点对点的双机通信，电路连接如图 8.16 所示。

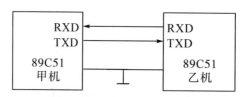

图 8.16　点对点通信连接图

为保证通信的准确，双方要遵循一个简单协议。例如，通信开始时，甲机（主机）可先向乙机（从机）发送 0xAA，乙机收到后应答 0xBB，表示同意接收。甲机收到应答 0xBB 后，发送数据块 d[]，并发送校验和（注意：0xAA、0xBB 不是唯一的发送、应答标志，还可以采用其他标志）。

乙机接收到数据并保存到 d[]，收齐一个数据块后，再接收甲机发来的校验和，并与乙机自己求得的校验和比较：若相等，说明接收正确，向甲机应答 0x00；若不等，说明接收不正确，向甲机应答 0xff，请求甲机重发。

主、从机的程序框图如图 8.17 所示。

图 8.17　两台单片机通信程序框图

以下为两机通信程序，可共用，但要根据甲机还是乙机选择 TR_flag 置 1 或 0。

```
#include <reg51.h>
#define uchar unsigned char
#define N 10                        //定义发送、接收数据的个数

uchar d[N];                         //发送、接收缓冲数组
uchar datasum;                      //校验和
bit bdata TR_flag;                  //发送接收标志位,TR_flag=1发送,TR_flag=0接收

void init(void);                    //声明函数
void send(void);
void receive(void);

void main(void)
{
    init();                         //初始化串口等参数
    if(TR_flag==0)
```

```
        send();
        else receive();
        while(1);
}


void init(void)                        //串口初始化函数
{
    TMOD=0x20;                         //T1 工作于方式 2
    PCON=0x00;
    TH1=0xe8;                          //波特率为 1200,晶振为 11.0596 MHz
    TL1=0xe8;
    TR_flag=1;                         //=1 为甲机,发送方;=0 为乙机,接收方
    SCON=0x50;                         //串口工作于方式 1,允许接收
    TR1=1;                             //定时开始
}


void send(void)                        //发送函数
{
  uchar i;
  do
  {
      SBUF=0xAA;                       //发送联络信号
      while(TI==0);TI=0;
      while(RI==0);RI=0;               //等待乙机应答信号
   } while(SBUF!=0xBB);                //如两者不等,说明对方未准备好,继续联络

    do
    {
      datasum=0;
      for(i=0;i<N;i++)                 //将数据依次发送
      {
          SBUF=d[i];
          datasum+=d[i];               //求校验和
          while(TI==0);TI=0;
      }
        SBUF=datasum;
        while(TI==0);TI=0;             //发送校验和
        while(RI==0);RI=0;             //等待应答
    }while(SBUF!=0);                   //应答出错,重新发送
}


void receive(void)                     //接收函数
{
  uchar i;
    do
    {
```

```
        while(RI==0); RI=0;
    } while(SBUF!=0xAA);              //接收的信号不是 0xAA,重新接收

    SBUF=0xBB;                        //将应答信号 0xBB 返回
    while(TI==0);TI=0;

    while(1)
    {
        datasum=0;
        for(i=0;i<N;i++)              //将接收的信号依次保存在 d[i],并求校验和
        {
            while(RI==0);RI=0;
            d[i]=SBUF;
            datasum+=d[i];
        }

        while(RI==0);RI=0;            //接收对方的校验和
        if(SBUF==datasum)             //校验和数据相等,回应 0x00
        {
            SBUF=0x00;
            while(TI==0);TI=0;
        }
        else                          //校验和数据不等,回应 0xFF
        {
            SBUF=0xFF;
            while(TI==0);TI=0;
        }
    }
}
```

8.7 多机通信

MCS-51 串行口的方式 2 和方式 3 可以用于多机通信的应用领域。这一功能通常采用主从式多机通信方式。在这种方式中,采用一台主机和多台从机。主机发送的信息可以传送到各个从机或指定的从机,各从机发送的信息只能被主机接收,从机与从机之间不能进行通信。如图 8.18 所示是这种主从方式多机通信的连接示意图。

图 8.18 主从方式多机通信

多机通信的实现是依靠主、从机之间正确地设置与判断 SM2 和发送或接收的第 9 位数据来（TB8 或 RB8）完成的。在方式 2 和方式 3，SM2 只对接收有影响，当 SM2=1 时，只接收第 9 位等于 1 的帧（称为地址帧）；当 SM2=0 时，将接收全部数据，不受第 9 位的影响。SM2 和 TB8（RB8）的作用总结如下：

在单片机串行口以方式 2 或方式 3 接收时，若 SM2=1，表示置多机通信功能位。这时有以下两种情况：

（1）接收到第 9 位数据 RB8=1，此时数据装入 SBUF，并置 RI=1，向 CPU 发中断请求。

（2）接收到第 9 位数据 RB8=0，此时不产生中断，信息将被丢失。

若 SM2=0，则接收到的第 9 位信息 RB8 无论是 1 还是 0，都产生 RI=1 的中断标志，接收的数据装入 SBUF。

根据这个功能特点，就可以实现多机通信。

8.7.1　多机通信协议

为保证通信正确，通信工程离不开通信协议，这里介绍一种简单常用的通信协议，其通信过程如下：

（1）将所有从机处于只接收地址帧的状态；此时所有从机的控制位 SM2 被设置为 1。

（2）主机发送指令数据，指令的内容有：地址、功能、数据、校验。其中发送地址时前 8 位表示从机地址，第 9 位 TB8=1，表示当前帧为地址帧。

（3）从机接收到地址信息后，将本机地址与地址帧中的地址进行比较，如果地址相同，则接收主机发送的其他指令数据，否则丢弃当前帧，依然处于只接收地址帧的状态。从机对接收到的主机指令数据进行分析，根据收到的地址、功能和最后的校验结果判断数据接收是否正确，若校验正确，则完成相应的功能；若错误，则不执行相应的功能。这一过程中其他从机不受影响。根据功能，同时向主机发送应答数据。然后，从机又回到准备接收地址帧的状态。

（4）主机接收从机"应答数据"，接收完成后，根据收到的地址、功能和最后的校验结果判断从机数据接收是否正确，若校验正确，则完成相应的功能；若错误，可重新对从机进行联系。

当主机需要与其他从机进行数据传输时，可以发送指令数据通过地址帧呼叫从机，重复这一过程。

一个常用的单片机点对多点数据传输的数据帧结构见表 8.5。

表 8.5　通信协议的数据帧结构

地址	功能字节	数据字节	和校验字节
1 字节	1 字节	N 字节	1 字节

功能字节和数据字节可以根据需要自己定义。

8.7.2　程序流程及代码

例：如图 8.19 所示，一个主机通过 RS-485 总线（采用 MAX487 芯片）把两个从机（1♯、2♯）P1 口的控制信息传送给主机，并用条形 LED 显示出来。主机上有一个按键，每按键一次可改换主机所连接的从机号。

图 8.19　多机 RS-485 通信电路原理图

本例的通信协议见表 8.5，其功能是这样定义的：功能 0x01 为获取从机 P1 口的状态，数据字节 N=1；校验采用累加和方式，只校验和的最低字节。

　　主机的程序流程如图 8.20 所示。

　　主要程序及说明（见注释语句）如下：

```
#include<reg52.h>

#define uchar unsigned char
sbit Enable_RT=P3^5;      // 定义 485 芯片的发送、接收使能端
#define RECEIVE   0；
#define TRANSMIT 1；
uchar key=1；

void key_serial () interrupt 0 using 1     //按键扫描子程序
{
  key++；
  if (key==3) key=1；
}
/*————————————————————————————
功能：主机处理子程序
处理过程：发送从机地址→ 接收从机应答数据
（数据含地址、功能、数据、校验）→ 根据接收的应答数据执行任务（本例是送数据到 P1 显示）
—————————————————————————————*/
void Master_Proc (void)
{
```

右侧流程图（图 8.20）：

串口初始化 → 发送地址 → 发送指令 → 接收从机数据 → 根据从机数据进行显示（循环回发送地址）

图 8.20　主机程序流程图

```
    uchar i＝0；           //循环变量
    uchar ecc＝0；         //校验和变量
    uchar buf [4]；        //接发数据缓冲数字
    if（key==1）
     {
        Enable_RT＝TRANSMIT；
        SBUF＝0x01；        //发送1#从机地址
        while（TI!＝1）；TI＝0；

        Enable_RT＝RECEIVE；     //485 允许接收
        for（i＝0；i＜4；i++）           //收到的数据帧格式：地址，功能，数据，校验
         {
            while（RI!＝1）；RI＝0；      //接收从机数据
            buf [i] ＝SBUF；
         }
        ecc＝buf [0] ＋buf [1] ＋buf [2]；   //校验方法：累加和
        if（buf [0] ==0x01 & buf [1] ==0x01 & ecc==buf [3]）
        P1＝buf [2]；                  //接收的数据送 P1 显示
     }

    if（key==2）
    {
        Enable_RT＝TRANSMIT；    //485 允许发送
        SBUF＝0x02；               //发送2#从机地址
        while（TI!＝1）；TI＝0；

        Enable_RT＝RECEIVE；
        for（i＝0；i＜4；i++）
        {
            while（RI!＝1）；RI＝0；
            buf [i] ＝SBUF；
        }
        ecc＝buf [0] ＋buf [1] ＋buf [2]；
        if（buf [0] ==0x02 & buf [1] ==0x01 & ecc==buf [3]）
        P1＝buf [2]；
    }
}

void main（void）           //主程序
{
  P1＝0xff；
  SM0＝1；     SM1＝1；     SM2＝0；     TB8＝1；     REN＝1；
  //或：SCON＝0xf8；//串口方式 3，SM2＝1，REN＝1，TB8＝1
  TMOD＝0x20；          //波特率为 9600
  TL1 ＝0xfd；
  TH1 ＝0xfd；
```

```
        PCON＝0x00；
        TR1＝1；

        EA＝1；                //设置外部中断 0
        EX0＝1；
        IT0＝1；
        while（1）
        {
            Master _ Proc（）；     //发送地址、接收数据
        }
    }
```

8.7.3　从机程序流程及代码

从机的程序流程如图 8.21 所示。

主要程序及说明（见注释语句）如下：

```
♯include＜reg52. h＞

sbit Enable _ RT＝P3^5；
♯define RECEIVE   0；
♯define TRANSMIT 1；

♯define uchar unsigned char
uchar  addr＝0x01；   //从机地址，这是 1♯从机
uchar buf［4］；

//串行口中断子程序
void serial（void）interrupt 4 using 1
{
    uchar i, tmp；
    uchar ecc＝0；
    ES＝0；
    while（RI!＝1）；
    RI＝0；
    tmp＝SBUF；

    if（tmp＝＝addr）        //如果地址正确
      {
        Enable _ RT＝TRANSMIT；//485 允许发送
        SM2＝0；                //设置可以接收数据帧状态
        buf［0］＝addr；       //数据帧格式：地址，功能，数据，校验
        buf［1］＝1；          //功能字节
        P1＝0xff；
        buf［2］＝P1；         //将采集的 P1 口数据发送到主机
        buf［3］＝addr＋buf［1］＋buf［2］；
        for（i＝0；i＜4；i++）
```

图 8.21　从机程序流程图

```
        {
          TB8=0;
          SBUF=buf [i];
          while (TI!=1); TI=0;
        }
      }

      SM2=1;                  //回到只接收地址帧状态
      ES=1;
      Enable _ RT=RECEIVE;//485 允许接收
    }


    void main (void)              //从机主程序
    {
      P1=0xFF;
      P1=0xFF;
      SCON=0xf0;                  //串口方式 3，SM2=1，REN=1，TB8=0
      TMOD=0x20;                  //波特率为 9600
      TL1=0xfd;
      TH1=0xfd;
      PCON=0x00;
      TR1=1;
      EA=1;
      ES=1;
      Enable _ RT=RECEIVE;      //485 允许接收
      while (1)
        {;}
    }
```

8.8　单片机与 PC 机的串口通信

　　PC 机的串口一般为 RS－232C，它采用负逻辑电平：其中－3 V～－15 V 为逻辑 1；
＋3 V～＋15 V 为逻辑 0；－3 V～＋3 V 为过渡区，不作定义。因此，MCS－51 系列单片机串行
口与 PC 机的 RS－232C 接口不能直接对接，必须进行电平转换。常用的有 MAX202 等芯片。

　　本节将举一个例子说明 PC 机与 51 单片机双机通信的软件设计的要点。如图 8.22 所示
是单片机与 PC 机串口通信的硬件连接原理图。

　　在 PC 机上通常采用 VB、VC 等可视化语言设计界面。本节选用 VB 作为 PC 机的软件
开发环境来介绍如何建立 PC 机与单片机的串行通信。

　　例：编写程序，建立 PC 机与 51 单片机的串行通信，通信过程如下：PC 机先向单片机发送
一组指令"AAH、03H、01H"，单片机正确接收数据后，每隔 2 秒向 PC 机连续发送 15 个数据。

　　（1）PC 机的界面和软件设计。

　　①启动 VB，建立"标准 EXE"工程，如图 8.23 所示。

图 8.22 单片机与 PC 机的串行接口图

图 8.23 启动 VB,建立"标准 EXE"工程

②准备添加串口部件。单击"工程"菜单,选择"部件",如图 8.24 所示。

图 8.24 准备添加串口部件

③在弹出的"部件"对话框的"控件"标签中找到"Microsoft Comm Control 6.0"，并选中，然后单击"确定"，如图 8.25 所示。

图 8.25　添加串口部件

④按如图 8.26 所示，在窗口中添加其余部件和文字。

图 8.26　在窗口中添加其余部件

⑤在相应的代码窗口，输入如下函数：

```
Dim InBte() As Byte
Dim OutByte(0) As Byte
Private Sub ComPortOpen()
    With MSComm1
        .CommPort = 3
```

```
        . Settings = "9600,n,8,1"
        . InBufferSize = 100
        . OutBufferSize = 1
        . InputMode = 1
        . InputLen = 100
        . SThreshold = 1
        . InBufferCount = 0'           //清除接收缓冲区
        . RThreshold = 15
    End With
End Sub
Private Sub Command1_Click()
    Dim j, n
    n = 0
    If MSComm1. PortOpen = False Then
        MSComm1. PortOpen = True
    End If
    If Text1. Text = " " Then
        MsgBox ("请输入需要发送的数据")
    Else
        For j = 1 To Len(Text1. Text)
            OutByte(0) = Val ("&H" & Mid(Text1. Text, j, 2))
            MSComm1. Output = OutByte
            j=j+1
            n=n+1
        Next j
        Text3. Text=Val(Text3. Text)+n
    End If
End Sub
Private Sub Command2_Click()
    Text1. Text = " "
End Sub

Private Sub Command3_Click()
    Text2. Text = ""
End Sub
Private Sub Form_Load()
    Call ComPortOpen
    MSComm1. PortOpen = True
    i=0
End Sub
Private Sub MSComm1_OnComm()
    Dim Buf，temp
    With MSComm1
        Select Case . CommEvent'       //判断通信事件
            Case comEvReceive：'        //收到 RThreshold 个字节产生的接收事件
```

```
        InByte = MSComm1. Input
        For j = 0 To UBound（InByte）
          If Len(Hex(InByte(j))) < 2 Then
            Buf = Buf & "0" & Hex(InByte(j)) & " "
          Else
            Buf = Buf & Hex(InByte(j)) & " "
          End If
        Next j
        Text2. Text = Text2. Text & Buf
        MSComm1. InBufferCount = 0
      End Select
    End With
  End Sub
```

⑥生成"工程 1. exe"文件。

（2）单片机软件设计。

根据功能要求，C51 的程序如下：

```c
#include <reg51. h>
#define uchar unsigned char
uchar Txdnum[15]={0,1,2,3,4,5,6,7,8,9,0xa0,0xa1,0xa2,0xa3,0xa4};
uchar timercount,Rxdcount,Numcount;
bit Txdflag;

void Serial_Txd(uchar * p)
{
  uchar i;
  for(i=0;i<15;i++)
   {
    SBUF= * p++;
    while(!TI);
    TI=0;
   }
}

void Serial_Int() interrupt 4
{
  uchar temp;
  ES=0;
  if(RI)
   {
      temp=SBUF;
      RI=0;
      if(temp==0xAA)
       {
         while(!RI)
         temp=SBUF;
```

```
                RI=0;
                if(temp==0x03)
                  {
                    while(!RI)
                    temp=SBUF;
                    RI=0;
                    if(temp==0x01)
                      {
                        TR0=1;
                      }
                  }
                else ES=1;
                }
            else ES=1;
        }
}


void T0_Interrupt() interrupt 1
{
    TL0=0x00;
    TH0=0xdc;
    if(--timercount==0)
      {
          timercount=200;
          Txdflag=1;
      }
}


void main(void)
{
    Txdflag=0;
    Rxdcount=0;
    Numcount=0;
    timercount=100;
    TMOD=0x21;
    TL0=0x00; TH0=0xdc;
    TL1=0xfd; TH1=0xfd;
    SCON=0x50;
    TR1=1; ET0=1;
    ES=1; EA=1;
    while(1)
      {
          if(Txdflag==1)
            {
              Txdflag=0;
```

```
        Serial_Txd(Txdnum);
        }
    }
}
```

单片机与 PC 机连接好后，同时运行程序，当 PC 机向单片机发送"AA0301"后，如果单片机接收正确，则每隔 2 秒向 PC 机传送 15 个数据，PC 机会把数据显示在文件框内，如图 8.27 所示。

图 8.27　程序运行后 PC 机的显示结果

思考题及习题

1. 计算机并行通信和串行通信各有什么特点？
2. 波特率的具体含义是什么？为什么串行通信的双方波特率必须相同？
3. 试叙述利用 SM2 控制位进行多级通信的过程。
4. 用 Proteus 设计仿真两个 89C51 单片机进行通信。其功能为：单片机 A 在 P1 口设置 8 个键；单片机 B 在 P1 口有 8 个 LED 显示，在 P3.7 上有一个按键；两个单片机通过串口连接。单片机 B 作为主机，单片机 A 作为从机。当 B 机的键按下后，通过串口向 A 发出一次请求，A 把 8 个键的状态通过串口传给 B，B 通过 P1 口显示 A 机键的状态。

第 9 章   存储器和并行口的扩展

单片机在一块芯片上集成了计算机的基本部分。一般设计单片机应用系统，可直接采用单片机构成的最小系统而不必扩展外围芯片。但在很多情况下，单片机内部 ROM、RAM 和 I/O 接口功能有限，不够使用，这就需要扩展。本章将对最常用的程序存储器、数据存储器和并行 I/O 口的扩展给予介绍。

存储器扩展中所涉及的原理，如总线、时序以及相关的外围芯片的使用是计算机硬件接口技术的基础。掌握这些知识，对于进一步提高计算机技术的应用能力是不可缺少的。

由于目前技术人员都选用 MCS−51 系列中内部带程序存储器的机型，所以初学者可以不必学习程序存储器的扩展部分，而把重点放在 RAM 和并行 I/O 口的扩展上。

9.1   系统扩展概述

9.1.1   单片机最小系统

所谓单片机最小系统，就是能使单片机运行的由最少器件构成的系统。

对于基本型 MCS−51 单片机如 89C51，因其有内部 ROM，只要将单片机接上晶振电路和复位电路即构成了最小系统，如图 9.1 所示（图中未画电源）。

图 9.1   89C51 最小系统

　　该最小系统有 4K 字节的程序存储器空间，所有 P0～P3 口都供用户使用，用户只要在这些口上加上键盘、显示和一些其他功能器件，就可以完成某些任务。

　　对于无内部 ROM 的 MCS−51 单片机如 8031，除了晶振电路和复位电路外，还需要扩展外部 ROM，如图 9.2 所示就是一个扩展了 16K 字节 ROM 的最小系统。该系统扩展ROM 时占用了 P0、P2 口，用户只能使用 P1 和 P3 口。

　　8031 组成的最小系统中，增加了 EPROM 芯片、74LS373 锁存器。它们是根据什么原理与 CPU 连接的呢？为什么要用 74LS373 锁存器呢？本章将讲述这些原理。

图 9.2　8031 最小系统

9.1.2　总线概念

　　复杂的计算机系统是由众多功能部件组成的，每个功能部件分别完成系统整体功能中的一部分，所以，各功能部件与 CPU 之间就存在着相互连接并实现信息流通的问题。如果所需连接线的数量非常多，会造成计算机组成结构的复杂化。为了减少连接线，简化组成结构，把具有共性的线归并成一组公共连线，称为总线。例如，专门用于传输数据用的公用线称为数据总线（Data Bus，DB）；专门用于传输地址的公用线称为地址总线（Address Bus，AB）；专门的选通、控制线等称为控制总线（Control Bus，CB）；它们被称为"三总线"。

　　MCS−51 系列单片机属总线型结构，片内通过内部总线把内部各个功能部件连成一个整体，当片外进行功能部、器件扩展时，则由 P0 和 P2 口组成外部 8 位数据总线和 16 位地址总线，P3 口及相关专用选通线组成控制总线，所以它是一个典型的三总线结构，如图 9.3 所示。

　　MCS−51 系列单片机所提供的数据、地址和控制总线，简化了对外部存储器、多功能部、器件接口的要求，使硬件连接极为简单、方便。为了能与 MCS−51 系列单片机的总线配套，Intel 公司和其他公司设计了许多标准的外围芯片，为应用系统的扩展提供了既方便又丰富的硬件资源。

图 9.3 MCS—51 单片机总线信号

9.2 数据存储器的扩展

数据存储器即随机存取存储器（Random Access Memory，RAM），用于存放需随时修改的数据信息。对 RAM 可以进行读、写操作。RAM 为易失性存储器，断电后所存信息立即消失。按其工作方式，RAM 又分为动态 RAM（Dynamic RAM，DRAM）和静态 RAM（Static RAM，SRAM）。

动态 RAM（DRAM）一般容量较大，但要定时刷新才能维持所存信息，使用略微复杂，单片机中使用较少。静态 RAM（SRAM）只要电源通电，所存信息就能可靠保存，不需要刷新，扩展电路简单，单片机中使用较多。

MCS—51 单片机基本型只有 128 字节的 RAM，增强型（如 89C52）有 256 字节的 RAM。单片机应用系统需要更多的 RAM 时，可以进行片外扩展，可扩展的最大容量一般为 64KB。

9.2.1 SRAM 芯片

Intel 公司的 SRAM 芯片有 6264、62128、62256 等。其型号的前两位数 62，表示 SRAM，"62" 后面的数字表示其存储容量，除以 8 为 K 字节容量。如 6264，有 $64 \div 8 = 8K$ 字节容量。如图 9.4 所示列出了几种 SRAM 芯片的引脚图。

引脚的功能为

A0～A15 是地址输入线。

D0～D7 是双向三态数据线。

$\overline{CE}$ 是片选信号输入线，低电平有效。

$\overline{OE}$：是读选通信号输入线，低电平有效。

$\overline{WE}$（或 $\overline{WR}$）是写允许信号输入线，低电平有效。

V_{CC} 是工作电源，+5 V。

GND 是地线。

SRAM 通常有读、写、维持三种工作方式，见表 9.1。

(a) 引脚分类　　　　　　　　　　(b) 引脚图

图 9.4　SRAM 引脚图

表 9.1　SRAM 的工作方式

方式	$\overline{CE}$	$\overline{OE}$	$\overline{WE}$	D0～D7
读	0	0	1	数据输出
写	0	1	0	数据输入
维持	1	任意	任意	高阻状态

SRAM 数据存储器在电源关断后，存储的数据将全部丢失，除非加掉电保护电路。

9.2.2　典型外部数据存储器的连接

如图 9.5 所示是 89C51 与 62128 的连接示意图。

图 9.5　89C51 与 62128 的连接示意图

显然，它们是按"三总线"的原则连接的：

（1）单片机的 P0 作为数据总线与数据存储器的 D0～D7 连接。

（2）单片机的 P2.0～P2.5 作为地址总线的高 6 位与数据存储器的 A8～A13 连接。

（3）单片机的 P0 通过地址锁存器 74LS373 作为地址总线的低 8 位与数据存储器的 A0～A7连接。

（4）单片机的 $\overline{RD}$、$\overline{WR}$ 作为控制总线与数据存储器的 $\overline{OE}$、$\overline{WE}$ 连接。

（5）单片机的 P2.7 作为片选信号与数据存储器的 $\overline{CE}$ 连接。

9.2.3　地址锁存器和外扩 RAM 的操作时序

从图 9.5 所示的连接图中可以看出，MCS−51 单片机地址总线为 P0、P2 口，但 P0 口同时也是数据总线。如果不做处理，低 8 位地址总线与数据总线就会发生冲突。解决办法是，采用地址锁存器，分时共用 P0 口，将地址与数据隔离。

地址锁存器常用的型号有 74LS373、74LS573、74LS273，或同型号的 HC 等芯片，引脚如图 9.6 所示。74LS573 内部结构与 74LS373 完全一样，只是其引脚的排列与 74LS373 不同，输入的 D 端和输出的 Q 端依次排在芯片的两侧，为绘制印刷电路板时的布线提供了方便，读者可优先选用。

图 9.6　地址锁存器引脚图

地址锁存器是一个带三态输出缓冲器的 8D 锁存器，其结构示意如图 9.7 所示。

图 9.7　地址锁存器结构示意图

D0～D7 为 8D 锁存器的数据输入端，Q0～Q7 为 8D 锁存器的数据输出端。

$\overline{OE}$ 为三态门的控制端。"三态门"的输出有高电平、低电平、高阻 3 种状态（悬浮、浮空也属于高阻状态）3 种状态。$\overline{OE}$ 为低电平时，三态门导通，输出 OUT 的数值与 Q0～Q7

一致；$\overline{OE}$ 为高电平时，输出线 OUT 呈高阻态。

G（或 LE）为锁存允许端，当 G 为"1"时，8D 锁存器输出状态（Q0~Q7）同输入状态（D0~D7），即 8D 锁存器的数据输出端 Q 跟随输入端 D 变化；当 G 由"1"变"0"即"负跳变"时，数据 Q 被锁存在已建立的数据电平，这时即使外部数据使 D 端发生变化，Q 也不随之变化了。

74LS273 的锁存允许端为第 11 脚，名称为"CLK"；其三态门控制端为第 1 脚，名称为"CLR"，它的逻辑与 74LS373 相反，使用时应加注意。

MCS−51 单片机读写外部数据存储器的操作时序如图 9.8 所示。

（a）片外数据存储器读时序

（b）片外数据存储器写时序

图 9.8　单片机读写外部数据存储器的操作时序

读外部数据存储器的时序：在第一个机器周期 S1，ALE 由低电平变高电平①，读周期开始。在 S2 状态，CPU 把低 8 位地址送上 P0，把高 8 位地址送上 P2。ALE 的下降沿②用来把低 8 位地址锁存在外加地址锁存器内③，而高 8 位地址此后一直锁存在 P2 口上，无需外加外锁存（由 P2 口的结构特性决定的，见第 5 章）。在 S3 状态时，P0 进入高阻状态④。在 S4 状态时，读控制信号 $\overline{RD}$ 变为有效⑤，它使得被寻址的数据存储器把有效的数据送上 P0，当 $\overline{RD}$ 回到高电平后⑦，被寻址的存储器把其本身的总线悬浮起来⑧，使 P0 进入高阻状态。

写外部数据存储器的时序与上述类同，但写的过程是 CPU 主动把数据送上总线，故在时序上，CPU 向 P0 送完被寻址存储器的低 8 位地址后，在 S3 状态就送数据上总线 P0③，其间，总线 P0 不再出现高阻悬浮状态。在 S4 状态，写控制信号 $\overline{WR}$ 有效，选通了被寻址的数据存储器。之后，P0 上的数据就写到被寻址的存储器内了。

9.2.4 确定扩展芯片地址的方法

单片机应用系统中，为了唯一地确定某一存储单元或 I/O 端口，需要进行两次选择。一是先找到该存储单元或 I/O 端口所在的芯片，称为"片选"；二是通过对芯片本身所具有的地址线进行译码，最后确定存储单元或 I/O 端口，称为"字选"。

唯一地确定某一存储单元或 I/O 端口并不意味着这些存储单元或 I/O 端口的地址是唯一的。如果在译码中，即"片选"和"字选"中，使用了全部地址线，那么地址与存储单元或 I/O 端口一一对应，只占用一个唯一的地址，称为全地址译码。如果仅使用了部分地址线，地址与存储单元或 I/O 端口就不是一一对应，而是一个存储单元或 I/O 端口可能占用了几个地址，称为部分地址译码。部分地址译码时选择同一个存储单元或 I/O 端口的地址可能有几个，但物理目标却是唯一的。就像同一地点有几个地名一样，地名不同但地点是唯一的。

片选保证每次只选中某一芯片或 I/O 端口，常用的片选法有线选法和地址译码法。

1. 线选法

直接利用系统地址总线最高几位空余线（如 P2.7、P2.6、P2.5 等）中的一根作为片选控制线，选择一个芯片的方法。线选法硬件开支少，方法简单，常用于应用系统扩展芯片较少的场合。

在设计地址译码电路时，采用地址译码关系图会带来很大的方便。所谓地址译码关系图，就是一种用简单的符号来表示全部地址译码关系的示意图表。例如，图 9.5 扩展的数据存储器地址译码关系如图 9.9 所示。

P2.7	P2.6	P2.5	P2.4	P2.3	P2.2	P2.1	P2.0	P0.7	P0.6	P0.5	P0.4	P0.3	P0.2	P0.1	P0.0
A15	A14	A13	A12	A11	A10	A9	A8	A7	A6	A5	A4	A3	A2	A1	A0
0	·	X	X	X	X	X	X	X	X	X	X	X	X	X	X

图 9.9 地址译码关系图

从地址译码关系图上可以看出以下几点：

（1）属完全地址译码还是部分地址译码。

（2）译码线有多少根。

（3）所占用的全部地址范围为多少。

此关系图中，地址线中有 1 个"·"（P2.6 未用），表示部分地址译码，本例中，每个单元占用了 2 个地址。若有 2 根地址线不用，则一个单元占用 4 个地址；若有 3 根地址线不用，则一个单元占用 8 个地址，依此类推。

该数据存储器片内译码线有 14 根（A0～A13），其所占用的地址范围如下：

当 A14 为 0 时，所占用地址为 0000 0000 0000 0000～0011 1111 1111 1111，即 0000H～3FFFH。当 A14 为 1 时，所占用地址为 0100 0000 0000 0000～0111 1111 1111 1111，4000H～7FFFH。它共占用了两组地址，这两组地址在使用中实际上是对 62128 中的同一个存储单元进行操作。实际应用时为可靠起见，可把 A14 接地或 V_{CC}，使它形成唯一的地址。

如图 9.10 所示是用线选法扩展 3 片 6264 电路原理图，其地址译码关系图如图 9.11 所示，它采用了 3 根地址译码线，属完全地址译码。

图 9.10　线选法扩展 3 片 6264 电路图

选中芯片	P2.7	P2.6	P2.5	P2.4	P2.3	P2.2	P2.1	P2.0	P0.7	P0.6	P0.5	P0.4	P0.3	P0.2	P0.1	P0.0	地址范围
	A15	A14	A13	A12	A11	A10	A9	A8	A7	A6	A5	A4	A3	A2	A1	A0	
IC1	1	1	0	X	X	X	X	X	X	X	X	X	X	X	X	X	C000H~DFFFH
IC2	1	0	1	X	X	X	X	X	X	X	X	X	X	X	X	X	A000H~BFFFH
IC3	0	1	1	X	X	X	X	X	X	X	X	X	X	X	X	X	6000H~7FFFH

图 9.11　地址译码关系图

2. 地址译码法

将单片机系统中的空余的地址线去控制外部地址译码器，以译码器的输出作为片选控制信号。此法常用于系统中扩展芯片较多而空余的地址线不够的场合。

常用的地址译码器有 74LS138（3－8 译码器）、74LS139（双 2－4 译码器）、74LS154（4－16 译码器）等，或同型号的 HC 等芯片。下面仅介绍 74LS138 和 74LS139。

（1）74LS138（3－8 译码器）。

74LS138 是一种 3－8 译码器，有 3 个数据输入端，经译码产生 8 种状态。其引脚及真值表如图 9.12 所示。

输入端						输出端
允许			选择			
G1	G2A	G2B	C	B	A	
0	x	x	x	x	x	全部为 1
x	1	x	x	x	x	全部为 1
x	x	1	x	x	x	全部为 1
1	0	0	0	0	0	Y0＝0，其余为 1
1	0	0	0	0	1	Y1＝0，其余为 1
1	0	0	0	1	0	Y2＝0，其余为 1
1	0	0	0	1	1	Y3＝0，其余为 1
1	0	0	1	0	0	Y4＝0，其余为 1
1	0	0	1	0	1	Y5＝0，其余为 1
1	0	0	1	1	0	Y6＝0，其余为 1
1	0	0	1	1	1	Y7＝0，其余为 1

图 9.12　74LS138 引脚及真值表

(2) 74LS139（双 2－4 译码器）。

74LS139 具有两个 2－4 译码器。这两个译码器完全独立，分别有各自的数据输入端、译码状态输出端以及数据输入允许端。其引脚及真值表如图 9.13 所示，真值表为其中任一路 2－4 译码器的输入输出状态。

输入端			输出端
允许	选择		
G	B	A	
0	0	0	Y0＝0
0	0	1	Y1＝0
0	1	0	Y2＝0
0	1	1	Y3＝0

图 9.13　74LS139 引脚及真值表

利用译码器后，只需要单片机少量的引脚就可以获得更多的片选信号。如图 9.14 所示是用译码选通法扩展的 4 片 62128 的电路图，它采用了 P2 口中剩余的 2 根地址线，属完全译码。

其地址译码关系图如图 9.15 所示。

图 9.14　译码法扩展 4 片 62128 电路图

选中芯片	P2.7	P2.6	P2.5	P2.4	P2.3	P2.2	P2.1	P2.0	P0.7	P0.6	P0.5	P0.4	P0.3	P0.2	P0.1	P0.0	地址范围
	A15	A14	A13	A12	A11	A10	A9	A8	A7	A6	A5	A4	A3	A2	A1	A0	
IC1	0	0	x	x	x	x	x	x	x	x	x	x	x	x	x	x	0000H－3FFFH
IC2	0	1	x	x	x	x	x	x	x	x	x	x	x	x	x	x	4000H－7FFFH
IC3	1	0	x	x	x	x	x	x	x	x	x	x	x	x	x	x	8000H－BFFFH
IC4	1	1	x	x	x	x	x	x	x	x	x	x	x	x	x	x	C000H－FFFFH

图 9.15　地址译码关系图

9.2.5　C51 访问扩展 RAM 的编程方法

C51 提供了一个绝对地址访问的头文件 ABSACC. H，用来定义对 51 系列单片机地址空间的访问。可使用：

```
CBYTE [0Xxxxx]    以字节形式寻址 CODE 区
DBYTE [0Xxx]      以字节形式寻址 DATE 区
PBYTE [0Xxxxx]    以字节形式寻址分页 XDATA 区（汇编采用 MOVX @R0 指令）
XBYTE [0Xxxxx]    以字节形式寻址 XDATA 区（汇编采用 MOVX @DPTR 指令）
```

对于扩展的外部数据存储器，如果访问单一的地址，用 C51 编程比较容易，下面的程序是访问外部 RAM 62128 1000H 单元的程序：

```
#include <reg51. h>
#include <absacc. h>              //绝对地址访问头文件
#define RAM62128 XBYTE [0x1000]   //定义 RAM62128 为外部 RAM 1000H 的地址
void main（void）
{
    char i=0x6c;
    RAM62128 = i;     //将 i=0x6c 写入 RAM62128 中 1000H 地址单元
    i = RAM62128;     //将 RAM62128 中 1000H 单元的内容读回 i
}
```

下面是一个要连续读写多个数据的例子。程序把存于 ROM 中的数组 d [] 的数据，传送到存于外部 RAM 地址起始于 0x0100 开始的数组 m [] 中去，读者可以从最后一条指令 i=XBYTE [0x0109] 中 i 取得的值是否是 "09H" 来检验程序和硬件的正确性。注意，定义变量指定地址要采用 "_ at _"。

```
#include <reg51. h>
#include <absacc. h>                    //绝对地址访问头文件

char  code d [10] = {0, 1, 2, 3, 4, 5, 6, 7, 8, 9};
xdata char m [10] _ at _ 0x0100;        //定义数组 m 在外部 RAM 100H 开始的地址单元

void main（void）
{
    unsigned char i;
    for（i=0；i<10；i++）
    {
        m [i] =d [i]; //依次将存于 ROM 的数组 d []，传送到外部 RAM 的数组 m []
    }
    i=XBYTE [0x0109];       //i 获取外部 RAM 地址单元 0x0109 的内容
}
```

9.3　程序存储器的扩展

9.3.1　ROM 芯片

程序存储器一般采用只读存储器 ROM（Read Only Memory）。这类存储器的特点是把信息写入后能长期保存，不会因电源断电而丢失。单片机中 ROM 用来存放程序和表格等数据。

根据写入和擦除方式的不同，ROM 可分为 MASK ROM、PROM、EPROM、EEPROM、Flash ROM 等。

MASK ROM 指的是"掩模 ROM"，用户的程序或数据由厂家做成光刻版，在芯片制造过程中由厂家写入。掩膜 ROM 只能写入一次，且不能再修改，因此只适合于批量生产。

PROM 指的是"可编程只读存储器"既 Programmable Red-Only Memory。这样的产品只允许写入一次，所以也被称为"一次可编程只读存储器"（One Time Progarmming ROM，OTP-ROM）。

EPRO 指的是"可擦写可编程只读存储器"，即 Erasable Programmable Read-Only Memory。它的特点是具有可擦除功能，擦除后即可用电信号进行再编程，但是缺点是擦除需要使用紫外线照射一定的时间。这一类芯片特别容易识别，其封装中有一个"石英玻璃窗"。

EEPROM 又称 E^2 PROM ，指的是"电可擦除可编程只读存储器"，即 Electrically Erasable Programmable Read-Only Memory。它的最大优点是可直接用电信号擦除，也可用电信号写入。

Flash ROM 又称闪烁存储器，简称闪存。是一种非易失性的内存，属于 EEPROM 的改进产品。它的最大特点是必须按块（Block）擦除（每个区块的大小不定，不同厂家的产品有不同的规格），而 EEPROM 则可以一次只擦除一个字节（Byte）。目前的擦除次数高达 10 万次。目前自带内部程序存储器的单片机，大多采用 Flash ROM。

若仅从学习程序存储器的扩展知识来讲，学习采用 EPROM 的电路比较典型。

典型的 EPROM 芯片是 Intel 公司 27 系列产品，例如，2764（8 KB×8）、27128（16 KB×8）、27256（32 KB×8）、27512（64 KB×8）。"27"后面的数字表示其位存储容量，引脚如图 9.16 所示。一些容量较小的 EPROM 如 2716、2732 目前已停止生产。EPROM 芯片上有一个玻璃窗口是用来照射紫外线擦除用的。EPROM 固化后，应使用黑色不干胶遮住这个窗口，防止阳光照射。

图 9.16　常见 EPROM 引脚图

A0~A15：地址线引脚。数目由存储容量来定。

D7~D0：数据线。

$\overline{\text{CE}}$：片选输入端。

$\overline{\text{OE}}$：输出允许控制端（允许"读"信号端）。

$\overline{\text{PGM}}$：编程时，加编程脉冲的输入端。

V_{PP}：编程时，编程电压（+12.5 V）输入端。

V_{CC}：+5 V，芯片的工作电压。

GND：数字地。

需要注意的是，EPROM 程序的固化（也称"烧录"）与校验，需要用专门的编程器进行。程序的擦除也需用专门的紫外线擦除器。这是 EPROM 的不方便之处。已固化好的 EPROM 在使用时，只有"读"工作方式，没有"写"工作方式。

9.3.2 程序存储器的扩展

图 9.17 所示是 89C51 与一片 27128 的连接示意图。

图 9.17　89C51 与 27128 的连接示意图

很明显，此电路也是按"三总线"的原则连接的：

（1）单片机的 P0 作为数据总线与 EPROM 的 D0~D7 连接。

（2）单片机的 P2.0~P2.5 作为地址总线的高 6 位与 EPROM 的 A8~A13 连接。

（3）单片机的 P0 通过地址锁存器 74LS573 作为地址总线的低 8 位与 EPROM 的 A0~A7 连接。

（4）单片机的 $\overline{\text{PSEN}}$ 作为"读"控制与 EPROM 的 $\overline{\text{OE}}$ 连接。

此例中单片机只扩展了一片 EPROM，所以 $\overline{\text{CE}}$ 可始终接地。

对于自带内部 ROM 的单片机系统，在正常运行时，应把 $\overline{\text{EA}}$ 引脚接高电平（$\overline{\text{EA}}=1$），程序首先从内部 ROM 开始执行。当 PC 值超过内部 ROM 的容量时，会自动转向外部程序存储器地址空间执行。例如，89C51 自带 4KB 的内部 ROM，地址范围为 0000H~0FFFH，则片外地址范围为 1000H~FFFFH（本例中外部程序存储器的容量为 16 KB，所以片外地址为 1000H~4FFF）。当 PC 值超过 0FFFH 时，会自动转向外部 1000H 的地址空间。对这类单片机，若把 $\overline{\text{EA}}$ 接低电平（$\overline{\text{EA}}=0$），片外程序存储器的地址范围为 0000H~FFFFH 的全部 64 KB 地址空间，而不管片内是否实际存在程序存储器。

本例中，如需读 27128 中 1000H 中的数据，可用以下汇编程序实现：

```
MOV DPTR，♯1000H
CLR A
MOVC A，@A+DPTR
```

也可以用以下 C51 来实现：

```
a=CBYTE［0x1000］；
```

图 9.17 中的 P2 口已用做扩展程序存储器的高 8 位地址总线，虽然只用了 6 根（P2.0～P2.5），但 P2 脚其余未用引脚（P2.6、P2.7）已不宜作通用 I/O 口线，否则会给软件设计和使用上带来相当多的麻烦，这一点在系统接口设计时务必注意。

目前，MCS−51 单片机大都有内部自带程序存储器的机型，其容量从 1 KB 到 64 KB。8031 这类无内部 ROM 的机型已停产。如果不是由于应用系统的特殊需要，一般并不主张扩展程序存储器 ROM。因此，有关扩展程序存储器的时序分析等内容，本书不再讲解，读者可以参考有关资料。

9.4　EPROM 和 RAM 的综合扩展

如图 9.18 所示为 MCS−51 单片机采用线选法扩展了一片 16 KB 的 RAM 和一片 16 KB 的 EPROM 接口电路。

图中的 27128 片选端 $\overline{\text{CE}}$ 始终接地。在访问 27128 时，62128 的地址、数据总线也满足了访问的要求，但 27128 的"读"控制线是由 $\overline{\text{PSEN}}$ 提供的，而 62128 的"读、写"控制信号是由 $\overline{\text{RD}}$、$\overline{\text{WR}}$ 提供的，因此两个芯片的数据不会发生冲突。

图 9.18　线选法扩展 EPROM 和 RAM 电路图

其地址译码关系图如图 9.19 所示，此图中 P2.7 可以取 1 或 0，所以 62128 是不完全译码，每一个存储器单元都有两个地址，编写程序时，对两个地址所进行的操作效果是相同的。

选中芯片	P2.7	P2.6	P2.5～P2.0	地址范围
	A15	A14	A13～A0	
62128	0	0	x…x	0000H～3FFFH
	1	0	x…x	8000H～BFFFH

图 9.19　地址译码关系图

9.5　单片机并行接口的扩展

9.5.1　总线驱动器

MCS-51 系列单片机的外部扩展空间是很大的，但总线口（P0、P2）和控制信号线的负载能力是有限的。P0 口可以驱动 8 个 TTL 负载，P1、P2、P3 口能驱动 4 个 TTL 负载。当需要扩展的芯片多，超过了单片机口的负载能力时，就需要加总线驱动器。

P0 口需加双向数据总线驱动器 74LS245（或 HC 等同型号的芯片），其引脚、逻辑图如图 9.20 所示。可以看出，74LS245 实际上就是两组 8 位三态门电路，无锁存功能，每个引脚输出电流为 15 mA，灌入电流为 24 mA。$\overline{G}$ 是使能端，低电平有效。DIR 为方向控制端，$\overline{G}$ 有效时，DIR=1，A→B；DIR=0，A←B。与 P0 口的连接图如图 9.21 所示。

（a）74LS245 引脚

（b）74LS245 逻辑图

图 9.20　74LS245 双向数据驱动器

图 9.21　74LS245 与 P0 口的接口

P2 口可用单向数据总线驱动器 74LS244（或 HC 等同型号的芯片），其引脚、逻辑图如图 9.22 所示。可以看出，74LS244 实际上就是两组 4 位三态门电路，无锁存功能，每个引脚输出电流为 15 mA，灌入电流为 24 mA。当 $1\overline{G}$ 和 $2\overline{G}$ 均为低电平时，两组三态门开通，输入 A 端数据直通到输出 Y 端；若 $1\overline{G}$ 和 $2\overline{G}$ 均为高电平时，三态门不开通，输出端 Y 端呈高阻状态。与 P2 口的连接图如图 9.23 所示。

74LS245、74LS244 也可以作为并行输入/输出口的简单扩展使用。

(a) 74LS244 引脚　　　　　　　(b) 74LS244 逻辑图

图 9.22　74LS244 单向数据驱动器

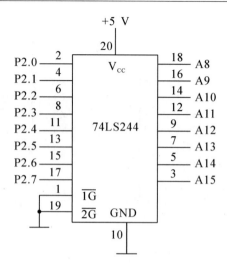

图 9.23　74LS244 与 P2 口的接口

9.5.2　用 74LSTTL 电路扩展并行 I/O 口

用 TTL 电路作并行 I/O 口的特点是电路口线少，利用率高。选用 TTL 作并行 I/O 时，要灵活运用"输入三态，输出锁存"的原则，选择与总线相连接的 TTL 芯片。如图 9.24 所示是一片 74LS573(1) 作并行输出，另一片 74LS573(2) 作并行输入的接口电路。

图 9.24　采用 74LS573 电路的 I/O 接口

考虑到输入操作时只有 $\overline{\text{RD}}$ 信号有效，输出操作时只有 $\overline{\text{WR}}$ 信号有效，故此电路的输入输出口共用一个地址 7FFFH。

将一个字节写入 74LS573（1）的指令为：

    MOV　DPTR，#7FFFH
    MOV　A，#data
    MOVX　@DPTR，A

参照第 9.2.3 节的时序，分析以上程序可知，"MOVX @DPTR，A"指令的执行过程可以理解成以下两步：

（1）准备地址，此时 P2 口的状态为 7FH，即 P2.7 引脚为 0，其他引脚为 1；P0 口的状态为 FFH。

（2）送数据，此时 P0 线上将出现 A 中的内容，P0 口第 1 步中的状态 FFH 被 A 中的内容取代，并且$\overline{RD}=1$，$\overline{WR}=0$。

这时，图 9.24 中引脚的状态为：P0＝A，P2.7＝0，$\overline{RD}=1$，$\overline{WR}=0$。这样，或非门的输出为 1，则 74LS573（1）的 G＝1，由于$\overline{OE}=0$，则 Q＝D，即 Q0～Q7 将全部呈现 P0 的状态，即呈现了 A 中的结果，达到了输出数据的目的。

接收 74LS573（2）上输入的 8 位数据读到累加器 A 中的指令为

```
MOV   DPTR，♯7FFFH
MOVX  A，@DPTR
```

参照第 9.2.3 节的时序可知，"MOVX A，@DPTR"指令的执行过程也可理解为以下两步：

（1）准备地址，此时 P2 口的状态为 7FH，即 P2.7 引脚为 0，其他引脚为 1；P0 口的状态为 FFH；但$\overline{RD}=0$，$\overline{WR}=1$。

（2）读数据，这时图 9.20 引脚的状态为：P2.7＝0；$\overline{RD}=0$；$\overline{WR}=1$；这样，或门的输出为 0。则 74LS573(2) 的$\overline{OE}=0$，由于 G＝1，则 Q＝D，P0 线上将出现 74LS573(2) 输入端 D 的状态，达到了获取输入数据的目的。

图 9.24 中将 74LS573（2）输入的数据从 74LS573（1）输出的 C51 程序为

```
♯include ＜reg51.h＞
♯include ＜absacc.h＞              //绝对地址访问头文件

♯define IN573 XBYTE［0x7FFF］     //定义作为输入的 74LS573 地址
♯define OUT573 XBYTE［0x7FFF］    //定义作为输出的 74LS573 地址
void main（void)
｛
   OUT573＝IN573；
｝
```

74LS245 扩展输入接口的电路也很简单，如图 9.25 所示。如果单片机要从 74LS245 输入数据，可以执行如下指令：

```
MOV   DPTR，♯7FFFH
MOVX  A，@DPTR
```

图 9.25 采用 74LS245 的输入接口

利用好 TTL 中 74LS573、74LS245、74LS244 以及 74LS138、74LS139 和一些逻辑电路，可以设计出需要大量 I/O 并口的应用电路。

思考题及习题

1. 问答题

（1）什么是 ROM 和 RAM？

（2）为什么当 P2 口作为扩展存储器高 8 位地址后，就不再适宜作通用 I/O 口？

（3）在 8031 扩展系统中，外部程序存储器和数据存储器共用 16 位地址线和 8 位数据线，为什么两个存储器的地址不会发生冲突？

（4）若 51 单片机只外接了程序存储器，实际上还有多少根 I/O 口线可供用户使用？如只外接了数据存储器，实际上还有多少根 I/O 口线可供用户使用？并说明原因。

2. 设计题

（1）试将 8031 单片机外接一片 27128、两片 62128 扩展成一个应用系统：画出扩展系统的电路连接图，并指出 RAM 的地址分布。

（2）用 Proteus 按图 9.25 所示的原理编写程序，把获得的键的状态在 LED 上显示出来。

图 9.25

第 10 章　单片机测控接口

如图 10.1 所示为单片机用于测控系统时的框图。在这个系统中，单片机需要解决把模拟信号转换为数字信号（A/D 转换）、把数字信号转换为模拟信号（D/A）以及与开关量的输入、输出（I/O）接口等问题。

图 10.1　单片机用于测控系统框图

AD、DA、I/O 在基于 PC 机、工控机的应用中一般是用商品化的数据采集卡、控制卡来实现的。而在单片机应用系统设计中，一般由设计者完成。

本书也和目前大多数国内教材一样，采用 ADC0809 和 DAC0832 作为经典例程学习 AD、DA。读者可以从中学到基本的接口知识。但由于目前 MCS–51 系列单片机许多增强机型都自带 AD、DA，在做产品设计时，设计者可以尽量选用。第 12 章中所介绍的串行扩展总线的 AD、DA 也可优先选用。

开关量的输入输出、功率接口，在机电一体化的设备中应用较多，本章也进行了介绍。

10.1　AD 转换器及与单片机的接口

将模拟量转换成数字量的器件称为 AD 转换器，简称 AD 或 ADC（Analog-to-Digital Converter）。这里，模拟量主要指电压量。

10.1.1　AD 转换器的分类

随着超大规模集成电路技术的飞速发展，大量结构不同、性能各异的 AD 转换芯片应运而生。这些芯片中，其主要转换原理有如下几种类型。

（1）逐次比较型。

AD 由一个比较器和 DA 转换器通过逐次比较逻辑构成，从最高有效位（Most Significant Bit，MSB）开始，顺序地将每一位输入电压与内置 DA 转换器的输出值进行比较，经 n 次比较而输出数字值。其电路规模属于中等。优点是速度较高、功耗低，在低分辨率（<12 位）时价格便宜，但高精度（>12 位）时价格较高。

（2）双积分型。

积分型 AD 工作原理是将输入电压转换成时间（脉冲宽度信号）或频率（脉冲频率），然后由定时器/计数器获得数字值。其优点是用简单电路就能获得高分辨率，但由于转换精度依赖于积分时间，因此转换速率极低。由于其精度高、抗干扰性好、价格低廉，仍得到广泛应用，如目前被广泛使用的 TLC7135 等。

（3）$\sum-\triangle$ 型。

由积分器、比较器、1 位 DA 转换器和数字滤波器等组成。原理上近似于积分型，将输入电压转换成时间（脉冲宽度）信号，用数字滤波器处理后得到数字值。具有积分式与逐次比较式 AD 的双重优点。对工业现场的干扰具有的较强的抑制能力不亚于双积分 AD，但它比双积分 AD 的转换速度快，与逐次比较式 AD 相比，有较高的信噪比，分辨率高，线性度好。因此，$\sum-\triangle$ 型目前得到广泛应用。

（4）并行比较型/串并行比较型。

并行比较型 AD 采用多个比较器，仅作一次比较而实行转换，又称 Flash（快速）型。转换速率极高，但 n 位的转换需要 2^n-1 个比较器，因此电路规模也极大，价格高，只适用于视频 AD 转换器等速度特别高的领域。

串并行比较型 AD 结构上介于并行型和逐次比较型之间，最典型的是由 2 个 $n/2$ 位的并行型 AD 转换器配合 DA 转换器组成，用两次比较实行转换，所以称为 Half Flash（半快速）型。还有分成三步或多步实现 A/D 转换的叫做分级（Multistep/Subrangling）型 AD，而从转换时序角度又可称为流水线（Pipelined）型 AD，现代的分级型 AD 中还加入了对多次转换结果作数字运算而修正特性等功能。这类 AD 速度比逐次比较型高，电路规模比并行型小，如 TLC5510 等。

（5）压频变换型（VFC）。

压频变换型（Voltage Frequency Converter，VFC）是通过间接转换方式实现模数转换的。它的变换结果不是数字而是频率。其原理是首先将输入的模拟信号转换成频率，然后用计数器将频率转换成数字量。从理论上讲这种另类 AD 的分辨率几乎可以无限增加，只要采样的时间能够满足输出频率分辨率要求的累积脉冲个数的宽度就行。优点是分辨率高、功耗低、价格低，但是需要外部计数电路共同完成 AD 转换。最常用的型号有 AD650 等。

AD 转换器除了根据原理分类外，还可以根据其他一些指标分类，如图 10.2 所示。

图 10.2　AD 转换器的分类

10.1.2　AD 转换器的主要技术参数

AD 转换器的技术参数很多，这里不作详细解释，只介绍一些主要参数。

（1）转换时间、转换速率（Conversion time or Conversion Rate）。

转换时间是指 AD 完成一次转换所需要的时间，转换时间的倒数为转换速率，即每秒转换的次数。常用单位是 kSPS 和 MSPS，表示每秒采样千/百万次（kilo/Million Samples per Second）。

积分型 AD 的转换时间是毫秒级，属低速 AD，逐次比较型 AD 是微秒级，属中速 AD；全并行/串并行型 AD 可达到纳秒级，为高速 AD。为了保证转换的正确完成，采样速率（Sample Rate）必须小于或等于转换速率。要注意转换速率与采样速率是不同的两个概念。

（2）分辨率（Resolution）。

习惯上，常用 AD 输出的二进制位数或 BCD 码位数表示分辨率。例如，AD574 转换器输出二进制 12 位，即用 2^{12} 个位数进行量化，其分辨率为 1LSB（Least Significant Bit，最小有效位），用百分数表示 $\frac{1}{2^{12}}=0.024\%$。又如，双积分式输出 BCD 码的 AD 转换器 MC14433，其分辨率为三位半（这里的"半"指最高位千位只能是 0 或 1，"三位"指十进制的百、十、个位）。所以它的满字位为 1999，用百分数表示其分辨率为

$$\frac{1}{1999}\times100\%=0.05\%$$

（3）量化误差（Quantizing Error）。

量化误差定义为有限分辨率 AD 的阶梯状转移特性曲线与无限分辨率 AD（理想 AD）的转移特性曲线（直线）之间的最大偏差。通常是一个或半个最小数字量的模拟变化量，表示为 1LSB、$\frac{1}{2}$LSB。提高分辨率可减少量化误差。

（4）偏移误差（Offset Error）。

偏移误差输入信号为零时输出信号不为零的值，可外接电位器调至最小。

（5）满刻度误差（Full Scale Error）。

满刻度误差满度输出时对应的输入信号与理想输入信号值之差。

（6）线性度（Linearity）。

线性度指转换器实际输入值与转换后的输出值所形成的曲线与理想直线的最大偏移。

（7）转换精度（Accuracy）。

一个实际 ADC 与一个理想 ADC 在量化值上的差值称为转换精度，它是一个综合指标。可用绝对精度（Absolute Accuracy）或相对精度（Relative Accuracy）表示。理想情况下，精度与分辨率基本一致，位数越多，精度越高。但由于温度漂移等各种因素也存在着误差。因此，严格讲，精度与分辨率并不完全一致。

这些指标中最常用的是转换速率和分辨率。

10.1.3　AD 转换器的选择

AD 转换器按输出代码的有效位数分为 8 位、10 位、12 位、16 位、24 位、32 位等。

按转换速度，分为超高速（≤1 ns）、高速（≤1 μs）中速（≤1 ms）、低速（≤1 s）等。

为适应系统集成需要，很多 A/D 都将多路转换开关、时钟电路、基准电压源、二/十进制译码器和转换电路集成在一个芯片内，为用户提供了方便。

在选择 AD 时要注意以下几个问题：

（1）AD 转换器位数的确定。

系统总精度涉及的环节较多，即包括传感器变换精度、信号预处理电路精度和 AD 转换器及输出电路、控制机构精度，还包括软件控制算法。

AD 转换器的位数至少要比系统总精度要求的最低分辨率高一位，位数应与其他环节所能达到的精度相适应。只要不低于它们就行，太高无意义，而且提高了成本。

一般 8 位及以下为低分辨率；9~12 位为中分辨率；13 位以上为高分辨率。

（2）AD 转换器转换速率的确定。

AD 转换器从启动转换到转换结束并输出稳定的数字量，需要一定的时间，这就是 AD 转换器的转换时间。

低速：转换时间从几毫秒至几十毫秒。

中速：转换时间在几微秒至 100 微秒。

高速：转换时间仅 20 ns~100 ns。适用于雷达、数字通信、实时光谱分析、实时瞬态记录、视频数字转换系统等。

如用转换时间为 100 μs 的集成 AD 转换器，其转换速率为 10 千次/秒，即采样频率为 10 kHz。一般会根据采样定理决定采样频率，但在实际应用时为提高可靠性会提高采样频率，如常对一个周期的波形采 5~10 个点，最高也只能处理 1 kHz~2 kHz 频率的信号。把转换时间减小到 10 μs，被转换信号的频率可扩展到 10 kHz~20 kHz。

（3）是否加采样保持器。

直流和变化非常缓慢的信号可不用采样保持器，其他情况都要加采样保持器。

根据分辨率、转换时间、信号带宽关系，实际应用中如下数据可以作为是否要加采样保持器的参考：如果 AD 转换器的转换时间是 100 ms，ADC 是 8 位，没有采样保持器，信号的允许频率是 0.12 Hz；如果 ADC 是 12 位，信号的允许频率为 0.0077 Hz；如果转换时间是 100 μs，ADC 是 8 位，信号的允许频率是 12 Hz，12 位时是 0.77 Hz。

（4）工作电压和基准（或称参考）电压。

通常选择使用单一+5 V 工作电压的芯片，因为与单片机系统共用一个电源比较方便。

基准电压源是提供给 AD 转换器在转换时所需要的参考电压，在要求高精度时，基准电压要单独用高精度稳压电源。

10.2　ADC0809 模数转换器

10.2.1　ADC0809/ADC0808 的结构

ADC0809、ADC0808 是 8 位逐次逼近式、单片 CMOS 集成的 AD 转换器，如图 10.3 所示。其主要性能有以下几点。

图 10.3　ADC0809 实物相片

（1）分辨率为 8 位。

（2）精度：ADC0809 小于 ±1 LSB（ADC0808 小于 ±$\frac{1}{2}$ LSB，其余性能与 ADC0809 一样）。

（3）单 +5 V 供电，模拟输入电压范围为 0～+5 V。

（4）具有锁存控制的 8 路输入模拟开关。

（5）可锁存三态输出，输出与 TTL 电平兼容。

（6）功耗为 15 mW。

（7）不必进行零点和满刻度调整。

（8）转换速度取决于芯片外接的时钟频率，时钟频率范围为 10 kHz～1280 kHz。典型值为 640 kHz，转换时间约为 100 μs。

ADC0809 的引脚及内部结构如图 10.4 所示。

（a）引脚　　　　　　　　　　　　　　　　（b）内部结构

图 10.4　ADC0809 的引脚及内部结构

对 ADC0809 主要信号引脚的功能说明如下。

IN0～IN7：模拟量输入通道。ADC0809 对输入模拟量的要求主要有：信号单极性，电压范围 0～5 V，若信号过小，还需进行放大。ADC0809 要求模拟量输入的值不能变化太快。因此，如果模拟量变化速度快，应增加采样保持电路。

A、B、C：地址线。用于对模拟通道进行选择。

ALE：地址锁存允许信号。对应 ALE 上跳沿，A、B、C 的地址状态被送入地址锁存器中。

START：转换启动信号。START 下跳沿时，所有内部寄存器清 0；START 上跳沿时，开始进行 AD 转换；在 AD 转换期间，START 应保持低电平。

D0～D7：数据输出线。其为三态缓冲输出形式，可以和单片机的数据线直接相连。

OE：输出允许信号。用于控制三态输出锁存器向单片机输出转换得到的数据。OE＝0，输出数据线呈高电阻；OE＝1，输出转换得到的数据。

CLK：时钟信号。ADC0809 的内部没有时钟电路，所需时钟信号由外界提供，此为时钟信号引脚。典型值为 640 kHz 的方波脉冲信号。

EOC：转换结束状态信号。EOC＝0，正在进行转换；EOC＝1，转换结束。该状态信号既可作为查询的状态标志，又可以作为中断请求信号使用。

V_{CC}：+5 V 电源。

Ref：参考电压。参考电压用来与输入的模拟信号进行比较，作为逐次逼近的基准。其典型值为+5 V，即 Ref(+)＝+5 V，Ref(−)＝0。

10.2.2 ADC0809 与单片机的接口

ADC0809 与 MCS−51 单片机的一种连接方式如图 10.5 所示。

图 10.5 ADC0809 与单片机的接口电路

当 89C51 采用 6 MHz 晶振时，ALE 为 1 MHz 的方波，经 74LS74 D 触发器二分频，获得 500 kHz 的脉冲作为 ADC0809 的时钟（CLK）脉冲。利用两个或非门形成启动、读取 ADC0809 数值的逻辑条件。转换接收后，EOC 会通过非门向单片机发出中断请求。

AD 转换中，输入模拟量 V_{in} 与 n 位输出数字量 D。的关系式为

$$D_o = \frac{(V_{in} - V_{ref(-)}) \times (2^n - 1)}{V_{ref(+)} - V_{ref(-)}}\Big|_{INTEGER}$$

式中，V_{in} 是输入模拟量；D_o 是转换后输出数字量；$V_{ref(+)}$、$V_{ref(-)}$ 是 AD 转换器的正、负参考电压；INTEGER 意为取整。

当 $V_{in} = 5$ V 时，转换值 $D_o = \dfrac{(5-0) \times (2^8 - 1)}{5 - 0}\Big|_{INGEGER} = 255 = FFH$；

当 $V_{in} = 0$ 时，转换值 $D_o = \dfrac{(0-0) \times (2^8 - 1)}{5 - 0}\Big|_{INGEGER} = 0 = 00H$；

当 $V_{in} = 2.5$ V 时，转换值 $D_o = \dfrac{(2.5-0) \times (2^8 - 1)}{5 - 0}\Big|_{INGEGER} = 127.5_{INTEGER} = 7FH$。

10.2.3　ADC0809 的编程

ADC0809 的含驱动程序的头文件如下：

按图 10.5 所示的接法分析，ADC0809 的通道 0～通道 7 的地址为 00ffH～07ffH。

```
/*————————————————————————————————
文件名：ADC0809.h
功能：ADC0809 的头文件和驱动函数
————————————————————————————————*/

#ifndef    _ADC0809_H_
#define    _ADC0809_H_

#include <reg51.h>
#include <absacc.h>

#define uchar unsigned char
#define uint unsigned int


/*————————————————————————————————
AD0809 模拟通道的地址
————————————————————————————————*/
uint AD0809_ch[8] = {0x00ff, 0x01ff, 0x02ff, 0x03ff, 0x04ff, 0x05ff, 0x07ff, 0x07ff};
/*————————————————————————————————
功能：启动 ADC0809
参数：ADC0809 模拟通道的地址，可用 ADC0809_ch[] 查找
————————————————————————————————*/
void AD0809_Start(uint ch)
{
    XBYTE[ch] = 0;
}
/*————————————————————————————————
功能：读 ADC0809 的转换值
参数：ch-ADC0809 模拟通道的地址，可用 AD0809_ch[] 查找
返回值：ADC0809 的转换结果（0x00～0xff）
————————————————————————————————*/
uchar AD0809_Read(uint ch)
{
```

```
    uchar addate；
    addate＝XBYTE［ch］；
    return（addate）；
    }
/＊——————————————————————————————
功能：延时 x ms
—————————————————————————————————＊/
void delayms（uint x）
{
    ucharj；
    while（x－－）
      {
          for（j＝0；j＜123；j++）；
      }
}
#endif
```

以下举例说明 ADC0809 的驱动程序的应用，此例中，只对 ch0 通道进行了转换，采用中断的方式读取转换结果。

```
/＊——————————————————————————————
功能：ADC0809 的演示程序
—————————————————————————————————＊/
#include ＜reg52. h＞
#include "ADC0809. h"
void main（void）
{
    EA＝1；
    EX0＝1；
    IT0＝1；
    AD0809_Start（AD0809_ch［0］）；          //启动 ch0 通道
    while（1）；                               //等 ADC0809 转换结束的中断
}

void AD0809_Int1（void）interrupt 2         //中断服务程序
{
    EX0＝0；                                  //关中断
    P1＝AD0809_Read（AD0809_ch［0］）；        //读 ch0 的转换值，送 P1 口显示
    delayms（500）；
    AD0809_Start（AD0809_ch［0］）；           //启动 ch0 通道
    EX0＝1；                                  //开中断
}
```

仿真运行结果如图 10.6 所示，本例中 AD 的 CLK 采用 Proteus 的脉冲发生器，脉冲频率设定为 500 Hz（经实验，这是一个较好的仿真参数），输入的模拟信号由可变电阻分压获得，选用了一个直流电压表测量输入电压的数值。仿真中，在 P1 口接了两个内部带 BCD 码译码器的 LED 数码管，它能显示 4 个输入引脚形成的 16 进制数值（0~F），仿真时用这种方法显示数据非常方便。

图 10.6　ADC0808 仿真运行结果

10.3　DAC0832 数模转换器

DA 即数模转换器（Digital-to-Analog Converter，DAC），是一种把数字信号转换成模拟信号的器件。

转换过程是：将送到 DAC 的各位二进制数，按其权位的大小转换为相应的模拟分量，再把各模拟分量叠加，其和就是 DA 转换的结果。

使用 DA 转换器时，要注意区分 DA 转换器的输出形式以及内部是否带有锁存器。

输出形式有电压输出与电流输出两种。电流输出的 DA 转换器，如需模拟电压输出，可在其输出端加一个 I－V 转换电路。

DA 转换器内部是否带有锁存器。DA 转换需要一定的时间，这段时间内输入端的数字量如果发生变动，DA 转换的模拟量就不稳定。在数字量转换前的输入端设置锁存器，就可以提供数据锁存功能，以保证 DA 转换的模拟量稳定。

根据芯片内是否带有锁存器，DA 可分为内部无锁存器和内部有锁存器两类。内部无锁存器的 DA 转换器可与 P1、P2 口直接相接（因 P1 口和 P2 口的输出有锁存功能）。但与 P0 口相接，需增加锁存器。内部带有锁存器的 DA 转换器，其内部不但有锁存器，还包括地址译码电路，有的还有双重或多重的数据缓冲电路，可与 MCS－51 的 P0 口直接相接。

DA 转换器的技术指标与 AD 转换器在许多方面类似，其主要技术指标有：

（1）分辨率。

输入给 DAC 的单位数字量变化引起的模拟量输出的变化，通常定义为输出满刻度值与 2^n 之比。显然，二进制位数越多，分辨率越高。

例如，若满量程为 10 V，根据定义，则分辨率为 $10\ V/2^n$。设 8 位 DA 转换，即 $n=8$，分辨率为 $10\ V/2^8=39.1\ mV$，用 1 LSB 表示，该值占满量程的 0.391%。

同理，10 位 DA：1 LSB＝9.77 mV 为 0.1%；满量程 12 位 DA：1 LSB＝2.44 mV 为 0.024%。

（2）建立时间（Setting Time）。

建立时间是将一个数字量转换为稳定模拟信号所需的时间，也可以认为是转换时间。DAC 中常用建立时间来描述其速度，而不是 ADC 中常用的转换速率。一般来说，电流输出 DAC 建立时间较短，电压输出 DAC 则较长。

（3）精度。

与 AD 转换器一样，精度和分辨率有一定联系，但概念不同。DAC 的位数多时，分辨率会提高。但温度漂移、线性不良等的影响仍会使 DAC 的精度变差。

其他指标还有线性度、温度系数、漂移等。

10.3.1　DAC0832 简介

DAC0832 是美国国家半导体公司的产品，如图 10.7 所示，它是带有两个输入数据寄存器的 8 位 DAC，能直接与 MCS-51 单片机接口。主要特性如下：

（1）T 型电阻网络 DA 转换原理。

（2）分辨率为 8 位。

（3）电流型输出，稳定时间为 $1\mu s$。

（4）CMOS 工艺，低功耗 20 mW。

图 10.7　DAC0832 外形

（5）可双缓冲输入、单缓冲输入或直接数字输入。

（6）单一电源供电（+5 V~+15 V）。

（7）基准电压的范围为 ±10 V。

DAC0832 转换器芯片为 20 引脚，引脚及内部结构框图如图 10.8 所示。

（a）引脚　　　　　　（b）DAC0832 内部逻辑框图

图 10.8　DAC0832 引脚及内部逻辑框图

DAC0832 引脚的功能说明如下：

D0~D7：8 位数字量输入端。

$\overline{CS}$：片选端，低电平有效。

I_{LE}：数据锁存允许，高电平有效。

$\overline{WR1}$：写控制信号 1，低电平有效。

$\overline{WR2}$：写控制信号 2，低电平有效。

$\overline{\text{XFER}}$：数据传送控制信号。

I_{out1}：电流输出端 1。

I_{out2}：电流输出端 2；$I_{out1}+I_{out2}=$ 常数。

R_{fb}：内置反馈电阻端。

V_{ref}：参考电压源，-10 V～$+10$ V。

DGND：数字量地。

AGND：模拟量地。

V_{CC}：$+5$ V～$+15$ V 单电源供电端。

该转换器由输入寄存器和 DAC 寄存器构成两级数据输入锁存。使用时，数据输入可以采用两级锁存（双锁存）形式、单级锁存（一级锁存，一级直通）形式或直接输入（两级直通）形式。如图 10.8 所示，当 $I_{LE}=1$，$\overline{\text{CS}}=0$，$\overline{\text{WR1}}=0$ 时，可以将输入的数据 D0～D7 锁存；当 $\overline{\text{WR2}}=0$，$\overline{\text{XFER}}=0$ 时，可以将数据从输入寄存器转入 DAC 寄存器，转换开始。控制这些引脚就可以获得这些数据输入形式。

DA 转换中，输入数字量 n 与输出转换值 V_o 的关系式为

$$V_o = V_{ref(-)} + n\left(\frac{V_{ref(+)}-V_{ref(-)}}{2^N-1}\right)$$

式中，V_o 为输出模拟量值；n 为输入数字量；N 为 DA 转换器的位数；$V_{ref(+)}$、$V_{ref(-)}$ 为 DA 转换器的正、负参考电压。

当 $n=127$ 时，转换值 $V_o=0+127\times\dfrac{(5-0)}{2^8-1}=2.49$ V；

当 $n=$ FFH $=255$ 时，转换值 $V_o=0+255\times\dfrac{(5-0)}{2^8-1}=5$ V。

10.3.2　DAC0832 与单片机的接口

1. 单缓冲器方式

单缓冲器方式时 DAC0832 与 51 单片机的接口原理图如图 10.9 所示。

图 10.9　DAC0832 单缓冲方式接口

输入寄存器、DAC 寄存器相对应的控制信号引脚分别连在一起，当数据写入 DAC 寄存器时，只要 P2.7 和 $\overline{\text{WR}}$ 同时为低电平，则立即进行 DA 转换（这种情况下，输入锁存器不

起锁存作用，只利用了 P2.7 和 $\overline{WR}$ 控制 DAC 寄存器，所以称为单缓冲器方式），也可以将 $\overline{CS}$、$\overline{WR1}$、$\overline{WR2}$、$\overline{XFER}$ 接在一起，由一根引脚（如 P2.7）控制。此方式适用于只有一路模拟量输出，或有几路模拟量输出但并不要求同步的系统。

2. 双缓冲器方式

双缓冲器方式时 DAC0832 与 51 单片机的接口原理图如图 10.10 所示。

图 10.10   DAC0832 双缓冲方式接口

DA 转换器的双缓冲方式可以使两路或多路并行 DA 转换器同时输出模拟量。

由于输入寄存器和 DAC 寄存器分别有各自的地址，可在不同时刻把要转换的数据写入各 DAC 的输入寄存器，然后再同时启动所有 DAC 的转换。

编程操作的步骤如下：

（1）将 P2.5 和 $\overline{WR}$ 同时为低电平，把数据锁存在 DAC0832（1）的输入寄存器；将 P2.6 和 $\overline{WR}$ 同时置为低电平，把数据锁存在 DAC0832（2）的输入寄存器。此时，控制 P2.7=1，使两个 DAC0832 的 $\overline{XFER}$ 为高电平，数据未进入 DAC 寄存器，不能转换。

（2）控制 P2.7=0，使两个 DAC0832 的 $\overline{XFER}$ 同时置为低电平，数据进入 DAC 寄存器（所以称为双缓冲方式），两路 DAC0832 同时开始转换。

这样，就达到了不同时刻输入数据，多路同时输出模拟量的要求。

3. 直通方式

如图 10.11 所示，所有 4 个控制端都接低电平，I_{LE} 接高电平。数据量一旦输入，就直接进入 DAC 寄存器（所以称为直通方式），进行 DA 转换。

图 10.11　DAC0832 直通方式接口

10.3.3　DAC0832 的编程举例

以下是 DAC0832 采用单缓冲方式的一个演示程序，原理如图 10.12 所示，图中有 4 个独立键，按相应的键可以产生对应的波形。

```
#include <reg51.h>
#include<ABSACC.H>

#define uchar unsigned char
#define uint unsigned int
#define  DAC0832 _ Adr  XBYTE [0x7FFF]      //DAC0832 的地址
char code sindat [] = {                    //一个正弦波的 256 个数据
0x80, 0x83, 0x86, 0x89, 0x8d, 0x90, 0x93, 0x96, 0x99, 0x9c, 0x9f, 0xa2, 0xa5, 0xa8,
0xab, 0xae, 0xb1, 0xb4, 0xb7, 0xbc, 0xbf, 0xc2, 0xc5, 0xc7, 0xca, 0xcc, 0xcf, 0xd1,
0xd4, 0xd6, 0xd8, 0xda, 0xdd, 0xdf, 0xe1, 0xe3, 0xe5, 0xe7, 0xe9, 0xea, 0xec, 0xee,
0xf1, 0xf2, 0xf4, 0xf5, 0xf6, 0xf7, 0xf8, 0xf9, 0xfa, 0xfa, 0xfb, 0xfc, 0xfd, 0xfd,
0xfe, 0xff, 0xff, 0xff, 0xff, 0xff, 0xff, 0xff, 0xff, 0xff, 0xff, 0xff, 0xff, 0xff,
0xff, 0xff, 0xff, 0xfe, 0xfd, 0xfd, 0xfc, 0xfb, 0xfa, 0xf9, 0xf8, 0xf7, 0xf6, 0xf5,
0xf4, 0xf3, 0xf2, 0xf1, 0xef, 0xee, 0xec, 0xea, 0xe9, 0xe7, 0xe5, 0xe3, 0xe1, 0xde,
0xdd, 0xda, 0xd8, 0xd6, 0xd4, 0xd1, 0xcf, 0xcc, 0xca, 0xc7, 0xc5, 0xc2, 0xbf, 0xbc,
0xba, 0xb7, 0xb4, 0xb1, 0xae, 0xab, 0xa8, 0xa5, 0xa2, 0x9f, 0x9c, 0x99, 0x96, 0x93,
0x90, 0x8d, 0x89, 0x86, 0x83, 0x80, 0x80, 0x7c, 0x79, 0x76, 0x72, 0x6f, 0x6c, 0x69,
0x66, 0x63, 0x60, 0x5d, 0x5d, 0x5a, 0x57, 0x55, 0x51, 0x4e, 0x4c, 0x48, 0x45, 0x43,
0x40, 0x3d, 0x3a, 0x3a, 0x38, 0x35, 0x33, 0x30, 0x2e, 0x2b, 0x29, 0x27, 0x25, 0x22,
0x20, 0x1e, 0x1c, 0x1a, 0x18, 0x16, 0x15, 0x13, 0x11, 0x10, 0x0e, 0x0d, 0x0b, 0x0a,
0x09, 0x08, 0x07, 0x06, 0x05, 0x04, 0x03, 0x02, 0x02, 0x01, 0x00, 0x00, 0x00, 0x00,
0x00, 0x00, 0x00, 0x00, 0x00, 0x00, 0x00, 0x00, 0x01, 0x02, 0x02, 0x03, 0x04, 0x05,
0x06, 0x07, 0x08, 0x09, 0x0a, 0x0b, 0x0d, 0x0e, 0x10, 0x11, 0x13, 0x15, 0x16, 0x18,
0x1a, 0x1c, 0x1e, 0x20, 0x22, 0x25, 0x27, 0x29, 0x2b, 0x2e, 0x30, 0x33, 0x35, 0x38,
0x3a, 0x3d, 0x40, 0x43, 0x45, 0x48, 0x4c, 0x4e, 0x51, 0x55, 0x57, 0x5a, 0x5d, 0x60,
0x63, 0x66, 0x69, 0x6c, 0x6f, 0x72, 0x76, 0x79, 0x7c, 0x80};
```

```c
bit flag=0;                        //flag=0，键未按下；flag=1，键按下
/*———————————————————————————————————
void delay (uint N)                //延时程序
{
  uint i;
  for (i=0; i<N; i++);
}
/*———————————————————————————————————
void DAC0832_ConversionOnce (uchar out_data)    //DA 转换程序
{
  DAC0832_Adr=out_data;       //输出数据
  delay (10);                 //延时等待转换
}
/*———————————————————————————————————
uchar Key_Scan (void)              //键盘扫描程序
{
  uchar key;
  if (P2!=0xff)
  {
    delay (10);
    key=P2;
    if (key!=0xff)
    flag=~flag;
    return (key);
  }
  else return (key=0xff);
}
/*———————————————————————————————————
void Fun_Triangle (void)          //产生三角波程序
{
  uchar i;
  for (i=0; i<255; i++)
    DAC0832_ConversionOnce (i);
  for (; i>0; i——)
    DAC0832_ConversionOnce (i);
}
/*———————————————————————————————————
void Fun_Rectangular (void)       //产生矩形波程序
{
  DAC0832_ConversionOnce (0xff);
  delay (1000);
  DAC0832_ConversionOnce (0x00);
  delay (1000);
}
/*———————————————————————————————————
```

```
void Fun _ SawTooth （void）        //产生锯齿波程序
{
  uchar i;
  for （i=0; i<255; i++）
  DAC0832 _ ConversionOnce （i）;
}
/ * ——————————————————————————————
void Fun _ Sin （void）           //产生正弦波程序
{
  uchar i;
  for （i=0; i<255; i++）
  {
    DAC0832 _ ConversionOnce （sindat [i]）;
  }
}
/ * ——————————————————————————————
void main ()                    //主程序
{
  uchar Key _ Num;

  while （1）
  {
    Key _ Num=Key _ Scan （）;
    switch （Key _ Num）
    {
    case 0xfe;                   //转三角波程序
      do {
          Fun _ Triangle （）;
        } while （Key _ Scan （） && （flag==1））; break;
    case 0xfd;                   //转锯齿波程序
      do {
          Fun _ SawTooth （）;
        } while （Key _ Scan （） && （flag==1））; break;
    case 0xfb;                   //转矩形波程序
      do {
          Fun _ Rectangular （）;
        } while （Key _ Scan （） && （flag==1））; break;
    case 0xf7;
      do {
          Fun _ Sin （）;         //转正弦波程序
        } while （Key _ Scan （） && （flag==1））; break;

    default; break;
    }
  }
}
```

如图 10.12 所示是此程序的仿真效果图。

图 10.12　　DAC0832 仿真效果

10.4　开关量功率接口技术

在微机控制系统中，还要处理另一类数字量，包括开关信号、脉冲信号。它们是以二进制的逻辑"1"和"0"，即电平的高和低出现的。如开关触点的闭合和断开，指示灯的亮和灭，继电器或接触器的吸合和释放，马达的启动和停止，晶闸管的通和断，阀门的打开和关闭等，都称之为开关量。开关量所控制的执行器要求的控制电压一般较高，电流一般较大，有的是直流驱动，有的是交流驱动，必须根据具体对象采用适当的接口。

开关量的输出接口实质上是利用计算机作"弱电"（如单片机的 P0～P3 端口）控制"强电"（如电机）。它需要解决两个重要问题，即驱动和隔离。

10.4.1　单片机 I/O 口的输出驱动

用单片机控制各种各样的高压、大电流负载，如电动机、电磁铁、继电器、灯泡等时，不能用单片机的 I/O 线来直接驱动。

P0、P1、P2、P3 四个口都可作输出口，但其驱动能力不同。P0 口的驱动能力较大，当其输出高电平时，每一位可提供 780 μA 的电流；当其输出低电平时，每一位最大可提供 10 mA 的灌电流，但总共不能超过 15 mA。P1、P2、P3 口的每一位也能最大可提供 10 mA 的灌电流，但总共不能超过 10 mA。

所以，用低电平输出可获得比高电平输出更大的驱动能力。目前，一些 MCS-51 系列单片机的引脚驱动能力有所提高，如 89C2051，一些引脚可提供 20 mA 的灌电流。但在大多数场合，单片机 I/O 口的驱动能力是不够的，必须通过各种驱动电路和开关电路来提高驱动能力。

另外，与微机接口的 TTL 电路或 CMOS 电路驱动能力也是有限的。例如，对于多数 74LS 系统的 TTL 电路，其高电平输出电流 I_{OH} 最大值仅为 -0.4 mA（负号表示拉电流），低电平输出电流 I_{OL} 最大值也仅为 8 mA。对于大多数 4000 系列的 CMOS 逻辑电路，当 $V_{DD}=+5$V 时，I_{OH} 和 I_{OL} 都不到 1mA。在许多应用中都需要提高驱动能力。

常见的微机 I/O 口输出驱动电路有下列几种。

1. TTL 三态门缓冲器

这类电路的驱动能力要高于一般的 TTL 电路。例如 74LS244、74LS245 等，它们的 $I_{OH}=-15$ mA，$I_{OL}=24$ mA，可以用来驱动光电耦合器、LED 数码管中的功率晶体管等。

2. 集电极开路门（Open Collector，OC）

OC 门电路的输出级是一个集电极开路的晶体三极管，如图 10.13 实线部分所示。三极管 T2 集电极什么都不接，所以叫做集电极开路（左边的三极管为反相之用，使输入为"0"时，输出也为"0"）。当输入端为"0"时，三极管 T1 截止（即集电极 C 跟发射极 E 之间相当于断开），所以 5 V 电源通过 1 kΩ 电阻加到三极管 T2 上，三极管 T2 导通（相当于一个开关闭合）；当输入端为"1"时，三极管 T1 导通，三极管 T2 截止（相当于开关断开）。很明

图 10.13　OC 门输出驱动电路

显，当 T2 导通时，输出直接接地，所以输出电平为 0。而当 T2 截止时，输出端悬空了，即高阻态。这时电平状态未知，如果后面一个电阻负载（即使很轻的负载）到地，那么输出端的电平就被这个负载拉到低电平，所以这个电路是不能输出高电平的。因此，组成电路时，OC 门输出端必须外加一个接至正电源的上拉电阻（如图 10.13 中虚线所示）才能正常工作，正电源+V 可以比 TTL 电路的 V_{CC}（一般为+5 V）高很多。例如，7406（逻辑与图 10.13 相反）、7407OC 门输出级截止时耐压可高达 30 V，输出低电平时吸收电流的能力也高达 40 mA。因此，OC 门是一种既有电流放大功能，又有电压放大功能的开关量驱动电路。实际应用中，OC 门电路常用来驱动微型继电器、LED 显示等。

3. 小功率三极管

当驱动电流只有十几毫安至几百毫安时，只要采用一个普通的小功率三极管就能构成驱动电路，如图 10.14 所示。

三极管常用在 3 种工作状态，即饱和导通状态和

图 10.14　小功率三极管驱动电路

饱和截止状态、线性放大状态。作为开关量输出驱动时，三极管使用在导通或截止状态。

常用的 PNP 三极管有 9013、8050 等，NPN 三极管有 9015、8550 等。9013 的驱动电流可达 40 mA，8050 可达 500 mA。

三极管除了具有驱动电流较大的优点外，在使用集成功率芯片受到 PCB 板面积的限制时，为了降低成本和布局方便，也经常使用三极管。例如，只驱动一个蜂鸣器、继电器等，就没有必要使用一片 7407 芯片，可考虑采用一只小功率三极管代替。

4. 达林顿晶体管阵列驱动芯片

当驱动电流需要达到几百毫安，如驱动中功率继电器、电磁开关等装置，而且路数较多时，可采用达林顿晶体管阵列驱动芯片。达林顿阵列驱动器是由多对两个三极管组成的达林顿复合管构成，它具有高输入阻抗、高增益、输出功率大及保护措施完善的特点，同时多对复合管结构也非常适用于计算机控制系统中的多路负荷。

ULN2003 达林顿晶体管阵列驱动芯片的内部结构是达林顿，专门用来驱动继电器等芯片，甚至在芯片内部做了一个消线圈反电动势的续流二极管 D3（如图 10.15），D1 和 D2 分别是输入和输出端钳位。ULN2003 的单脚输出端允许通过 500 mA 电流，但每块芯片总的输出电流不能超过 2.5 A。COM 端可接 5 V~24 V，最高可达 50V。输入端可与多种 TTL、CMOS 电路兼容。可以直接驱动继电器或固体继电器（SSR）等外接控制器件，也可直接驱动低压灯泡。

图 10.15　ULN2003 内部结构和引脚

10.4.2　光电耦合器

在单片机应用系统中，为防止现场强电磁的干扰或工频电压通过输出通道反串到测控系统，一般采用通道隔离技术。输出通道的隔离最常用的元件是光电耦合器，简称光耦。

光电耦合器是以光为媒介传输信号的器件，它把一个发光二极管与一个受光源（如光敏三极管、光敏晶闸管或光敏集成电路等）封装在一起，构成电-光-电转换器件。根据受光源结构的不同，可以将光电耦合器件分为晶体管输出光电耦合器和可控硅输出光电耦合器两大类。本节只介绍晶体管输出光电耦合器，在可控硅驱动接口（第 10.4.4 节）再介绍可控硅输出光电耦合器。

典型的晶体管输出光电耦合器的内部结构如图 10.16（a）所示。

光电晶体管除没有使用基极外，跟普通晶体管一样。取代基极电流的是以光作为晶体管的输入。当光电耦合器的发光二极管发光时，光电晶体管受光的作用产生基极光电流，使三极管导通。

(a) TLP521 (b) 4N25 (c) 6N136

图 10.16 晶体管输出型光电耦合器

图 10.16 所示列出了三种常用的光电耦合器。TLP521 是最常用的；若要求隔离电压高，选用 4N25（隔离电压达 5300 V）；要求在通信中高速传输数据，选用 6N136，但 6N136 输入端需要比较大的电流，在 15 mA～20 mA 才能发挥高速传输数据的作用。TLP521、4N25 只需要 10 mA 左右。

10.4.3 继电器驱动接口

如图 10.17 所示，电磁继电器主要由线圈、铁芯、衔铁和触点等部件组成，简称继电器，它分为电压继电器、电流继电器、中间继电器等几种类型。继电器方式的开关量输出是一种最常用的输出方式，通过弱电控制外界交流或直流的高电压、大电流设备。继电器驱动电路的设计要根据所用继电器线圈的吸合电压和电流而定，控制电流一定要大于继电器的吸合电流才能使继电器可靠地工作。

图 10.17 继电器原理

常用的继电器大部分属于直流电磁式继电器，也称为直流继电器。如图 10.18 所示是直流继电器的接口电路。继电器的动作由单片机的 P1.0 端控制。P1.0 端输出低电平时，继电器 J 吸合；P1.0 端输出高电平时，继电器 J 释放。采用这种控制逻辑可以使继电器在上电复位或单片机受控复位时不吸合。

图 10.18　直流继电器的接口电路

二极管 D 的作用是保护三极管 T。原理如下：

当 P1.0 输出低电平时，T 导通，继电器 J 吸合；当 P1.0 输出高电平时，T 截止，继电器断开。在继电器吸合到断开的瞬间，由于线圈中的电流不能突变，将在线圈产生下正上负的感应电压，使晶体管集电极承受高电压，有可能损坏驱动三极管 T。为此在继电器 J 线圈两端并接一个续流二极管 D，使继电器线圈产生的感应电流由二极管 D 流过，因此不会产生很高的感应电压，晶体管 T 得到了保护。正常工作时，线圈上的电压上正下负，二极管 D 截止，对电路没有影响。机械继电器可在继电器节点两端并接火花抑制电路，减少电火花影响，如图 0.01 μF 的电容。

4N25 使两部分的电流信号独立。V_{CC} 是单片机系统的电源，V_{DD} 是供继电器的电源。输出部分的地线接机壳或接大地，而单片机系统的电源地线−数字地（浮空的）不与交流电源的地线相接。可避免输出部分电源变化对单片机电源的影响，减少系统所受的干扰，提高系统的可靠性。

10.4.4　可控硅驱动接口

1. 可控硅原理

可控硅（Silicon Controlled Rectifier，SCR）又称晶闸管，是一种大功率的半导体器件，具有用小功率控制大功率、开关无触点等特点，在交直流电机调速系统、调功系统、随动系统中应用广泛。

可控硅是一个三端器件，符号如图 10.19 所示。图 10.19 （a）为单向可控硅，有阳极 A、阴极 C、控制极（门极）G 三个电极。当 A、C 之间加正电压，G 与 C 两端也施加正电压，使控制极 G 的电流增大到触发电流值时，可控硅由截止转为导通，这时管压降很小（1 V 左右）。此时即使控制极电流消失，可控硅仍能保持导通状态，所以控制电流极没有必要一直存在，通常采用脉冲形式，以降低触发功耗。可控硅不具有自关断能力，要切断负载电流，只有使 A 极电流减小到触发电流以下，或 A、C 加上反向电压才能实现关断。在交流回路应用中，当电流过零和进入负半周时，可控硅自动关断。为了使其再次导通，必须重新在 G 极加触发电流信号。

单向可控硅具有单向导电功能，在控制系统中多用于直流电的大电流场合，也可在交流系统中用于大功率整流回路。

双向可控硅在结构上相当于两个单向晶闸管的反向并联，但共享一个控制极，结构如图

10.19（b）所示。当两个电极 A_1、A_2 之间的电压大于 1.5 V 时，不论极性如何，都可利用控制极 G 触发电流控制其导通。双向晶闸管具有双向导通功能，因此特别适用于交流电的大电流场合。

(a) 单向可控硅   (b) 双向可控硅

图 10.19 可控硅的结构符号

双向可控硅经常用做交流调压、调功、调温和无触点开关，传统的触发脉冲一般用硬件产生，故检测和控制都不够灵活，而在单片机控制应用系统中则经常可利用软件产生触发脉冲。

2. 可控硅输出型光电耦合器

可控硅常用于高电压大电流的负载，不适宜与 CPU 直接相连，在实际使用时要采用隔离措施。可控硅输出型光电耦合器是单片机输出与双向可控硅之间较理想的接口器件。

可控硅输出型光电耦合器由两部分组成：输入部分是一个发光二极管，输出部分是光敏单向可控硅或光敏双向可控硅。当光电耦合器的输入端有一定的电流流入时（5 mA～15 mA），发光二极管发出足够强度的红外光使可控硅导通。有的光电耦合器的输出端还配有过零检测电路，用于控制可控硅过零触发，以减少用电器在接通电源时对电网的影响。

4N40 是常用的单向晶闸管输出型光电耦合器，如图 11.20（a）所示。当输入有 15 mA～30 mA 电流时，输出端的晶闸管导通。输出端的额定电压为 400 V，额定电流有效值为 300 mA。隔离电压为 1500 V～7500 V。4N40 的 6 脚是输出可控硅的控制端，不使用此端时，此端可对阴极接一个电阻。4N40 常用于小电流用电器的控制（如指示灯等），也可以用于触发大功率的可控硅。

MOC3041 是常用的双向可控硅输出的光电耦合器，如图 10.20（b）所示，带过零触发电路，输入端的控制电流为 15 mA，最大重复浪涌电流为 1 A，输出端额定电压为 400 V，输入输出端隔离电压为 7500 V。MOC3041 一般不直接用于控制负载，而用于中间控制电路或用于触发大功率的可控硅。

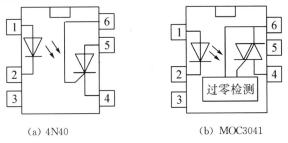

(a) 4N40   (b) MOC3041

图 10.20 可控硅输出型光电耦合器

要注意的是，用于驱动发光管的电源与驱动光敏管的电源不应是共地的同一个电源，必须分开单独供电，才能有效避免输出端与输入端相互间的反馈和干扰。因此，光耦隔离器可用来传递信号且有效地隔离电磁场的电干扰。

3. 可控硅驱动的应用

如图 10.21 所示是交流感性负载的接口电路图。交流感性负载带有交流线圈，包括交流接触器、电磁阀等。

图 10.21　交流感性负载的接口电路

感性负载是由双向可控硅 T 驱动。双向可控硅的选择要满足：额定工作电流为交流线圈工作电流的 2~3 倍；额定工作电压为交流负载线圈工作电压的 2~3 倍。对于工作电压 220 V 的中、小型的感性负载，可以选择 3 A、600 V 的双向可控硅。

光电耦合器 MOC3041 的作用是触发双向可控硅 T 以及隔离单片机系统和感性负载系统。

MOC3041 内部带有过零控制电路，因此双向可控硅 T 工作在过零触发方式，对电源的影响较小。

如图 10.22 所示是交流阻性负载可控硅的接口电路。

图 10.22　交流阻性负载的接口电路

如图 10.23 所示是常用的交流指示灯的接口电路。

图 10.23　常用交流指示灯的接口电路

10.4.5　固态继电器驱动接口

固态继电器（Solid State Relay，SSR）是一种全部由固态电子元件组成的新型无触点开关器件。它利用电子元件（如开关三极管、双向可控硅等半导体器件）的开关特性，可达到无触点无火花地接通和断开电路的目的，因此又被称为"无触点开关"。SSR 问世于 20 世纪 70 年代，由于它的无触点工作特性，使其在许多领域的电控及计算机控制方面得到日益广泛的应用。

SSR 按使用场合可以分成交流型和直流型两大类，它们分别在交流或直流电源上做负载的开关，不能混用。交流型 SSR（内部的开关组件为双向晶闸管，直流型（SSR（内部的开关组件为功率三极管。而交流型 SSR（按控制触发方式不同又可分为过零型和非过零型移相型两种，其中应用最广泛的是过零型。

下面以过零型交流的 SSR 为例来说明它的工作原理，如图 10.24 所示是它的工作原理框图。SSR 只有两个输入端（A 和 B）及两个输出端（C 和 D），是一种四端器件。工作时只要在 A、B 上加上一定的控制信号，就可以控制 C、D 两端之间的"通"和"断"，实现"开关"的功能。其中耦合电路的功能是为 A、B 端输入的控制信号提供一个输入/输出端之间的通道，但又在电气上断开 SSR 中输入端和输出端之间的（电）联系，以防止输出端对输入端的影响。耦合电路用的元件是"光耦合器"，它动作灵敏、响应速度高、输入/输出端间的绝缘（耐压）等级高；由于输入端的负载是发光二极管，这使 SSR 的输入端很容易做到与输入信号电平相匹配，受"1"与"0"的逻辑电平控制。触发电路的功能是产生合乎要求的触发信号，驱动开关电路工作，但由于开关电路在不加特殊控制电路时，将产生射频干扰并以高次谐波或尖峰等污染电网，为此特设"过零控制电路"。所谓"过零"，是指当加入控制信号、交流电压过零时，SSR 即为通态；而当断开控制信号后，SSR 要等待交流电的正半周与负半周的交界点（零电位）时，SSR 才为断态。这种设计能防止高次谐波的干扰和对电网的污染。吸收电路是为防止从电源中传来的尖峰、浪涌（电压）对开关器件双向可控硅管的冲击和干扰（甚至误动作）而设计的，一般是用"R－C"串联吸收电路或非线性电阻（压敏电阻器）。如图 10.25 所示是一种典型的交流型 SSR 的电路原理图。

图 10.24　固态继电器内部逻辑图

直流型的 SSR 与交流型的 SSR 相比，无过零控制电路，也不必设置吸收电路，开关器件一般采用大功率开关三极管，其他工作原理相同。不过，直流型 SSR 在使用时应注意，负载为感性负载（如直流电磁阀或电磁铁）时，应在负载两端并联一只续流二极管，二极管的承受电流应大于工作电流，电压应大于工作电压的 4 倍。SSR 工作时应尽量把它靠近负载，其输出引线应满足负荷电流的需要。使用电源如属经交流降压整流所得，其滤波电解电容应足够大。

图 10.25　典型交流固态继电器原理图

如图 10.26（a）所示进一步说明了过零型交流 SSR 的原理。当输入端加入控制信号后，需等待负载电源电压过零时，SSR 才为导通状态。

非过零型交流 SSR 的断开条件同过零型交流 SSR，但其导通条件简单，只要加入控制信号，不管负载电流相位如何，立即导通，如图 10.26（b）所示。

两种交流 SSR 断开控制信号后，都要等到交流电压过零时，SSR 才为断开状态。

图 10.26　交流型固态继电器的控制波形图

直流型 SSR 的输入控制信号与输出完全同步。直流型 SSR 主要用于直流大功率控制。一般取输入电压为 5 V～30 V，输入电流为 3 mA～30 mA。它的输出端为晶体管输出，输出工作电压为 30 V～180 V。

交流型 SSR 主要用于交流大功率控制。一般取输入电压为 3 V～32 V，输入电流 3 mA～32 mA。它的输出端为双向晶闸管，一般额定电流在 1 A～500 A 范围内，电压多为 180 V～400 V。对固态继电器的输入端，因为是发光二极管，可以使用光电耦合器一样的输入驱动电路。

当然，在实际使用中，要特别注意固态继电器的过电流与过电压保护以及浪涌电流的承受等工程问题，在选用固态继电器的额定工作电流与额定工作电压时，一般要远大于实际负载的电流与电压，而且输出驱动电路中仍要考虑增加阻容吸收电路。具体电路与参数请参考生产厂家有关手册。

10.5 开关量输入接口

凡在电路中起到通、断作用的各种按钮、触点、开关，其输出均统称为开关信号。在开关信号输入电路中，主要是考虑信号调理技术，如电平转换、RC 滤波、过电压保护、反电压保护、光电隔离等。

典型的开关量输入信号调理电路如图 10.27 所示。点线右边是由开关 S 与电源组成的外部电路，图 10.27（a）是直流输入电路，图 10.27（b）是交流输入电路。交流输入电路比直流输入电路多一个降压电容和整流桥块，可把高压交流（如 AC 380 V）变换为低压直流（如 DC 5 V）。开关 S 的状态经 RC 滤波、稳压管 D_1 钳位保护、电阻 R_2 限流、二极管 D_2 防止反极性电压输入以及光耦隔离等措施处理后送至输入缓冲器，主机通过执行输入指令便可读取开关 S 的状态。比如，当开关 S 闭合时，输入回路有电流流过，光耦中的发光管发光，光敏管导通，经 7414 施密特触发器整形反相后为高电平，即输出信号为"1"对应外电路开关 S 的闭合；反之，开关 S 断开，光耦中的发光管无电流流过，光敏管截止，经 7414 施密特触发器整形反相后为低电平，即输出信号为"0"对应外电路开关 S 的断开。

（a）直流输入电路

（b）交流输入电路

图 10.27 开关量输入信号调理电路

思考题及习题

1. 简述 AD、DA 和开关量功率接口在计算机应用系统中的作用。

2. AD、DA 有哪些主要技术指标？有何意义？

3. 用 Proteus 设计一个仿真电路（参考图 10.4，但要求去掉 74LS373），用 ADC0808 完成对一个通道 0~5 V 直流电压的采集，并用 LCM1602 显示出来（小数点后一位）。

4．用 Proteus 设计一个仿真电路和程序，用 51 单片机通过光电耦合器和小功率三极管驱动继电器，通过继电器控制一台直流电机。系统有一个按键，按一次键电机转动，再按一次键电机停止，参考图 10.14，请自行增加直流电机和按键。

第 11 章　串行总线扩展技术

由于数据的串行传输连线少，采用串行总线扩展技术可以使系统的硬件设计简化、系统的体积减小，同时，系统的更改和扩充更为容易。

目前，单片机应用系统中常用的串行扩展总线有：SPI（Serial Peripheral Interface）总线、I²C（Inter IC BUS）总线、Microwire 总线及单总线（1－WIRE BUS）。

串行扩展总线的应用是单片机目前发展的一种趋势。MCS－51 单片机利用自身的通用并行线可以模拟多种串行总线时序信号，因此可以充分利用各种串行接口芯片资源。本章仅介绍 SPI 总线（Microwire 总线与 SPI 总线非常接近）和 I²C 总线，其他总线的应用可以参考有关资料。

11.1　SPI 总线扩展技术

串行外围设备接口 SPI（Serial Peripheral Interface）总线技术是 Motorola 公司推出的一种同步串行接口。它可以使 MCU 与各种外围设备以串行方式进行通信以交换信息，如外围 FLASHRAM、网络控制器、LCD 显示驱动器、AD 转换器、DA 转换器和 MCU 等。SPI 总线系统可直接与各个厂家生产的多种标准外围器件直接接口，该接口一般使用 3～4 根连接线，即串行时钟线 SCK、主机输入/从机输出数据线 MISO（Master Input/Slave Output）、主机输出/从机输入数据线 MOSI（Master Output/Slave Input，有的 SPI 接口芯片将主机输出/从机输入数据线 MOSI 合为一根线）和低电平有效的从机选择线 SS。由于 SPI 系统总线一共只需 3～4 根数据、控制线即可实现与具有 SPI 总线接口功能的各种 I/O 器件连接，而扩展并行总线则需要 8 根数据线、8～16 根地址线、2～3 根控制线。因此，采用 SPI 总线接口可以简化电路设计，节省很多常规电路中的接口器件和 I/O 口线。

利用 SPI 总线可在软件的控制下构成各种系统。如一个"主 MCU"与多个"从 MCU"构成的系统、多个"从 MCU"相互连接构成的多主机系统（分布式系统）、一个"主 MCU"和一个或多个"从外围 I/O 器件（设备）"所构成的系统等。在大多数应用场合，可使用一个 MCU 作为主机来控制，并向一个或数个"从外围 I/O 器件"传送数据。"从外围 I/O 器件"只有在主机发命令时才能接收或发送数据，其数据的传输格式是高位（MSB）在前，低位（LSB）在后。这种系统结构如图 11.1 所示。

当一个主控机通过 SPI 与几种不同的串行 I/O 芯片相连时，必须使用每片的允许控制端$\overline{SS}$，这可通过 MCU 的一般 I/O 端口输出线来实现。但应该特别注意这些串行 I/O 芯片的输入输出特性：

图 11.1 SPI 总线接口系统的典型结构

（1）输入芯片的串行数据输出是否有三态控制端。平时未选中芯片时，输出端应处于高阻态。若没有三态控制端，则应外加三态门。否则 MCU 的 MISO 端只能连接 1 个输入芯片。

（2）输出芯片的串行数据输入是否有允许控制端。只有在此芯片允许时，SCK 脉冲才把串行数据移入该芯片；在禁止时，SCK 对芯片无影响。若没有允许控制端，则应在外围用门电路对 SCK 进行控制，然后再加到芯片的时钟输入端；当然，也可以只在 SPI 总线上连接 1 个芯片，而不再连接其他输入或输出芯片。

主机方式传送数据的最高速率达到 5 Mb/s。

对于大多数不带 SPI 串行总线接口的 MCS−51 系列单片机来说，可以使用软件来模拟 SPI 的操作，包括串行时钟、数据输入和数据输出。对于不同的串行接口外围芯片，它们的时钟时序略有不同，编程时要加以注意。

11.1.1 ADC0832 模块的设计

1. ADC0832 性能特性及基本结构

ADC0832 是美国国家半导体公司生产的一种 8 位分辨率、双通道 AD 转换芯片。ADC0832 具有以下特点：

（1）8 位分辨率。

（2）双通道 AD 转换（差分输入时为一个通道）。

（3）输入输出电平与 TTL/CMOS 相兼容。

（4）5V 电源供电时输入电压为 0~5 V。

（5）工作频率为 250 kHz，转换时间为 32 μs。

（6）一般功耗仅为 15 mW。

（7）8P、14P−DIP（双列直插）、PICC 多种封装。

（8）商用级芯片温宽为 0~+70℃，工业级芯片温宽为−40℃~+85℃。

如图 11.2 所示是它的引脚及功能。

$\overline{CS}$	片选使能，低电平芯片使能
CH0	模拟输入通道 0，或作为 IN+/−使用
CH1	模拟输入通道 1，或作为 IN+/−使用
GND	芯片参考 0 电位（地）
DI	数据信号输入，选择通道控制
DO	数据信号输出，转换数据输出
CLK	芯片时钟输入
V_{CC}（V_{REF}）	电源输入及参考电压输入（复用）

图 11.2 ADC0832 的引脚

ADC0832 与 51 单片机的接口如图 11.3 所示，要采用 4 根连接线，分别是 CS、CLK、DO、DI。但由于 DO 端与 DI 端在通信时并未同时有效，并且与单片机的接口是双向的，所以可以将 DO 和 DI 并联在一根数据线上分时使用，这样就只需要 3 根线了。

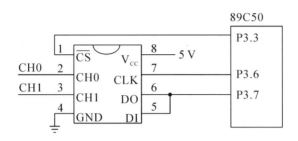

图 11.3　ADC0832 与 51 单片机的接口

2. ADC0832 驱动程序的设计

ADC0832 的控制引脚 CS、CLK、DO、DI 占用了 P3.3、P3.6、P3.7 三个 I/O 口。由于 DO 端和 DI 端在通信时并不同时有效，且与单片机接口是双向的，所以可将 DO 和 DI 并联在一根数据线上使用。通过时序如图 11.4 所示，可知如何对它进行控制。

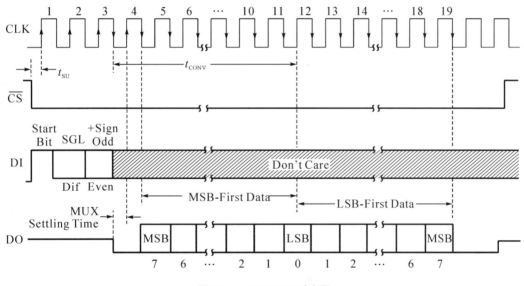

图 11.4　ADC0832 时序图

CS 作为选通信号，从时序图中可以看到，以 CS 置为低电平开始，一直到置为高电平结束。CLK 提供时钟信号，要注意 CLK 的信号的箭头指向，向上为上升沿有效，向下为下降沿有效。DI、DO 作为数据端口。

当 ADC0832 未工作时，其 CS 输入端应为高电平，此时芯片禁用，CLK 和 DO/DI 的电平可任意。当要进行 AD 转换时，需先将 CS 使能端置于低电平并且保持低电平直到转换完全结束。此时芯片开始转换工作，同时由处理器向芯片时钟输入端 CLK 输入时钟脉冲，DO/DI 端则使用 DI 端输入通道功能选择的数据信号。其选择逻辑见表 11.1。

在第 1 个时钟脉冲下沉之前 DI 端必须是高电平，表示起始信号。在第 2、3 个时钟脉冲下沉之前 DI 端应输入 2 位数据（SGL/Dif：单极性/差分；Odd/Even：极性）用于选择通

表 11.1　ADC0832 多路器控制逻辑表

功　能	多路器地址		通道号	
	SGL/Dif	Odd/Even	CH0	CH1
差分输入	L	L	＋	－
差分输入	L	H	－	＋
单通道 0	H	L	＋	
单通道 1	H	H		＋

道功能。例如，当 2 位数据为“0”、“0”时为差分输入，将 CH0 作为正输入端 IN＋，CH1 作为负输入端 IN－进行输入；当 2 位数据为“0”、“1”时为差分输入，将 CH0 作为负输入端 IN－，CH1 作为正输入端 IN＋进行输入；当 2 位数据为“1”、“0”时，只对 CH0 进行单通道转换；当此 2 位数据为“1”、“1”时，只对 CH1 进行单通道转换。

到第 3 个时钟脉冲的下沉之后，DI 端的输入电平就失去输入作用，此后 DO/DI 端则开始利用数据输出 DO 进行转换数据的读取。从第 4 时钟脉冲下沉开始由 DO 端输出转换数据最高位 DATA7，随后每一个脉冲下沉 DO 端输出下一位数据。直到 11 个时钟脉冲时发出最低位数据 DATA0，一个字节的数据输出完成。也正是从此位开始输出下一个相反字节的数据，即从第 11 个字节的下沉输出 DATD0。随后输出 8 位数据，到第 19 个时钟脉冲时数据输出完成，也标志着一次 AD 转换的结束。最后将 CS 置高电平禁用芯片，直接将转换后的数据进行处理就可以了。

可见，在完成输入启动位、通道选择之后，就开始读取转换数据，转换得到的数据被送出了二次，一次高位在前传送，一次低位在前传送。因此，在程序读取二次数据后，可以加检验程序来验证数据是否被正确读取。

ADC0832 的驱动程序如下：

```
/*—————————————————————————
文件名：adc0832.h
功能：ADC0832 的驱动程序
————————————————————————— */

#include<reg52.h>
#include <intrins.h>

#define uchar   unsigned char
//ADC0832 的引脚连接说明
sbit   ADCS =P3^3；
sbit   ADDI =P3^7；
sbit   ADDO =P3^7；
sbit   ADCLK =P3^6；

/*—————————————————————————
功能：读 ADC0832 的转换数据
参数:ch=0，  CH0 通道单极性输入；   ch=1，  CH1 通道单极性输入；
      ch=2，  差分输入 CH0+,CH1－；   ch=3，  差分输入 CH0－,CH1+；
返回:转换结果(一个 8 位的无符号整数)
```

```
———————————————————————————————————————— */
#define nop _nop_()              //定义 nop
uchar adc0832(uchar ch)
{
    uchar i=0,dat=0,channel=0;
    uchar ndat=0,ndat1=0;

    if(ch==0)channel=2;           //按表 11.1 进行通道功能选择
    if(ch==1)channel=3;
    if(ch==2)channel=0;
    if(ch==3)channel=1;

    ADCLK=1;ADCS=0;               //片选
    ADCLK=0; nop;nop;             //第 1 个时钟脉冲
    ADDI=1;   nop;nop;
    ADCLK=1; nop;nop;

    ADCLK=0; nop;nop;             //第 2 个时钟脉冲
    ADDI=channel&0x1; nop;nop;
    ADCLK=1; nop;nop;

    ADCLK=0; nop;nop;             //第 3 个时钟脉冲
    ADDI=(channel>>1)&0x1; nop;nop;
    ADCLK=1; nop;nop;

    ADCLK=0; nop;nop;             //第 4 个时钟脉冲
    ADCLK=1; nop;nop;
    ADCLK=0; nop;nop;

    for(i=0;i<8;i++)              //第 1 次读转换数据,高位在前
    {
        dat<<=1;
        ADCLK=1;     nop; nop;
        dat|=ADDO;   nop; nop;
        ADCLK=0;     nop; nop;
    }

    ndat=dat;                     //保留最低位数据
    for(i=0;i<7;i++)              //第 2 次读转换数据,低位在前
    {
        ndat<<=1;
        ADCLK=1;     nop; nop;
        ndat|=ADDO; nop; nop;
        ADCLK=0;     nop; nop;
    }
```

```
ADCLK=1; nop; nop;
ADCS=1;                        //片选结束

for(i=0;i<8;i++)               //对第2次转换的数据进行高位在前的处理
{
   ndat1<<=1;
   ndat>>=1;
   ndat1|=CY;
}
if(dat==ndat1)                 //比较两次读取的数据，如果相等返回数据
return dat;
else return 0;                 //如果不等返回0
}
```

这是读取数值的子函数，二通道独立读取，入口参数是通道值（0或1），出口参数则是读取的结果，只对数据进行了一次读取，实际应用中可以两次读取并进行判断。

由于ADC0832是8位分辨率，返回的数值在0～255之间，对应模拟数值为0～5 V，因此每一档对应的电压值约为5÷255=0.01961 V。

3. ADC0832的模块调用举例

下面举例说明ADC0832的调用，其电路原理如图11.5所示，利用LCM1602显示ADC0832采集数据的结果。为了适应LCM1602驱动模块，对采集的数据要作一个分解和转换成ASCII码的处理。调用的主程序如下，Proteus仿真结果如图11.5所示。

图11.5　ADC0832仿真效果

```
/*————————————————————————————————
功能：ADC0832 的演示程序
———————————————————————————————*/
#include "adc0832.h"
#include "lcd1602.h"

void main（void）
{
    uchar ad_data；
    uchar DispBuffer [5]；
    LCD_Initial ()；        //液晶初始化
    LCD_Prints (1，0，"THE VOLTAGE IS")；

    while (1)
    {
        ad_data = ADC0832 (0) * 50/255；    //50÷255＝0.1961，扩大了 10 倍
        DispBuffer [0] = (ad_data/10) +0x30；
        DispBuffer [1] ='.'；
        DispBuffer [2] = (ad_data%10) +0x30；
        DispBuffer [3] ='v'；
        DispBuffer [4] =' \0'；                //最后一个字符是回车

        LCD_Prints (6，1，DispBuffer)；
    }
}
```

11.1.2　TLC1543 AD 模块的设计

1. TLC1543 简介

TLC1543 是 TI 公司推出的采用 SPI 技术的模数转换器，为 20 脚封装的 CMOS 10 位开关电容逐次 AD 逼近模数转换器。封装如图 11.6 所示。

A0～A10：11 路模拟输入端。

REF+ 和 REF−：基准电压正负端。

ADDRESS：串行数据输入端，输入 4 位端口地址。

DATA OUT：AD 数据输出端。

I/O CLOCK：为数据输入输出提供同步时钟。

芯片内部有一个 14 通道多路选择器，可以选择 11 路模拟输入通道和 3 路内部自测电压中的任意一路进行测试；片内设有采样−保持电路，在转换结束时 EOC 置高表明转换完成。

2. TLC1543 驱动程序的设计

TLC1543 具有高速（10 μs 转换时间）、高精度（10 位分辨率）和低噪声的特点。

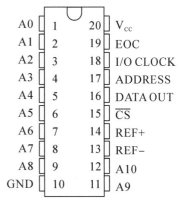

图 11.6　TLC1543 封装图

TLC1543 工作时序如图 11.7 所示，其工作过程分为访问周期和采样周期。工作状态由 $\overline{CS}$ 使能或禁止，工作时 $\overline{CS}$ 必须置低电平。$\overline{CS}$ 为高电平时，I/O CLOCK、ADDRESS 被禁止，同时 DATA OUT 为高阻状态。当 CPU 使 $\overline{CS}$ 变低时，TLC1543 开始数据转换，I/O CLOCK、ADDRESS、DATA OUT 脱离高阻状态。随后，CPU 向 ADDRESS 提供 4 位通道地址，控制 14 个模拟通道选择器从 11 个外部模拟输入或 3 个内部自测电压中选通 1 路送到采样保持电路。同时，I/O CLOCK 输入时钟时序，CPU 从 DATA OUT 端接收前一次 A/D 转换结果。I/O CLOCK 从 CPU 接收 10 个时钟长度的时钟序列。前 4 个时钟用于 4 位地址从 ADDRESS 端装载地址寄存器，选择所需的模拟通道，后 6 个时钟对模拟输入的采样提供控制时序。模拟输入的采样起始于第 4 个 I/O CLOCK 下降沿，而采样一直持续 6 个 I/O CLOCK 周期，并一直保持到第 10 个 I/O CLOCK 下降沿。转换过程中，$\overline{CS}$ 的下降沿使 DATA OUT 引脚脱离高阻状态并启动一次 I/O CLOCK 工作过程。$\overline{CS}$ 的上升沿将终止这个过程，并在规定的延迟时间内使 DATA OUT 引脚返回到高阻状态，经过两个系统时钟周期后禁止 I/O CLOCK 和 ADDRESS 端。

图 11.7　TLC1543 时序图

TLC1543 的驱动程序如下：

```
/* ————————————————————————————
功能：TLC1543 的驱动程序
———————————————————————————— */
#ifndef _ TLC1543 _ H _
#define _ TLC1543 _ H _
#include<reg51. h>
#include <INTRINS. H>
#define uchar unsigned char
#define uint unsigned int


/* ————————————————————————————
TLC1543 与单片接口的引脚定义
———————————————————————————— */
```

```
sbit CLOCK=P1^3;
sbit ADDRESS=P1^1;
sbit DATAOUT=P1^0;
sbit CS=P1^2;
sbit OEC=P1^5;
```

```
/* —————————————————————————————
功能：从 TLC1543 读取转换值程序
参数：port—TLC1543 的模拟输入通道号
返回：返回转换的结果，为 2 个字节
——————————————————————————————— */
uint TLC1543 _ Read（uchar port）
{
  uint data ad;
  uint data i;
  uchar data al=0, ah=0;

  CLOCK=0;
  CS=0;
  port<<=4;

  for（i=0; i<4; i++）              //把通道号输入 TLC1543
  {
    ADDRESS=（bit）（port&0x80）;
    CLOCK=1;
    CLOCK=0;
    port<<=1;
  }

  for（i=0; i<6; i++）//填充 6 个 CLOCK
  {
    CLOCK=1; CLOCK=0;
  }

  CS=1;
  _nop_();;_nop_();;_nop_();;_nop_();
  _nop_();;_nop_();;_nop_();;_nop_();
  _nop_();;_nop_();;_nop_();;_nop_();
  _nop_();;_nop_();;_nop_();;_nop_();
  CS=0;                            //进行 AD 转换
  _ nop _ (); _ nop _ (); _ nop _ ();

  for（i=0; i<2; i++）//读取 D9，D8，存入高 8 位
  {
```

```
        DATAOUT=1；
        CLOCK=1；
        ah<<=1；
        if (DATAOUT==1)
        {
            ah | =0x01；
        }
        CLOCK=0；
    }

    for (i=0； i<8； i++) //取 D7～D0，存入低8位
    {
        DATAOUT=1；
        CLOCK=1；
        al<<=1；
        if (DATAOUT==1)
        {
            al | =0x01；
        }
        CLOCK=0；
    }
    CS=1；
    ad=ah * 256+al；    //得到 AD 值
    return (ad)；
}
#endif
```

按以上的驱动程序，编写了一个 TLC1543 的演示程序如下：

```
    #include "AD1543. h"

    main()
    {
        uint x；

        while (1)
        {
            x=TLC1543 _ Read (0)；
            P0=x/256；
            P2=x%256；
        }
    }
```

其 Proteus 的仿真效果如图 11.8 所示。为了减少编程，数据显示仍采用了 BCD 码数码管。

图 11.8　TLC1543 仿真效果图

11.1.3　LTC1456 DA 模块的设计

1. LTC1456 简介

LTC1456 是 LINEAR 公司生产的一个 12 位的 DAC 转换芯片。它是一个单电源供电，轨对轨（rail-to-rail，输入和输出电压范围达到电源电压范围）电压输出的 DA 转换芯片。它采用 3 线的串行扩展接口。LTC1456 有一个内部 2.048 V 的参考电源，可输出 4.095 V 满程电压。工作电压在 4.5 V～5.5 V，功耗 2.2 mW，8 脚 SO−8 封装 LTC1456 的引脚如图 11.9 所示。

（1）CLK：同步时钟端。

（2）DIN：数据输入端。同步时钟上升沿时，数据进入移位寄存器。

（3）$\overline{CS}$/LD：片选和数据输入端。低电平时时钟信号使能，数据可以进入移位寄存器；高电平时，数据从移位寄存器进入 DAC 寄存器，从而更新 DAC 的转换输出，CLK 也在内部停止。

（4）D_{OUT}：移位寄存器输出端。

（5）GND：地。

图 11.9　LTC1456 引脚

（6）CLR：输入清零端。低电平时将清零内部移位和 DAC 寄存器的值，正常时应为高电平；

（7）V_{OUT}：转换电压输出端。

（8）V_{CC}：电源，4.5 V～5.5 V。

2. LTC1456 驱动程序

LTC1456 与单片机接口如图 11. 10 所示，其时序如图 11. 11 所示，根据时序编写的驱动程序如下：

图 11. 10　LTC1456 与单片机接口

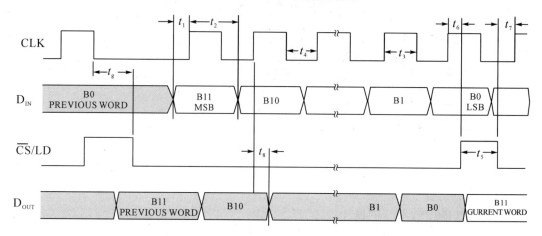

图 11. 11　LTC1456 的时序

```
/* ————————————————————————————————
功能：LTC1456 的驱动程序
———————————————————————————————— */
#include "reg51. h"
sbit DQ =P1^0;
sbit CK =P1^1;
sbit CS =P1^2;
/* ————————————————————————————————
功能：LTC1456 的驱动程序
———————————————————————————————— */
void LTC1456 _ SendDat (unsigned int dat)
{
    unsigned char i=0;
    CS = 1;
    CS = 0;
    for (i=12; i>0; i——)
    {
        DQ = dat & 0x80;
        CK = 1;
        dat <<= 1;
```

```
        CK = 0;
    }
    CS = 1;
    CS = 0;
}
main ()    //主程序
{
    unsigned int k=0;
    CK = 0;
    CS = 0;

    while (1)
    {
        LTC1456 _ SendDat (k);
        k++;
    }
}
```

以上程序的 Proteus 的仿真效果如图 11.12 所示。

图 11.12　LTC1456 仿真效果图

11.2　I²C 总线扩展技术

11.2.1　I²C 总线的协议简介

在现代电子系统中，一个系统中有众多的 IC 需要进行相互之间以及与外界的通信。为了提高硬件的效率和简化电路的设计，PHILIPS 公司开发了一种用于内部 IC 控制的简单的双向两线串行总线 I²C（Inter _ Intergrated Circuit，又可缩写为 I2C、IIC）。PHILIPS 及其他厂商提供了种类非常丰富的 I²C 总线兼容芯片。作为一个专利的控制总线，I²C 实际上已经成为世界性的工业标准之一。

基本的 I²C 总线规范于 20 世纪 80 年代发布，其数据传输速率在标准模式下为 100 Kbit/s，但随着数据传输速率和应用功能的迅速增加，I²C 总线也增强为快速模式（400 Kbit/s）和高速模式（3.4 Mbit/s），I²C 总线始终和先进技术保持同步，并保持其向下兼容性。

I²C 总线采用二线制传输，一根是数据线 SDA，另一根是时钟线 SCL，所有 I²C 器件都连接在同名端的 SDA 和 SCL 上，每一个器件都有一个唯一的地址。

I²C 总线是一个多主机总线，即总线上可以有一个或多个主机（或称主控制器件），总线运行由主机控制。这里所说的主机是指启动数据的传送（发起始信号）、发出时钟信号、发出终止信号的器件。通常，主机由单片机或其他微处理器担任。被主机访问的器件称为从机（或称为从器件），它可以是其他单片机，而更多的是如 AD、DA、LED 或 LCD 驱动、时钟日历、串行存储器等扩展芯片。

I²C 总线支持多主和主从两种工作方式。

多主方式，即总线上可以有多个主机的工作方式。I²C 总线需通过硬件和软件仲裁主机对总线的控制权。这种方式中，由于存在仲裁总控制权问题，I²C 总线协议的模拟非常困难，所以一般都采用具有 I²C 总线接口的单片机担任主机。目前有很多半导体集成电路上都集成了 I²C 接口。常用的带有 I²C 接口的单片机有：PHILIPS 的 P87LPC7XX 系列，CYGNAL 的 C8051F0XX 系列，MICROCHIP 的 PIC16C6XX 系列等。

在主从工作方式中，系统中只有一个主机，总线上的其他器件都是具有 I²C 总线接口的外围从器件（或称为从机或从器件），总线上只有主机通过 I²C 总线对从器件的读写访问，没有总线的竞争等问题。这种方式下，只需要单片机主发送和主接收时序，就可以完成对从器件的读写操作（SCL 时钟信号由主机产生）。这种情况下，I²C 总线的时序可以模拟。这样，可以使 I²C 总线的使用不受主机必须带 I²C 总线接口的限制。基于以上考虑，本章将介绍这种情况下，如何模拟 I²C 总线的时序和程序。

在 MCS-51 系列单片系统的串行总线扩展中，经常遇到的是以 51 单片机为主机，其他器件为从机的单主机系统，如图 11.13 所示。

图 11.13　单主机系统 I²C 总线扩展示意图

I²C 总线主要有以下几个方面的特点：

（1）总线驱动能力强。I²C 总线的外围扩展器件都是 CMOS 型的，功耗极低，因此总线上扩展的节点数不是由电流负载能力决定，而是由电容负载确定的。通常 I²C 总线负载能力为 400 pF，据此可计算出总线长度及所带器件的数量。总线上扩展的 I²C 器件的数量主要受到器件地址的限制。

（2）任何一个 I²C 总线接口的外围器件，不论其功能差别有多大，都是通过串行数据线（SDA）和串行时钟线（SCL）连接到 I²C 总线上。这一特点给用户在设计应用系统时带来了极大的方便。用户不必理解每个 I²C 总线接口器件的接口，只需将器件的 SDA 和 SCL 引脚连到 I²C 总线上，然后对该器件模块进行独立的电路设计，从而简化了系统设计的复杂性，提高了系统抗干扰的能力，符合 EMC（Electromagnetic Compatibility）设计原则。

（3）在主从系统中，每个 I²C 总线接口芯片具有唯一的器件地址，各器件之间互不干扰，相互之间不能进行通信。主机与 I²C 器件之间的通信是通过唯一的器件地址来实现的。

（4）PHILIPS 公司在推出 I²C 总线的同时为 I²C 总线制定了严格的规范。如接口的电气特性、信号时序、信号传输的定义等，这就决定了 I²C 总线软件编写的一致性。

I²C 总线器件必须是漏极或集电极开路结构，如图 11.14 所示，即 SDA 和 SCL 接线上必须加上拉电阻 R_p，其阻值可参考有关数据手册，通常选 5 kΩ～10 kΩ。

图 11.14　I²C 总线接口的电气结构

11.2.2　I²C 的寻址方式

所有挂到 I²C 总线的外围器件，各自都有一个唯一确定的地址。任何时刻总线上只有一个主控器件对总线实行控制权，分时实现点对点的数据传送。I²C 总线上所有外围器件都有规范的器件地址，器件地址由 7 位组成，它和 1 位方向位（R/$\overline{W}$）构成了 I²C 总线器件的寻址字节 SLA，I²C 总线器件地址 SLA 格式见表 11.2。

表 11.2　SLA 格式

D7	D6	D5	D4	D3	D2	D1	D0
DA3	DA2	DA1	DA0	A2	A1	A0	R/$\overline{W}$

（1）DA3～DA0：这 4 位器件地址是 I²C 总线器件固有的地址编码，器件出厂时就已给定（见表 11.3），用户不能自行设置。

（2）A2～A0：3 位引脚地址用于相同地址器件的识别。若 I²C 总线上挂有相同地址的器件，或同时挂有多片相同器件，可用硬件连接方式对 3 位引脚 A2～A0 接 V_{CC} 或接地，形成地址数据。

（3）R/$\overline{\text{W}}$：数据传送方向。当 R/$\overline{\text{W}}$=1 时，主机接收（读）；当 R/$\overline{\text{W}}$=0 时，主机发送（写）。

表 11.3　常用 I²C 器件地址 SLA

种类	型号	器件地址 SLA	引脚地址备注
静态 RAM	PCF8570/71	1010 A2 A1 A0 R/$\overline{\text{W}}$	3 位数字引脚地址 A2A1A0
	PCF8570C	1011 A2 A1 A0 R/$\overline{\text{W}}$	3 位数字引脚地址 A2A1A0
E²PROM	PCF8582	1010 A2 A1 A0 R/$\overline{\text{W}}$	3 位数字引脚地址 A2A1A0
	AT24C02	1010 A2 A1 A0 R/$\overline{\text{W}}$	3 位数字引脚地址 A2A1A0
	AT24C04	1010 A2 A1 P0 R/$\overline{\text{W}}$	2 位数字引脚地址 A2A1
	AT24C08	1010 A2 P1 P0 R/$\overline{\text{W}}$	1 位数字引脚地址 A2
	AT24C016	1010 P2 P1 P0 R/$\overline{\text{W}}$	无引脚地址，A2A1A0 悬空处理
I/O 口	PCF8574	0100 A2 A1 A0 R/$\overline{\text{W}}$	3 位数字引脚地址 A2A1A0
	PCF8574A	0111 A2 A1 A0 R/$\overline{\text{W}}$	3 位数字引脚地址 A2A1A0
LED/LCD 驱动控制器	SAA 1064	0111 0 A1 A0 R/$\overline{\text{W}}$	2 位数字引脚地址 A1A0
	PCF8576	0111 0 0 A0 R/$\overline{\text{W}}$	1 位数字引脚地址 A0
	PCF8578/79	0111 1 0 A0 R/$\overline{\text{W}}$	1 位数字引脚地址 A0
ADC/DAC	PCF8951	1001 A2 A1 A0 R/$\overline{\text{W}}$	3 位数字引脚地址 A2A1A0
日历时钟	PCF8583	1010 0 0 A0 R/$\overline{\text{W}}$	1 位数字引脚地址 A0

11.2.3　I²C 总线时序

I²C 总线一次完整的数据传送过程包括起始（S）、发送寻址字节（SLA R/$\overline{\text{W}}$）、应答、发送数据、应答、…、发送数据、应答、终止（P），其时序如图 11.15 所示。

图 11.15　I²C 总线时序图

在 I²C 总线启动或应答信号后的第 1~8 个时钟脉冲对应于一个字节的 8 位数据传送。脉冲高电平期间数据串行传送，低电平期间为数据准备，允许总线上数据电平变换。

一旦 I²C 总线启动，传送的字节多少没有限制，只要求每传送一个字节后，对方回应一个应答位。发送时，最先发送的是数据的最高位。每次传送开始有起始信号，结束时有停止信号。每传送完一个字节，都可以通过对时钟线的控制使传送暂停。

I²C 总线为同步传输总线，其信号完全与时钟同步。I²C 总线上与数据传送有关的典型信号包括起始信号（S）、停止信号（P）、应答位信号（低电平 $\overline{\text{A}}$）、非应答信号（高电平 A），如图 11.16 所示。

图 11.16　I²C 总线数据传送典型信号时序图

（1）起始信号（S）：当 SCL 为高电平，数据线 SDA 出现由高到低的电平变化时，启动 I²C 总线。

（2）停止信号（P）：当时钟 SCL 为高电平，数据线 SDA 出现由低到高的电平变化时，停止 I²C 总线数据传送。

（3）应答位信号（A）：I²C 总线上第 9 个时钟脉冲对应于应答位。相应数据线上低电平时为"应答"信号，高电平时为"非应答"信号。

11.2.4　I²C 总线虚拟程序

对大多数无 I²C 总线接口的 MCS−51 单片机来说，只能采用虚拟 I²C 总线方式，并且只能用于主从系统。虚拟 I²C 总线接口可用通用 I/O 口中任一引脚线担任，数据线定义为 VSDA，时钟线定义为 VSCL。

1. 典型信号的虚拟程序

虚拟 I²C 总线，根据上述对几个典型信号的时序，需要编制以下典型信号函数：

（1）启动信号函数 sta()。

（2）终止信号函数 stop()。

（3）发送应答位（Ā）函数 mack()。

（4）发送应答非位（A）函数 mnack()。

（5）检查应答位函数 cack()。

2. 数据传送通用子程序

数据传送通用子程序是应用典型信号模拟子程序（起始、终止、应答和检查应答）并按 I²C 总线数据传送时序要求编制的子程序。

（1）发送一字节数据函数 void wrbyt (uchar shu)。

（2）接收一字节数据函数 uchar rdbyt ()。

（3）发送 N 个字节数据函数 void wrnbyt (char slaw, uchar ff [], uchar number)。

（4）接收 N 个字节数据函数 void rdnbyt (uchar slar, uchar qq [], uchar number)。

发送 N 个字节数据子程序要按照 I²C 总线数据传送时序的要求，一次完整的数据发送过程应包括起始（S）、发送寻址字节（SLA R/W）、应答（A）、发送数据（data）、应答、…、发送数据、应答、终止（P），其格式见表 11.4。

表 11.4　发送格式

S	SLAW	A	data1	A	data2	A	…	dataN	A	P

其中，阴影部分由主器件发送，从器件接收；非阴影部分由从器件发送，主器件接收。

按照 I²C 总线数据传送时序要求，接收 N 个字节数据应按表 11.5 所列格式编程。

表 11.5　接收格式

S	SLAR	A	data1	A	data2	A	⋯	dataN	$\overline{A}$	P

其中，阴影部分由主器件发送，从器件接收；非阴影部分由从器件发送，主器件接收。

以下是虚拟 I²C 总线的头文件：

```
/* ─────────────────────────────────────
功能：虚拟 I²C 总线的头文件
───────────────────────────────────── */
#ifndef _ IIC _ H _
#define _ IIC _ H _
#include <reg52. h>
#define uchar unsigned char
#define uint unsigned int


/* ─────────────────────────────────────
虚拟 I²C 总线的引脚定义
───────────────────────────────────── */
sbit SCL=P2^0;
sbit SDA=P2^1;


/* ─────────────────────────────────────
功能：虚拟 I²C 总线的基本函数
───────────────────────────────────── */
void delay (uchar n);        //延时函数

void sta ();                 //启动 I²C 总线
void stop ();                //停止 I²C 总线
void mack ();                //发送应答位
void mnack ();               //发送非应答位
void cack ();                //应答位检查


/* ─────────────────────────────────────
功能：向虚拟 I²C 总线上发送 1 个数据字节
参数：shu-需发送数据字节
───────────────────────────────────── */
void wrbyt (uchar shu);


/* ─────────────────────────────────────
功能：从 I²C 总线上读取 1 个数据字节
返回：读到的数据字节
───────────────────────────────────── */
uchar rdbyt ();


/* ─────────────────────────────────────
```

功能：向虚拟 I²C 总线上发送 n 个字节的数据

参数：slaw－写命令字；

　　　ff［］－发送的数据，前两个字节分别为高地址、低地址，接着是数据；

　　　number－写数据长度＝地址＋数据

———————————————————————————————————— ＊/

void wrnbyt（uchar slaw，uchar ff［］，uchar number）；

/＊—————————————————————————————————————

功能：从虚拟 I²C 总线上读取 n 个字节的数据

参数：slaw－读命令字；

　　　qq［］－保存读取数据的数组，前两个字节分别为高地址、低地址，接着是数据；

　　　number－读取数据长度＝地址＋数据

———————————————————————————————————— ＊/

void rdnbyt（uchar slar，uchar qq［］，uchar number）；

＃endif

以下是虚拟 I²C 总线的驱动程序：

/＊—————————————————————————————————————

功能：虚拟 I²C 总线的驱动程序

———————————————————————————————————— ＊/

＃include ＜intrins. h＞

＃include ″IIC. h″

/＊—————————————————————————————————————

功能：延时子程序

———————————————————————————————————— ＊/

```
void delay（uchar n）
{
  uint i;
  uchar j;
  for（j=0；j<n；j++）
  for（i=0；i<6000；i++）;
}

//启动 I²C 总线
void sta（）
{
  SDA=1;
  SCL=1;
  _nop_（）;
  SDA=0;
  _nop_（）;
  SCL=0;
}
```

```
//停止 I²C 总线
void stop ()
{
    SDA=0;
    SCL=1;
    delay (1);
    SDA=1;
    delay (1);
}

//发送应答位
void mack ()
{
    SDA=0;
    SCL=1;
    _ nop _ ();
    SCL=0;
    SDA=1;
}

//发送非应答位
void mnack ()
{
    SDA=1;
    SCL=1;
    _ nop _ ();
    SCL=0;
    SDA=0;
}

//应答位检查
void cack ()
{
    SDA=1;
    SCL=1;
    F0=0;
    if (SDA==1)
    F0=1;
    SCL=0;
    _ nop _ ();
}

//向虚拟 I²C 总线上发送 1 个数据字节
```

```c
void wrbyt (uchar shu)
{
    uchar i;
    for (i=0; i<8; i++)
    {
        if ( (shu&0x80) >0)
        {
            SDA=1;
            SCL=1;
            _nop_ ();
            SCL=0;
            SDA=0;
        }
        else
        {
            SDA=0;
            SCL=1;
            _nop_ ();
            SCL=0;
        }
        shu=shu<<1;
    }
}


//从 I²C 总线上读取 1 个数据字节
uchar rdbyt ()
{
    uchar nn=0xff, mm=0x80, uu=0x7f;
    uchar j;
    for (j=0; j<8; j++)
    {
        SDA=1;
        SCL=1;
        if (SDA==0)
            {nn= (nn&uu);}
        else
            {nn= (nn | mm);}
        nn=_crol_ (nn, 1);
        SCL=0;
    }
    return (nn);
}


void wrnbyta (uchar slaw, uchar gg [], uchar n)
```

```
{
  do
  {
    sta ();
    wrbyt (slaw);
    cack ();
  }
  while (F0==1);
    wrbyt (gg [n]);
    cack ();
}
```

```
/* ————————————————————————————
向虚拟 I²C 总线上发送 n 个字节的数据
参数：写命令字、需要写到总线的数据、写数据长度
ff []：前两个字节分别为高地址、低地址，接着是数据，其中数据长度＝地址＋数据
———————————————————————————— */
void wrnbyt (uchar slaw, uchar ff [], uchar number)
{
  uchar idata k;
  do
  {
    sta ();
    wrbyt (slaw);
    cack ();
  }
  while (F0==1);
  for (k=0; k<number; k++)
    {
    wrbyt (ff [k]);
    cack ();
    while (F0==1)
    wrnbyta (slaw, ff, k);
    }
  stop ();
}
```

```
/* ————————————————————————————
从虚拟 I²C 总线上读取 n 个字节的数据
前提：已初始化读取的首地址
参数：读命令字、保存数组、读取字节数
———————————————————————————— */
void rdnbyt (uchar slar, uchar qq [], uchar number)
```

```
        {
            uchar idata data0，l；
            do
            {
                sta（）；
                wrbyt（slar）；
                cack（）；
            }
            while（F0==1）；
            for（l=0；l<number−1；l++）
            {
                data0=rdbyt（）；
                qq［l］=data0；
                mack（）；
            }
            data0=rdbyt（）；
            qq［l］=data0；
            mnack（）；
            stop（）；
        }
```

11.2.5　E²PROM 芯片 AT24Cxx 的应用

ATMEL 公司生产的 AT24Cxx 系列串行 E²PROM 是具有 I²C 总线接口功能的电可擦除串行 E²PROM 器件，具有掉电保护功能、功耗小、电源电压宽（2.5 V～6.0 V）的特点。

E²PROM 芯片 AT24Cxx 容量为 128 KB～512 KB 字节，引脚如图 11.17 所示。

（1）SDA、SCL：I²C 总线接口。

（2）A2～A0：地址引脚。

（3）WP：写保护。当其接低电平时，可进行正常读/写操作；接高电平时，只能读取数据。

图 11.17　AT24Cxx 引脚

AT24C02 的器件地址是 1010，A2A1A0 为引脚地址，全接地时为 000。

R/$\overline{\text{W}}$ = 1 时，读寻址字节 SLAR = 10100001B = A1H；R/$\overline{\text{W}}$ = 0 时，写寻址字节 SLAW = 10100000B=A0H。

E²PROM AT24Cxx 系列的写入时间一般需要 5 ms～10 ms，擦写次数为 10 万次，数据保存期为 100 年。

数据读/写操作格式见表 11.6 和表 11.7。

表 11.6　输出操作（SADR 为 AT24Cxx 片内地址）

S	SLAW	A	SADR	A	data1	A	data2	A	…	dataN	A	P

表 11.7　输入操作

S	SLAR	A	SADR	A	P	S	SLAR	A	data1	A	data2	A	…	dataN	$\overline{\text{A}}$	P

其中，阴影部分由 80C52 发送，AT24Cxx 接收；非阴影部分由 AT24Cxx 发送，80C52
接收。

AT24Cxx 与 51 单片机的接口如图 11.18 所示。

图 11. 18　AT24Cxx 与 89C52 接口

对容量为 32 KB 的 E^2PROM AT24C256 进行读写操作的演示程序如下（注意：请根据
硬件，对 IIC. H 文件定义的引脚进行修改）。

这个程序的功能是对 AT24C256 的 0010H 地址单元写入 0CCH，然后又读出。读者可
以根据此程序提供的函数进行其他的应用。

```
/ * ———————————————————————————— * /
#include <reg52. h>
#include "IIC. h"


#define uchar unsigned char
/ * ———————————————————————————
功能：读 E²PROM 中任意地址单元数据
参数：addr_h—高地址；addr_l—低地址
———————————————————————————— * /
char eeprom_read (uchar addr_h, uchar addr_l)
{
    char a [2], temp [1];
    a [0] =addr_h;
    a [1] =addr_l;
    wrnbyt (0xa0, a, 2);
    rdnbyt (0xa1, temp, 1);
    return (temp [0]);
}
/ * ———————————————————————————
功能：向 E²PROM 中任意地址单元写数据
参数：addr_h—高地址；addr_l—低地址；data1—数据
———————————————————————————— * /
void eeprom_write (uchar addr_h, uchar addr_l, uchar data1)
{
    char a [3];
    a [0] =addr_h;
```

```
    a [1] =addr _ l;
    a [2] =data1;
    wrnbyt (0xa0, a, 3);
}


void main ()
{
    eeprom _ write (0x00, 0x10, 0xcc); //将 0xaa 写到 0x0010 地址中去
    P0=eeprom _ read (0x00, 0x10);    //读取 0x0010 地址中的数据
    while (1);
}
```

AT24C02 的存储单元只有 256 个，其读写时的地址只要求一个字节一个字节表示，所以其程序驱动程序可以简洁一些，下面提供一个常用的 AT24C02 驱动程序。

以下是 AT24C02 的头文件：

```
#ifndef _ 24C02 _
#define _ 24C02 _

sbit Sda=P3^6;              //AT24C02 的 SDA 与 P3.6 相连
sbit Scl=P3^5;              //AT24C02 的 SCL 与 P3.5 相连

#define uchar unsigned char
#define uint unsigned int

void mDelay (uint t);    //延时程序


/* ————————————————————————————————————————
功能：写数据到 AT24C02
参数：Data []    需写入的数组数据；
      Address  存 AT24C02 的起始地址；
      Num      数组的数据个数。
——————————————————————————————————————— */
void WrToROM (uchar Data [], uchar Address, uchar Num);


/* ————————————————————————————————————————
功能：读 AT24C02 程序
参数：Data []    读入的数据存入的数组；
      Address  读 AT24C02 的起始地址；
      Num      数组的数据个数。
——————————————————————————————————————— */
void RdFromROM (uchar Data [], uchar Address, uchar Num);


#endif
```

以下是 AT24C02 的驱动程序：

```
/* ——————————————————————————————
功能：AT24C02 的驱动程序，函数的功能和参数说明见 24C02.h 的注释
—————————————————————————————— */
#include <reg52.h>
#include<intrins.h>
#include "24C02.h"

#define AddWr 0xa0              //器件地址选择及写标志定义
#define AddRd 0xa1              //器件地址选择及读标志定义

void mDelay (uint t)           //延时
{   uchar i;
    while (t——)
    {
      for (i=0; i<125; i++)
        {;}
    }
}

void Nop (void)                //空操作函数
{
  _nop_ (); _nop_ ();
  _nop_ (); _nop_ ();
}

void Start (void)              //起始函数
{
  Sda=1; Scl=1; Nop ();
  Sda=0; Nop ();
}

void Stop (void)               //停止函数
{
  Sda=0; Scl=1; Nop ();
  Sda=1; Nop ();
}

void Ack (void)                //应答位函数
{
  Sda=0; Nop ();
  Scl=1; Nop (); Scl=0;
}

void NoAck (void)              //反向应答位程序
```

```
{
  Sda=1; Nop ();
  Scl=1; Nop (); Scl=0;
}

void Send (uchar Data)          //发送数据子程序，Data 为要求发送的数据
{
  uchar BitCounter=8;
  uchar temp;
  do
  {
    temp=Data;
    Scl=0;    Nop ();
    if ( (temp&0x80) ==0x80)
      Sda=1;
    else
      Sda=0;
    Scl=1;
    temp=Data<<1;
    Data=temp;
    BitCounter--;
  }
  while (BitCounter);
    Scl=0;
}

uchar Read (void)               //读一字节的数据，并返回该字节值
{
  uchar temp=0;
  uchar temp1=0;
  uchar BitCounter=8;
  Sda=1;
  do {
      Scl=0; Nop ();
      Scl=1; Nop ();
    if (Sda)
        temp=temp | 0x01;
    else
        temp=temp&0xfe;
    if (BitCounter-1)
    {
      temp1=temp<<1;
      temp=temp1;
    }
```

```
        BitCounter——;
      }
    while (BitCounter);
    return (temp);
  }


  void WrToROM (uchar Data [], uchar Address，uchar Num)    //对 AT24C02 写数据
  {
    uchar i;    uchar * PData;
    PData=Data;
    for (i=0; i<Num; i++)
    {
      Start (); Send (0xa0);
      Ack ();
      Send (Address+i);
      Ack ();
      Send (* (PData+i));
      Ack ();
      Stop ();
      mDelay (20);
    }
  }


  void RdFromROM (uchar Data [],  uchar Address，uchar Num) //从 AT24C02 读数据
  {
    uchar i;
    uchar * PData;
    PData=Data;
    for (i=0; i<Num; i++)
    {
      Start (); Send (0xa0);
      Ack (); Send (Address+i);
      Ack (); Start ();
      Send (0xa1);
      Ack (); * (PData+i) =Read ();
      Scl=0;
      NoAck (); Stop ();
    }
  }
```

　　下面是 AT24C02 应用的演示程序，其功能是向 AT24C02 写入 15 个数据，地址从 00H 开始；然后又将其读出，并依次将 15 个数据用 BCD 码的 LED 显示出来。

```
    # include <reg52. h>
    # include "24C02. h"
```

```
void main ()
{
    uchar i;
    uchar Number [15] = {0, 1, 2, 3, 4, 5, 6, 7, 8, 9, 0xaa, 0xbb, 0xcc, 0xdd,
0xee};          //15 个数据
    uchar Buffer [15] = {0};
    P2=0xff;                      //连接在 P2 口上的 BCD 码 LED 显示 "FF"
    WrToROM (Number, 0, 15);      //将 Number 中的 15 个数据写入 AT24C02 中，地址从 00H
开始
    mDelay (500);
    RdFromROM (Buffer, 0, 15);    //将 15 个数据从 AT24C02 中读出，地址从 00H 开始

    for (i=0; i<15; i++)
    {
        mDelay (1000);            //延时
        P2=Buffer [i];            //将读出的 15 个数据依次用 BCD 码的 LED 显示
    }
}
```

此演示程序的仿真效果如图 11.19 所示。

图 11.19　AT24C02 读写仿真效果图

附录 A   Keil C51 使用简介

  Keil 软件是目前最流行的开发 MCS−51 系列单片机的软件。Keil 提供了包括 C 编译器、宏汇编、连接器、库管理和一个功能强大的仿真调试器等在内的完整开发方案，通过一个集成开发软件 μVision 将这些部分组合在一起。使用 51 系列单片机，掌握这一软件是非常必要的，即使不使用 C51 编程而仅用汇编语言，其方便易用的集成环境、强大的软件仿真调试工具也会令用户事半功倍。

  目前，Keil C51 的 IDE（Integrated Development Environment，集成开发环境）有 μVision2、μVision3 和 μVision4，高版本功能有所增强，但使用大同小异。本章只简单介绍 μVision4。

A.1   Keil C51 工程的建立及设置

A.1.1   工程的建立

  从桌面双击 μVision 图标，启动 Keil，如图 A.1 所示。

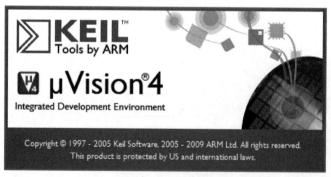

图 A.1   启动界面

  稍等片刻会出现一个 μVision4 IDE 的界面，如图 A.2 所示。该界面分为项目管理、程序编辑、编译输出三大部分。随着各种功能的展开，还会出现一些窗口。

  像大多数平台一样，μVision 需要建立一个工程文件来存储工程的相关信息。

图 A. 2　μVision4 IDE 界面

为了项目的管理，读者最好先建立一个自己的文件夹，本例建立了一个文件夹"test"。点击菜单 project，选择 new project，如图 A. 3 所示。

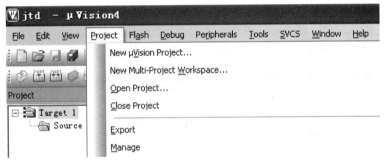

图 A. 3　创建新工程

选择要保存的路径（本例是在桌面上的文件夹"test"），输入工程文件名（如 jtd），然后单击"保存"，如图 A. 4 所示。

图 A. 4　保存工程

　　这时会弹出一个选择单片机型号的对话框，选择 Atmel 的 AT89C51，如图 A.5 所示。

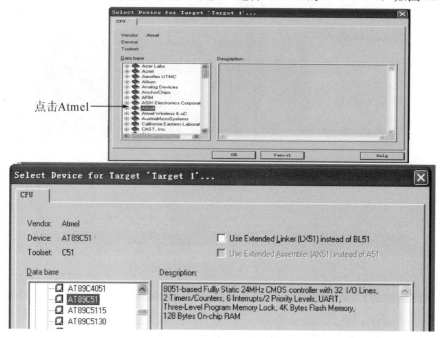

图 A.5　选择单片机型号

　　这时会出现一个对话框，询问是否把一个标准的"启动"程序 Startup.A51 添加到工程中，它是 8051 系列 CPU 的启动代码，主要用来对 CPU 数据存储器进行清零，并初始化硬件和重入函数堆栈指针等，一般建议选"是"，但因为初学 C51 程序较简单，故可以不选用，这里选择"否"，如图 A.6 所示。

图 A.6　选择 Startup 文件

　　下面为该工程添加所需要的程序文件（包括主程序文件、驱动程序文件）。

　　选择菜单 File→New，会自动产生一个名为"Text1"的文件，点击 File→Save as，将它命名为"jtd.c"并保存。注意，C 程序保存为 *.c，汇编程序保存为 *.A51 或 *.asm，头文件保存为 *.h，如图 A.7 所示。

图 A.7　保存程序文件

保存程序文件后，会出现如图 A.8 所示界面。

图 A.8　保存程序文件后的界面

点击界面中工程管理窗口中的 "Source Group 1"，在弹出的菜单中选择 "Add Files to Group 'Source Group 1'"，如图 A.9 所示。

图 A.9　添加文件界面

此时弹出如图 A.10 所示对话框，先选择文件类型，再选择源程序文件，点击"Add"按钮，将程序加入到工程中去，可以一次选择多个文件。

图 A.10　保存选择的源程序文件

这时出现如图 A.11 所示界面，可以在此编写程序了。

图 A.11　编写源程序界面

A.1.2　工作环境和参数的设置

在 Keil 的使用中，参数配置同样重要。新工程所有的配置参数都会使用缺省值，一般可以正常运行。使用初期，用户如果遇到不理解的配置参数可以不予理睬，在以后的应用中再逐步弄懂各个参数的实际用处。但工程调试参数和"输出 HEX 代码文件"一定要设置，因为 Keil 的缺省设置是不生成 HEX 代码文件的，手动打开输出 HEX 文件控制方法如下：

单击工程组窗口的工程组名，再单击菜单 Project → Options for Target 'Target1' 命令，点击"Output"（如没有 Output，则按 Cancel，再重新操作）后，按如图 A.12 所示界面，在"Create HEX File"打√；在"Name of Executable"后取 HEX 文件的名字（本例

取名 jtd）；单击"OK"按钮，退出后重新编译连接工程，即可生成 HEX 代码文件调试信息和浏览信息，如图 A.13 所示。

图 A.12　输出 HEX 文件设置界面

```
Build Output
Build target 'Target 1'
compiling jtd.c...
linking...
Program Size: data=14.1 xdata=0 code=350
creating hex file from "jtd"...
"jtd" - 0 Error(s), 0 Warning(s).
```

图 A.13　Build Output 窗口的输出信息

A.1.3　程序编译

在设置好工程后，即可进行编译、连接。这些工作可以通过工具栏按钮直接进行。如图 A.14 所示是有关编译、设置的工具栏按钮。从左到右的头三个按钮分别是编译、建立、重建。

图 A.14　编译、连接、项目设置工具条

编译当前源程序，不进行连接，不会产生目标代码（即 HEX 文件）。

建立，即编译、连接，对当前工程进行编译、连接并产生目标代码；如果当前源程序已修改，会先对该源程序进行编译，然后再连接以产生目标代码。

重建，会对当前工程中的所有源程序重新进行编译然后再连接，确保最终生产的目标代码是最新的。

编译过程中的信息将出现在输出窗口中的 Build Output 窗口中，如果源程序中有语法错误，会有错误报告出现，双击该行，可以定位到出错的位置，对源程序反复修改之后，最终会得到如图 A.13 所示的结果。

A.1.4　程序调试

如果源程序中存在着错误，通过调试可发现问题并加以解决。事实上，除了极简单的程序外，绝大部分的程序都要通过反复调试才能得到较佳的结果。因此，调试是软件开发中的一个重要环节。

所谓调试，就是在程序运行过程中跟踪变量的变化、查看内存堆栈的内容等，查看这些内容的值是否达到预期的指标。单片机的程序设计调试分为两种：一种是使用软件模拟调试，就是用计算机虚拟单片机片内资源，模拟单片机的指令执行，从而达到调试的目的。但是，软件调试存在一些问题，如计算机本身是多任务系统，执行时间是由操作系统本身完成的，无法控制，这样就无法实时地模拟单片机的执行时序。也就是说，不可能像真正的单片机运行环境那样执行的指令在同样的时间内完成（往往比单片机慢）。第二种是硬件调试，硬件调试也需要计算机软件的配合，过程是这样的：计算机软件把编译好的程序通过串行口、并行口或者 USB 口传输到硬件调试设备中（这个设备叫仿真器），仿真器的仿真采用全部真实的单片机硬件资源（所有的单片机接口有真实的引脚输出），仿真器可以接入实际的电路中，然后如同单片机一样执行。同时，仿真器也会将单片机内部存储器与时序等信息返还给计算机的调试软件，这样就可以在调试软件里看到指令的真实执行情况。不仅如此，还可以通过计算机的软件实现单步、全速、运行到光标的常规调试手段。因此，仿真器能完全代替 CPU，与真实的单片机相同（特殊情况有一点差距）。

下面介绍利用 Keil 进行软件仿真的方法。

1. 进入调试状态

在软件仿真之前，先检查一下配置是不是正确，点击 （见图 A.14），确定 Target 选项内容如图 A.15 所示（主要检查 CPU 型号和晶振频率，其他的默认就可以了）。

图 A.15　软件仿真配置界面

接下来设置图 A.15 中的 Debug 项，确认 Use Simulator 被采用，如图 A.16 所示。

图 A.16　确认软件仿真界面

接下来，点击 进入仿真调试界面，如图 A.17 所示。

图 A.17　软件仿真的界面

在快捷按钮区域中会新增一些快捷按钮，功能如图 A.18 所示。

图 A.18　调试工具条

点击这些快捷键，就会出现相应的窗口和功能。这些功能和图 A.18 中未显示的其他快捷图标的使用读者可以参阅 Keil 的帮助文件。实际运用中最常用的是"复位"、"全速执行"、"停止"、"单步跳过执行"、"单步跟踪执行"、"执行到光标处"及"反汇编窗口"等。

将鼠标放置在图标上，会出现该按钮的英文解释。

（1）复位（Reset）：其功能等同于硬件上的复位按钮。

（2）全速执行（Run）：快速执行到断点处。有时候并不需要观看每步是怎么执行的，而是需要快速执行到程序的某个地方看结果。这时，可以通过鼠标左键点击程序行的序列号来加入断点（会出现一个方形红点），再次双击鼠标左键则取消该断点。

（3）停止（Stop）：此按钮在程序一直执行的时候会变为有效，按该按钮，可以使程序停止并进入到单步调试状态。

（4）单步跟踪执行（Step on line）：可用来实现单步执行到某个函数里面的功能。

（5）单步跳过执行（Step Over）：在碰到有函数的地方，通过该按钮就可以单步跳过执行这个函数，而不进入这个函数的单步执行。

（6）单步跳出执行（Step Out）：在进入了函数单步调试时，不必再单步执行该函数的剩余部分，该按钮可以直接一步执行完函数余下的部分，并跳出函数，回到函数被调用的位置。

（7）执行到光标处（Run to Cursor Line）：可以迅速地使程序运行到光标处。

此外还有以下窗口（有些窗口图 A.18 中未画出），介绍如下。

（1）反汇编窗口（Disassembly Windows）：查看汇编代码，这对分析程序很有用。

（2）观察窗口（Watch Windows）：会弹出一个显示变量的窗口，在里面可以查看各种变量值。

（3）存储器窗口（Memory Windows）：会弹出一个存储器查看窗口，可输入要查看的存储器内存地址，然后观察这一存储器的变化情况。在其窗口"Address"后的文本框中输入"字母：数字"，即可显示相应存储单元的值。其中字母是 C、D、I 和 X，分别代表程序存储空间、直接寻址的内部存储空间、间接寻址的内部存储空间和外部 RAM 存储空间。数字表示要显示区域的起始地址。

（4）寄存器窗口（Registers Window）：观察 51 单片机各寄存器的变化。

（5）串口窗口（Serial Windows）：会弹出一个串口调试助手界面的窗口，用来显示从串口出来的内容。

（6）性能分析窗口（Performance Analyzer，在 Analysis Windows 中）：会弹出一个观看各个函数执行时间和所占百分比的窗口。此窗口中用来分析函数的性能是比较有用的。

（7）逻辑分析窗口（Logic Analyzer，在 Analysis Windows 中）：会弹出一个逻辑分析窗口，通过 SETUP 按钮新建一些 I/O 口，就可以观察这些 I/O 口的电平变化情况，并以多种形式显示出来，比较直观。

2. 断点的设置与删除

（1）用鼠标双击。

在需要设置的行的最前面，双击鼠标左键，即可设置或清除断点。

（2）用命令或命令按钮。

先将光标移到需设置的行，然后点击 Debug 菜单下的 Insert/Remove Breakpoint 命令或工具栏中的相应按钮，即可设置或清除断点。

另外，还有断点禁用和全部清除命令及按钮，也容易使用。断点设置的方法也可用工具条，如图 A.19 所示。常用的是在某一程序行设置断点，然后全速运行程序，当执行到该断点程序行时即停止，此时可以将光标移动到程序中要观察的变量上悬停 1 秒，便会显示需观察的变量值，如图 A.20 所示。

图 A.19　断点设置工具条

图 A.20　调试中观察变量的值

3. 寄存器的观察与修改

（1）显示寄存器窗口。

寄存器窗口、在线帮助窗口和工程管理器是同一个窗口，在工程管理器窗口下包含 3 个标签，即包含 3 个区域。在调试状态下，点击 View 菜单下的 Project Window 命令或对应的按钮，就会显示或隐藏工程管理器窗口；然后点击窗口下边的寄存器标签，即显示出寄存器窗口。

（2）寄存器的观察与修改。

窗口中的寄存器分通用寄存器和系统寄存器两组。通用寄存器为 8 个工作寄存器即 R0~R7；系统寄存器包括寄存器 A、B、SPC、DPTR、PSW、states、sec。states 为运行的机器周期数，sec 为运行的时间。

修改寄存器（除 sec 和 states 之外）值的方式有两种：一是用鼠标直接点击左键进行修改；二是在图 A.20 所示的调试命令窗口直接输入寄存器的值，如输入"A=0x32"，则寄存器 A 的值立即显示 32。

4. 变量的观察与修改

局部变量：显示的是当前函数中的变量，这些变量不用设置，自动出现在窗口中。

其他变量：可以在 Watch♯1 或 Watch♯2 标签按 F2 输入变量名。在程序运行中，可以观察这些变量的变化，也可以用鼠标点击修改它们的值。

观察变量更简单的方法：在程序停止运行时，将光标移动到要观察的变量上悬停大约 1 秒，就会出现对应变量的当前值，如图 A.20 所示。

5. 存储器的观察与修改

（1）显示存储器窗口。

在调试状态下，点击 View 菜单下的 Memory Window 命令或对应的按钮，就会显示或隐藏存储器窗口。

存储器窗口包含 4 个标签，即 4 个显示区，分别是 Memory♯1~Memory♯4。

（2）存储器的观察与修改。

在 4 个显示区上边的"Address"栏输入不同类型的地址，可以观察不同的存储区域。

①观察片内 RAM 直接寻址的 data 区：在 Address 栏输入"D：xx"（xx 为十六进制数），便显示从 xx 地址开始的数据。高 128 字节显示的是特殊功能寄存器的内容。

②观察片内 RAM 间接寻址的 idata 区：在 Address 栏输入"I：xx"，便显示从 xx 地址开始的数据。高 128 字节显示的也是数据区的内容。

③观察片外 RAM 的 xdata 区：在 Address 栏输入"X：xxxx"，便显示从 xxxx 地址开始的数据。

④观察程序存储器 ROM code 区：在 Address 栏输入"C：xxxx"，便显示从 xxxx 地址开始的程序代码。

（3）修改存储器中的数据。

①程序存储器中的数据不能修改。

②其他 3 个区域数据的修改方法：用鼠标对准需修改的单元，点击鼠标右键，在弹出的菜单中有一"Modify Memory at 0x…"命令，执行该命令，在弹出的数据输入栏中输入数据，然后用鼠标左键点击"OK"即可。

6. 串行口的观察

在调试状态下，点击 View 菜单下的 Serial Window ♯1 或 Serial Window ♯2 命令或对应的按钮，就会显示或隐藏串行口窗口。

串行口窗口提供了一个调试串行口的界面，从串行口发送或接收的数据，都可以在该窗口显示或输入。

7. 片内外设的观察与修改

（1）片内外设的观察。

在调试状态下，点击 Peripherals 菜单下的不同外设选项命令，就会显示或隐藏对应外设的观察窗口。如显示定时器 T0 窗口，点击 Peripherals 菜单下的 Timer 下面的 Timer0 选项即可。

（2）刷新观察。

在程序运行时，各个片内外设的状态会不断地变化，为了随时观察它们的变化，可以启用 View 菜单下的 Periodic Windows Update 命令，让 Keil C 自动定时刷新各个调试窗口。

（3）片内外设的修改。

可以在窗口中对设备直接进行设置，与程序中的命令设置一样，并且立即生效。如图 A. 21 所示是定时/计数器 T0 的状态窗口。

图 A. 21　定时/计数器 T0 状态窗口

A. 2　Keil 与 Proteus 联调

Keil 与 Proteus 联调方法如下：

（1）把 Proteus 安装目录下的 VDM51. dll 文件复制到 Keil 安装目录的 \ C51 \ BIN 中。

（2）修改 Keil 安装目录下的 Tools. ini 文件，在 C51 字段加入 TDRV8 = BIN \ VDM51. dll "Proteus VSM Monitor－51 Driver" 并保存。需要注意的是：不一定要用 TDRV8，根据原来字段选用一个不重复的数值（如 "TDRV9"）也可以，如图 A. 22 所示。

图 A. 22　修改 Tools. ini 文件截图

（3）打开 Proteus，画出相应电路原理图。在 Proteus 的 Debug 菜单中选中 "Use Remote Debug Monitor"，如图 A. 23 所示。

图 A.23　设置 Proteus 的 Debug 截图

（4）进入 Keil 的 Project 菜单 option for target‘工程名’。在 Debug 选项中右栏上部的下拉菜单选中 Proteus VSM Monitor—51 Driver，如图 A.24 所示。点击进入 Setting，如果用同一台机，IP 名为 127.0.0.1；如果不是同一台机调试，则填另一台的 IP 地址。端口号一定需设为 8000。需要注意的是，可以实现在一台机器上运行 Keil，另一台中运行 Proteus 进行远程仿真调试，如图 A.25 所示。

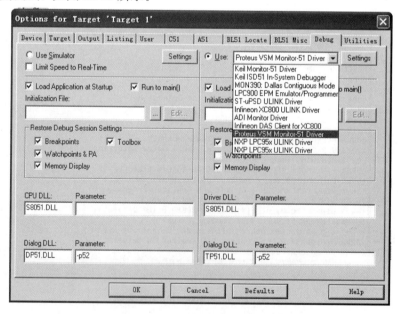

图 A.24　设置 Keil 的 Project 菜单 option for target 截图

图 A. 25　进入 Setting 截图

（5）在 Proteus 中选择 Debug→ "Start/Restart Debugging"，如果在 Keil 的 Output Window 的窗口中出现 "VDM51 target initialized."，说明 Proteus 连接成功了；在 keil 中进行 Debug，如进行单步、断点等；同时在 Proteus 中查看调试的结果。

下面用一个简单的 "LED 红黄绿灯控制" 实验来演示一下 Keil 与 Proteus 联调。实验电路的原理图如图 A. 26 所示（用 Proteus 仿真时可以省略电源、晶振、复位电路）。本实验是用延时的方法控制红黄绿灯的 "亮"、"灭"。从其程序注释中很容易了解实验的功能。

图 A. 26　LED 红黄绿灯控制实验原理图

除主程序外，还有一个延时 ms 的函数，源程序如下：

```
# include <reg51. h>

sbit RED=P1^0;                //定义红灯控制位
sbit YELLOW=P1^1;            //定义黄灯控制位
sbit GREEN=P1^2;             //定义绿灯控制位

void delayms (unsigned int x)   //毫秒延时函数：x 为 ms 数；晶振为 11. 0592 MHz
{
  unsigned char j;
  while（x——）
```

```
        {
            for (j=0; j<123; j++) {;}
        }
    }


    void main (void)
    {
        while (1)
        {
            RED=0；              // 红灯亮
            YELLOW=1；           // 黄灯灭
            GREEN=1；            // 绿灯灭
            delayms (3000)；      // 延时 3 秒

            RED=0；              // 红灯亮
            YELLOW=0；           // 黄灯亮
            GREEN=1；            // 绿灯灭
            delayms (1000)；      // 延时 1 秒

            RED=1；              // 红灯灭
            YELLOW=0；           // 黄灯亮
            GREEN=1；            // 绿灯灭
            delayms (1000)；      // 延时 1 秒

            RED=1；              // 红灯灭
            YELLOW=1；           // 黄灯灭
            GREEN=0；            // 绿灯亮
            delayms (3000)；      // 延时 3 秒
        }
    }
```

完成按 A.1.1 所讲述的全部步骤，将此程序输入到程序编程窗口后进行编译，通过编译后的界面如图 A.27 所示，并生成了一个 "jtd. hex" 的文件。

按前面所讲述的方法，完成 Keil 与 Proteus 联调设置。

点击 🔍，出现如图 A.28 所示的界面。将光标停留在第 20 行，点击 "Disassembly" 反汇编按钮🔍，会出现一个黄色条，即

    C：0x0003   C290   CLR   RED (0x90.0)

这就是 C51 程序中 "RED=0；" 的汇编语句。

从 "反汇编" 窗口中可以看到所用一一对应的 C51 程序编译后生成的汇编语句，读者可以从中体会 Keil C51 编译器的效率。

图 A. 27　实验程序编译成功后的界面

图 A. 28　实验程序编译成功后的窗口

点击 或设置断点，可以任意控制程序的流程，并在 Proteus 的界面中观察到程序的效果。比如，在 C51 程序的第 33 行设置断点，全速运行后，程序会在第 33 行暂停（如图 A.29 所示），在 Proteus 仿真图中出现"黄灯亮，红绿灯灭"这个效果。

可以采用"A.1.4 程序调试"一节中的方法进行各种程序调试，通过这样的调试，很容易发现程序的错误和功能的不足，从而进行程序的修改。

图 A. 29　实验程序设置断点调试

附录 B　Proteus 使用入门

　　Proteus 是英国 Labcenter electronics 公司开发的 EDA 工具软件，在全球广泛使用，除了具有与其他 EDA 工具相似的软件电路仿真功能外，其主要特点是：针对微处理器的应用，可以仿真相应的接口器件，如 LED 显示、LCD 显示、键盘、I/O、AD、DA 等器件，还能看到运行后输入输出的效果，配合系统配置的虚拟仪器如示波器、逻辑分析仪等，Proteus 建立了一个完备的电子设计开发环境。其官方网站（http：//www. labcenter. co. uk/）上可以下载到最新的 DEMO 版供学习用；功能最强的 Proteus 专业版也较便宜，对高校还有很多优惠。

　　Proteus 最新版含有仿真元件约 7000 多种，还有很多第三方模型。Proteus 是集电路仿真和软件调试于一体的软件，是学习单片机、模拟/数字电路的一个非常好的工具。其界面和很多软件的界面相似，也是由菜单栏、常用工具栏、工作区等几部分组成。

　　本附录将通过一个实例介绍 Proteus 的基本使用方法。

B.1　窗口界面

　　点击软件快捷图标 ![]，即可进入窗口界面如图 B.1 所示。

图 B.1　Proteus 窗口界面

（1）原理图编辑窗口（The Editing Window）：绘制原理图。此窗口没有滚动条，但可用预览窗口来改变原理图的可视范围。

（2）预览窗口（The Overview Window）：它显示两部分内容。

①当在元件列表中选择一个元件时，它将显示该元件的预览图。

②当鼠标焦点落在原理图编辑窗口时，它会显示整张原理图的缩略图，含一个绿色的方框，方框里面的内容就是当前原理图窗口中显示的内容。

因此，可用鼠标在上面点击来改变绿色的方框的位置，从而改变原理图的可视范围。

（3）模型选择工具栏（Mode Selector Toolbar）：含有编辑、调试原理图的主要工具。

①主要模型（Main Modes）：

选择元件（components）（为默认选择）；放置连接点（交叉点）；标签（画总线时用）；文本；绘制总线；子电路；即时编辑元件（用法：先点击该图标，再点击要修改的元件）。

②配件（Gadgets）（含各种终端和仪器工具）：

终端（terminals），有 V_{CC}、地、输出、输入等；器件引脚；仿真时序图表（graph）；录音机；信号发生器（generators）；电压探针；电流探针；虚拟仪表，如示波器、电压、电流表。

③2D 图形（2D Graphics）：

用于装饰原理图（如面板、加框等）、写入简要的说明注释等。

（4）元件列表（The Object Selector）：

挑选元件（components）、终端接口（terminals）、信号发生器（generators）、仿真图表（graph）等。例如，选择"元件（components）"，点击"P"按钮会打开挑选元件对话框，选择了一个元件后（按"OK"），该元件会在元件列表中显示，以后要用到该元件时，只需在元件列表中选择即可。

（5）方向工具栏（Orientation Toolbar）（改变元件的角度和方向）：

旋转：旋转元件角度。

翻转：完成元件水平翻转和垂直翻转。

使用方法：先右键点击元件，再点击（左击）相应的旋转图标。

（6）仿真工具栏：

仿真控制按钮依次为运行、单步运行、暂停和停止。

B.2　51 单片机仿真操作实例

现通过一个例子（如图 B.2 所示）对 Proteus 的用法进行简要的叙述。该例子所实现的功能是按键一次，使 2 位 LED 显示加 1，从 00～99 反复循环。

图 B.2　LED 数码管显示

1. 新建一个设计

选择 File→New Design。建议先取一文件名，本例为 Test1；保存该文件：File→Save Design 或者点击 Save Design 图标完成。

2. 选取元件

点击 Pick device 图标 P，进入元件库，如图 B.3 所示。搜索元件有两种基本的办法。

图 B.3　元件库界面

（1）如果知道元件的全称或者部分名称，可以在"Keywords"输入关键字。例如，要找 AT89C52，直接输入即可，也可以输入 AT89，然后在元件列表中选择对应的元件。

（2）如果不知道元件的名称，可以在"元件类别列表"先找到其对应的类别，然后再在子目录列表中寻找相应的类别，最后在元件列表中浏览元件，选中找到的元件后双击该元件或者点击 OK 按键，就可以将所选择的元件添加到编辑界面下的元件列表框中。

例如，如需要找 2 位 LED（7SEG － MPX2 － CA），在元件类别列表区找到 Optoelectronics 模块，在子目录中选中 7－Segment Displays，在元件列表区浏览元件，找 7SEG－MPX2－CA，点击 OK 键回到编辑界面，如图 B.4 所示。

用上述两种方法选取好如下元件：AT89C52、RES（电阻）、CAP（电容）、CRYSTAL（晶振）、7SEG－MPX2－CA（2 位 LED）、BUTTON（按键）、三极管等。

图 B.4　选择元件 2 位 LED

3. 放置元件

点击已选好的"元件列表"中的元件，在"预览窗口"即可出现其原理图。在工作区的任意位置点击左键，就可将该元件放入工作区内（与 Protel 99SE 中摆放元件是一样的）。

例如，放置 AT89C52，首先在元件列表中点击 AT89C52，然后在作图区的任意位置点击左键即可实现对该元件的放置，如图 B.5 所示。照此可依次放好其他的元件。元件与元件之间要有一定的距离方便连线。

注意：

（1）当某个元件在作图区需要改变其位置时，可首先选中该元件：鼠标右键点击该元件，这时元件呈现红色状，表示已经选中，然后用鼠标左键拖动至目标位置。

（2）如果要删除元件，可先选中该元件，点击鼠标右键即可。对于同一个元件，如果连续用鼠标右键点击两次将被删除。删除后，可以用工具栏上的 ⟲⟳ 来恢复。

（3）在任意空白处点击鼠标左键，会放置元件列表区被选择的元件。此时，可用右键双击该元件或者用工具栏上的撤销按键来删除该元件。

（4）如果想旋转某元件，首先选中该元件，然后点击 ↻↺ 0 ↔ ↕ 即可。

图 B.5 放置元件

4. 放置地线、电源线等

左键点击 ⊟ 按键，进入端线绘制状态。在列表中选择电源（POWER）和地线（GROUND）即可。可根据前面所述方法调整其方向，然后放置在作图区，如图 B.6 所示。

图 B.6 选择地线、电源线

5. 改变属性

一般情况下，电阻、电容、电源等的值、名称需要修改。右键点击选中要修改的元件，然后点击左键，弹出其属性对话框。然后按要求修改即可。

该例中，电阻的阻值设为 200 Ω，电容为 22 μF，晶振为 12 MHz，复位电阻为 2 kΩ，电源为 5 V。

如果需要改变电阻的相关参数，首先选中该电阻，然后左键点击该电阻，弹出如图 B.7 所示的对话框，在对话框中根据自己的设计改变名称和阻值。

当改变电源属性的时候，也是先选中电源，然后左键点击，弹出如图 B.8 所示的对话框，在字符信息栏中输入 VCC 或者+5 V（+号不能省略）。

图 B.7　改变电阻属性　　　　　　　　　　　图 B.8　改变电源属性

6. 连线

鼠标左键接近元件引脚端点时，鼠标形状会变成"交叉"状，此时，点击左键，然后按照一定的路径连接另一元件的一端点。这与 Protel 99SE 中的元件间的连线方法相同。本例全部线连好后，如图 B.9 所示。

图 B.9　连线

注意：为了保证电路图的美观性和可读性，应该尽量保持元件与元件之间的连线不交叉，并且为直线。当要删除某条线时，只需要右键双击该线即可。当删除某元件时，与元件相连的直线也会被删除。

连线也可以用总线的方式，具体方法见附录 B.3 节。

7. 烧写程序

首先，右键点击 AT89C52 选中 CPU，然后点击左键，弹出对话框，如图 B.10 所示。

左键点击 按钮，在弹出的对话框中选择事先编译好的 HEX 文件，本例为 COUNT. HEX，点击 OK，程序被烧写到单片机中。

图 B.10 CPU 烧写程序

8. 运行程序

完成上述步骤后，点击 ▶ ▶ ‖ ■ 最左端的箭头即可运行，如不能运行或运行不正确，需根据提示进行修改原理图和程序。

9. 生成 HEX 文件

HEX 文件可以使用 Keil C51 生成。

B.3 Proteus 中如何画总线

实际上，采用 Proteus 中总线（BUS 线）的连接方式并不能区别不同的总线。这与 Protel 是一样的，总线仅仅是一条示意线条而已。Proteus 中画总线的步骤如下：

（1）画总线，如图 B.11 所示。

图 B.11 画总线

（2）定义总线，如图 B.12 所示。

图 B.12　定义总线

（3）连接总线。

① 将总线与元件连接，定义连线类型（Style）为 BUS WIRE，如图 B.13 所示。

图 B.13　定义连线类型

② 填写总线分支名称：点击相关连线，从 Edit Wire Label 中选择总线的分支名称，如图 B.14 所示。

图 B.14　填写总线分支名称

可以在元件引脚的延长线上，用 LABEL 写上名称，相同名称的引脚即表示连接在一起。

B.4　Proteus 其他问题

B.4.1　Proteus 中怎样使用模板

首先，选择 file→new design，在弹出的对话框中可以选择模板。然后选择 file→save design as template，可以保存模板。替换默认文件夹里的 Templates \ Default. DTF，以后这就是用户的模板了。

B.4.2　电压、电流探针（probe）

实际应用中，电压、电流表都有两个端子，Proteus "虚拟仪器" 中的电压表（DC、AC VOLTMETER）、电流表（DC、AC AMMETER）与实际中的电压、电流表的使用是一样的。而 Proteus 中的电压、电流探针却不同，它只有一个端子。

使用中把电压探针一端接入要测试的点（可以是引出线），电压探针假设它的另一个端子是接地的，也就是说，测量的是测试点对地的电压。

用电流探针测电路线上的电流也与实际不同，只要把电流探针直接放在要测的电路线上的一点就可以了。电流探针有个箭头，放的时候调整探针的角度，使箭头指向电流的方向。

另外，在 Proteus 中电压、电流表的精度只有小数点后两位，没有电压、电流探针的精度高。电压表与电流表虽然只有两位小数的精度，但是它的单位是可以调的。如果把它的单位调整成毫伏（毫安）或微伏（微安），精度就会大幅度提高。

B. 4. 3　Proteus 常用快捷键

Proteus 可设置快捷键，以下是默认的快捷键，如图 B. 15 所示。

图 B. 15　快捷键设置

（1）F8：全部显示，当前工作区全部显示。

（2）F6：放大，以鼠标为中心放大。

（3）F7：缩小，以鼠标为中心缩小。

（4）G：栅格开关，显示、关闭栅格。

（5）Ctrl+F1：栅格宽度为 0.1 mm，显示栅格为 0.1 mm。

（6）F2：栅格为 0.5 mm，显示栅格为 0.5 mm。

（7）F3：栅格为 1 mm，显示栅格为 1 mm。

（8）F4：栅格为 2.5 mm，显示栅格为 2.5 mm。

（9）F5：重定位中心。

B. 4. 4　使用波形发生仪

选中波形发生仪后（如图 B. 16 所示），鼠标左键点击会出现一个对话框，其中以下几项比较有用：

　　　　{FREQV=1}

　　　　{FREQR=5}

　　　　{AMPLV=5}

　　　　{AMPLR=3}

　　　　{WAVEFORM=3}

　　　　{UNIPOLAR=0}

图 B. 16　波形发生器

FREQV 和 FREQR 用于设定输出信号频率，前者设置数目，后者设置单位，如 {FREQV=1}，{FREQR=5}，则输出 1 kHz 的信号，若将 FREQV 改为 5，则输出 5 kHz 的波形。

AMPLV 和 AMPLR 用于设置输出信号幅度。

WAVEFORM 用于设置输出信号形式，0 为正弦波，1 为锯齿波，2 为三角波，3 为占空比为 1∶1 的方波。

UNIPOLAR 用于设置输出信号有无极性，0 代表有极性（输出为正，负电平），1 代表无极性（输出为正，零电平）。

FREQV 设置输出信号频率数值，FREQR 设置单位，有 8 个档，1，2，3，4，5，6，7，8 分别对应于 0.1 Hz，1 Hz，10 Hz，0.1 kHz，1 kHz，10 kHz，0.1 MHz，1 MHz。

AMPLV 设置输出信号幅度数值，AMPLR 设置单位，有 4 个档，1，2，3，4 分别对应于 1 mV，10 mV，0.1 V，1 V。

比如：

　　{FREQV=1}
　　{FREQR=5}
　　{AMPLV=5}
　　{AMPLR=3}
　　{WAVEFORM=3}
　　{UNIPOLAR=0}

表示将输出频率为 1 kHz，幅值为 0.5 V 的脉冲方波。

B. 4. 5　虚拟示波器使用

虚拟示波器如图 B.17 所示。

图 B.17　虚拟示波器

用左下角的 CH1 和 CH2 按钮选择 DC 或 AC。

右上角的 CH1 和 CH2 按钮可切换两个通道。

右上角的第二个按钮有 3 个功能。

（1）两个绿点都没有：上面的按钮切换 CH1 和 CH2 显示。

（2）Dual 绿点：同时显示两个通道（用 YPOS1 和 YPOS2 可以调整波形的上下位置）。

（3）X—Y 绿点：CH1—CH2 显示，主要方便看差分值。

附录 C　MCS−51 指令表

C.1　数据传输类指令

助记符	功　　能	字节数	机器周期	机器码
MOV A，Rn	寄存器送累加器	1	1	E8～EF
MOV A，direct	直接寻址单元送累加器	2	1	E5 direct
MOV A，#data	立即数送累加器	2	1	74 data
MOV A，@Ri	间接寻址 RAM 送累加器	1	1	E6～E7
MOV Rn，A	累加器送寄存器	1	1	F8～FF
MOV Rn，direct	直接寻址单元送寄存器	2	2	A8～AF direct
MOV Rn，#data	立即数送寄存器	2	1	78～7F data
MOV direct，A	累加器送直接寻址单元	2	1	F5 direct
MOV direct，Rn	寄存器送直接寻址单元	2	2	88～8F direct
MOV direct1，direct2	直接寻址单元送直接寻址单元	3	2	85direct2direct1
MOV direct，#data	立即数送直接寻址单元	3	2	75 direct data
MOV direct，@Ri	间接寻址 RAM 送直接寻址单元	2	2	86～87 direct
MOV @Ri，A	累加器送间接寻址 RAM	1	1	F6～F7
MOV @Ri，direct	直接寻址单元送间接寻址 RAM	2	2	A6～A7 direct
MOV @Ri，#data	立即数送间接寻址 RAM	2	1	76～77 data
MOV DPTR，#data16	16 位立即数送数据指针	3	2	90 datah datal
MOVC A，@A+DPTR	查表数据送累加器（DPTR 为基址）	1	2	93
MOVC A，@A+PC	查表数据送累加器（PC 为基址）	1	2	83
MOVX A，@Ri	外部 RAM 单元送累加器（8 位地址）	1	2	E2～E3
MOVX A，@DPTR	外部 RAM 单元送累加器（16 位地址）	1	2	E0
MOVX @Ri，A	累加器送外部 RAM（8 位地址）	1	2	F2～F3
MOVX @DPTR，A	累加器送外部 RAM（16 位地址）	1	2	F0
PUSH direct	直接寻址单元压入栈顶	2	2	C0 derect
POP direct	栈顶弹出直接寻址单元	2	2	D0 direct
XCH A，Rn	累加器与寄存器交换	1	1	C8～CF
XCH A，direct	累加器与直接寻址 RAM 交换	2	1	C5 direct
XCH A，@Ri	累加器与间接寻址 RAM 交换	1	1	C6～C7
XCHD A，@Ri	累加器与间接寻址 RAM 交换低 4 位	1	1	D6～D7
SWAP A	累加器高 4 位与低 4 位交换	1	1	C4

C.2　算术运算类指令

助记符	功　能	字节数	机器周期	机器码
ADD A，Rn	累加器加寄存器	1	1	28~2F
ADD A，@Ri	累加器加间接寻址 RAM	1	1	26~27
ADD A，direct	累加器加直接寻址单元	2	1	25 data
ADD A，♯data	累加器加立即数	2	1	24 direct
ADDC A，Rn	累加器加寄存器和进位标志	1	1	38~3F
ADDC A，@Ri	累加器加间接寻址 RAM 和进位标志	1	1	36~37
ADDC A，♯data	累加器加立即数和进位标志	2	1	24 data
ADDC A，direct	累加器加直接寻址单元和进位标志	2	1	35 direct
INC A	累加器加 1	1	1	04
INC Rn	寄存器加 1	1	1	08~0F
INC direct	直接寻址单元加 1	2	1	05 direct
INC @Ri	间接寻址 RAM 加 1	1	1	06~07
INC DPTR	数据指针加 1	1	2	A3
DA A	十进制调整	1	1	D4
SUBB A，Rn	累加器减寄存器和进位标志	1	1	98~9F
SUBB A，@Ri	累加器减间接寻址 RAM 和进位标志	1	1	96~97
SUBB A，♯data	累加器减立即数和进位标志	2	1	94 data
SUBB A，direct	累加器减直接寻址单元和进位标志	2	1	95 direct
DEC A	累加器减 1	1	1	14
DEC Rn	寄存器减 1	1	1	18~0F
DEC @Ri	间接寻址 RAM 减 1	1	1	15 direct
DEC direct	直接寻址单元减 1	2	1	16~17
MUL AB	累加器乘寄存器 B	1	4	A4
DIV AB	累加器除以寄存器 B	1	4	84

C.3　逻辑运算类指令

助记符	功　能	字节数	机器周期	机器码
ANL A, Rn	累加器与寄存器	1	1	58~5F
ANL A, @Ri	累加器与间接寻址 RAM	1	1	56~57
ANL A, ♯data	累加器与立即数	2	1	54 data
ANL A, direct	累加器与直接寻址单元 1	2	1	55 direct
ANL direct, A	直接寻址单元与累加器	2	1	52 direct
ANL direct, ♯data	直接寻址单元与立即数	3	2	53 direct data
ORL A, Rn	累加器或寄存器	1	1	48~4F
ORL A, @Ri	累加器或间接寻址 RAM	1	1	46~47
ORL A, ♯data	累加器或立即数	2	1	44 data
ORL A, direct	累加器或直接寻址单元	2	1	45 direct
ORL direct, A	直接寻址单元或累加器	2	1	42 direct
ORL direct, ♯data	直接寻址单元或立即数	3	2	43 direct data
XRL A, Rn	累加器异或寄存器	1	1	68~6F
XRL A, @Ri	累加器异或间接寻址 RAM	1	1	66~67
XRL A, ♯data	累加器异或立即数	2	1	64 data
XRL A, direct	累加器异或直接寻址单元	2	1	65 direct
XRL direct, A	直接寻址单元异或累加器	2	1	62 direct
XRL direct, ♯data	直接寻址单元异或立即数	3	2	63 direct data
RL A	累加器左循环移位	1	1	23
RLC A	累加器连进位标志左循环移位	1	1	33
RR A	累加器右循环移位	1	1	03
RRC A	累加器连进位标志右循环移位	1	1	13
CPL A	累加器取反	1	1	F4
CLR A	累加器清零	1	1	E4

C. 4　控制转移类指令

助记符	功　　能	字节数	机器周期	机器码
ACCALL addr11	2K 地址范围内绝对调用	2	2	＊1 addr（7～0）
AJMP addr11	2K 地址范围内绝对转移	2	2	△1 addr（7～0）
LCALL addr16	64K 地址范围内长调用	3	2	12 addr（15～0）
LJMP addr16	64K 地址范围内长转移	3	2	02 addr（15～0）
SJMP rel	相对短转移	2	2	80 rel
JMP @A+DPTR	相对长转移	1	2	73
RET	子程序返回	1	1	22
RETI	中断返回	1	1	32
JZ rel	累加器为零转移	2	2	60 rel
JNZ rel	累加器非零转移	2	2	70 rel
CJNE A，♯data，rel	累加器与立即数不等转移	3	2	B4 data rel
CJNE A，direct，rel	累加器与直接寻址单元不等转移	3	2	B5 data rel
CJNE Rn，♯data，rel	寄存器与立即数不等转移	3	2	B8～BF data rel
CJNE @Ri，♯data，rel	间接寻址 RAM 与立即数不等转移	3	2	B6～B7 data rel
DJNZ Rn，rel	寄存器减 1 不为零转移	2	2	D8～DF rel
DJNZ direct，rel	直接寻址单元减 1 不为零转移	3	2	D5 direct rel
NOP	空操作	1	1	00

＊＝a10a9a80

△＝a10a9a80

C.5　布尔操作类指令

助记符	功　　能	字节数	机器周期	机器码
MOV C，bit	直接寻址位送 C	2	1	92 bit
MOV bit，C	C 送直接寻址位	2	1	A2 bit
CLR C	C 清零	1	1	C3
CLR bit	直接寻址位清零	2	1	C2
CPL C	C 取反	1	1	B3
CPL bit	直接寻址位取反	2	1	B2
SETB C	C 置位	1	1	D3
SETB bit	直接寻址位置位	2	1	D2
ANL C，bit	C 逻辑与直接寻址位	2	2	82 bit
ANL C，/bit	C 逻辑与直接寻址位的反	2	2	B0 bit
ORL C，bit	C 逻辑或直接寻址位	2	2	72 bit
ORL C，/bit	C 逻辑或直接寻址位的反	2	2	A0 bit
JC rel	C 为 1 转移	2	2	40 rel
JNC rel	C 为 0 转移	2	2	50 rel
JB bit，rel	直接寻址位为 1 转移	3	2	20 bit rel
JNB bit，rel	直接寻址位为 0 转移	3	2	30 bit rel
JBC bit，rel	直接寻址位为 1 转移，并清该位	3	2	10 bit rel

附录 D MCS-51 单片机实验

D.1 单片机实验板

"单片机实验板"是西华大学机械工程与自动化学院在长期教学实践中设计的、非常适合单片机教学的一种实验装置。它具有以下特点：

不需要其他附件，即可在任何一台 PC 或笔记本电脑上使用；价格便宜，解决了许多地方院校经费不足的问题；可以开设 LED、LCD、键盘、蜂鸣器、AD、温度、光电计数、通信等各种实验，满足教学需要。

D.1.1 结构

单片机实验板各部分名称如图 D.1 所示。

图 D.1 实验板各部分名称

D. 1. 2　实验板与 PC 的连接

实验板与 PC 的连接如图 D.2 所示，如果 PC 无 RS−232 接口，可用 USB 转 RS−232 的转换器。

接单片机实验板

USB接PC

RS232接PC
COM1或COM2

图 D. 2　实验板与 PC 机的连接

本实验板的 CPU 采用的是"宏晶科技"的 STC89C52RC 芯片，是增强型 51 系列单片机，引脚与 AT89C51 等兼容。其最大特点是有 ISP（在系统可编程）功能，可以通过串口下载程序，无需编程器，一般开发中也无需仿真器。

D. 1. 3　实验板电路原理图

如图 D.3 所示是实验板的电路原理图。为了节省引脚，LCM1602 采用数据线 4 脚的接法；J2 将 P0 口（已经加了 10 kΩ 上拉电阻）和 5 V、地引出，以便做其他的实验。J1 将 INT0 和 AD0832 的 CH0 和 CH1 引出。复位电路采用了可以自锁的按键 RSTKEY，是为了满足 STC 芯片下载程序时必须把 51 芯片的电源断开、再接通的要求。这里的 USB 并不是真正用于与 PC 机的 USB 通信的，只是使用 PC 机的 5 V 电源，并利用 USB 的两根数据线与 PC 机的 RS−232 的串口 RXD、TXD 连接，所以后面连接了 Max232 的转换芯片。

D.3　单片机实验板电路原理图

D. 1. 4　IST 下载软件的使用

在 Windows 下运行的 STC−ISP. EXE 程序，界面如图 D. 4 所示。

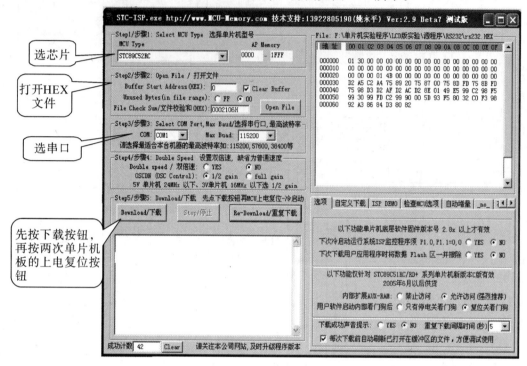

图 D. 4　ISP 界面

需严格按界面上的步骤进行操作。

（1）打开的 Hex 文件是指编译通过后产生的 Hex 文件，可在相应的目录去查找。

（2）串口设置要正确，波特率可以为最高。

（3）下载时一定要按界面的要求进行。先按下载按钮，再按两次单片机板上的上电复位按钮（即两次按键）。

（4）将界面右下方的选择打钩，这样调试程序较方便。

程序下载后立即自动运行。

观察程序运行结果，如与设计的设想不符合，请继续修改程序。

D. 2　单片机实验

D. 2. 1　实验 1　红黄绿灯控制

1. 实验目的

（1）学习 Keil C51 集成编译软件的使用和调试程序方法。

（2）学习将用户程序下载到应用系统的方法。

（3）掌握 STC89C52 单片机 I/O 端口的控制和使用方法。

2. 实验内容

（1）编写程序要求：利用单片机的 P1.4、P1.5、P1.6 控制 3 个 LED 指示灯，模仿交通控制灯：红灯亮 4 秒；黄灯亮 2 秒；黄灯、绿灯同时亮 1 秒；绿灯亮 4 秒，如此循环。

（2）用 Proteus 画出如图 D.5 所示原理图，并仿真运行以上程序。

（3）用 Keil 与 Proteus 联调，单步运行，查看运行结果；在红黄绿灯亮处设置断点，查看运行结果。

3. 实验电路

电路图见"实验板电路原理图"有关部分，如图 D.5 所示，其控制程序流程如图 D.6 所示。

图 D.5　黄绿灯控制电路原理图

图 D.6　红黄绿灯控制
　　　　程序流程图

4. 实验程序

（1）用汇编语言编写实验内容要求的程序。

汇编参考程序：

```
                ORG 0000H
                AJMP MAIN
                ORG 0030H
        MAIN：   CLR P1.4；           ；红灯亮 4 秒
                SETB P1.5
                SETB P1.6
                MOV R0, #40
                LCALL   DELAY
                ┆                   ；黄灯亮 2 秒
                ┆                   ；黄、绿灯亮 1 秒
                ┆                   ；绿灯亮 3 秒
                ┆                   ；（自己编写）
```

```
DELAY:   MOV A, R0
         MOV R5, A          ; 延时程序，(R0)=10, 延时 1 秒
DELAY3:  MOV R6, ♯XXH       ; XX 的数值自己计算填写
DELAY2:  MOV R7, ♯XXH       ; XX 的数值自己计算填写
DELAY1:  DJNZ R7, DELAY1
         DJNZ R6, DELAY2
         DJNZ R5, DELAY3
         RET
         END
```

（2）参考教材第 5 章第 5.2.1 节，用 C51 编写实验内容要求的程序。

5. 实验步骤

（1）根据实验原理图编写程序，用"Keil μVision4"编译软件进行编译，如未通过，修改程序，直至通过。

（2）用 STC-ISP.EXE 软件将所编程序的"HEX"码下载到实验板的 STC89C52 芯片中。

（3）运行程序，观察实验板左侧的三个 LED（红黄绿）灯点亮的次序和时间是否按要求发生变化，如果不符合要求，改写程序，按步骤（1）开始重新做实验，直至成功。

（4）用 Keil 与 Proteus 联调，单步运行，设置断点，查看运行结果。

6. 思考题

（1）怎样计算延时子程序的时间？

（2）如何计算与 LED 连接的电阻阻值？

（3）画出单片机实验板、开发系统、PC 机之间的连接框图。

（4）如何用 89C52 的 I/O 端口控制继电器？画出电路原理图。

（5）根据图 D.3 所示的原理图，编写一段 4 个 LED 循环闪烁的流水灯程序。

7. 实验报告要求

（1）画出本实验相关的电路原理图。

（2）回答思考题中的 3 道题（建议选择第 5 题）。

（3）简述本次实验的感想。

D.2.2 实验 2 键盘、LED 数码管显示实验

1. 实验目的

掌握独立键盘、LED 数码管的电路连接和编程方法。

2. 实验内容

（1）编写程序，按 KEY1 只有红灯亮；按 KEY2 只有黄灯亮；按 KEY3 只有绿灯亮。

（2）开始后 LED 数码管显示 0，每按 KEY1 一次，数码管显示加 1，至 9 后，再循环从 0 显示到 9。

3. 实验电路

根据"实验板电路原理图"，电路原理图如图 D.3 所示相关部分。

独立式键盘中，每个按键占用一根 I/O 口线，每个按键电路相对独立（见图 D.3），通过按键与地相连。编程时在无按键闭合时，先使引脚为高电平；由按键闭合时，引脚被拉成

低电平。

4. 参考程序

为了布线方便，本实验板中的 LED 数码管的引脚不是标准的接法，请读者根据图 D.3 所示相关部分自己编写数码管的段码。

独立键使用的编程请参考第 5 章第 5.2.3 节。

数码管的显示参考第 5.2.2 节的程序。

5. 实验步骤

(1) 根据实验原理图编写程序，用 "Keil μVision4" 编译软件进行编译，如未通过，修改程序，直至通过。

(2) 用 STC−ISP.EXE 软件将所编程序的 "HEX" 码下载到实验板的 STC89C52 芯片中。

(3) 运行程序，按实验板右下侧的 KEY1、KEY2、KEY3，观察 LED 中的红黄绿灯是否按要求点亮，如果不符合要求，改写程序，按步骤 (1) 开始重新做实验，直至成功。

(4) 按同样的方法调试编写实验内容 (2) 的程序，直至调试成功。

6. 思考题

(1) 参考程序在运行时必须依次按键，如何改为只按 KEY1 键，每按一次使对应的红、黄、绿 LED 依次点亮一个？

(2) 如果没有电路原理图，如何通过编程来获取 LED 数码管的段码？

7. 实验报告要求

(1) 画出本实验相关的电路原理图。

(2) 写出实验内容 (1) 中的程序。

(3) 写出调试通过的实验内容 (2) 中的程序。

(4) 回答思考题。

D.2.3　实验 3　定时器中断实验

1. 实验目的

掌握 MCS−51 定时器的使用方法。

2. 实验内容

(1) 利用定时器中断方式，做一个显示 0~9 的秒钟。

(2) 利用定时器中断方式，做一个显示 00~99 的秒钟，每 1 秒增加 1。

3. 实验电路

电路图见 "图 D.3　实验板电路原理图" 有关部分。

4. 编程思想及参考程序

(1) 对于实验内容 (1)，用定时器 T0，方式 1，产生每隔 1/100 秒的中断，在中断服务程序中计算中断的次数，产生 100 次中断为 1 秒，并进行相关显示。

(2) 对于实验内容 (2)，用定时器 T0，方式 1，产生每隔 1/100 秒的中断，每中断 1 次，就换一位 LED 进行显示；同时计算中断的次数，产生 100 次中断为 1 秒，这时，改变显示的秒数。注意将显示的秒数放在一个变量中，显示时把它分解成十位和个位，分别显示。

定时器使用的参考程序见第 7 章第 7.4.2 节。数码管的显示程序见第 5.2.2 节。

5. 实验步骤

（1）根据实验原理图编写程序，用"Keil μVision4"编译软件进行编译，如未通过，修改程序，直至通过。

（2）用 STC−ISP. EXE 软件将所编程序的"HEX"码下载到实验板的 STC89C52 芯片中。

（3）运行程序，观察 LED 数码管是否每隔 1 秒出现 0~9 的显示变化。如果不符合要求，改写程序，按步骤（1）开始重新做实验，直至成功。

（4）按同样的方法调试编写实验内容（2）中的程序，直至调试成功。

6. 思考题

写出用 LCD 完成实验内容（2）的程序，并进行调试。

7. 实验报告要求

（1）画出本实验相关的电路原理图。

（2）写出实验内容（2）的程序。

D. 2. 4　实验 4　计数器实验

1. 实验目的

掌握计数器的使用方法。

2. 实验内容

利用计数器，记录光电开关被遮断的次数，并用 LCD1602 显示出来。

3. 光电开关原理

普通的光电开关无论是对射式还是反射式都有四个管脚。其中两个管脚是红外发射二极管的管脚，另外两个是光电三极管的管脚。本实验采用的是对射式光电开关，如图 D.7 所示。74LS14 为施密特触发器，起整形作用。

图 D. 7　光电开关原理图

4. LCM1602 四线数据接口显示原理

第 5 章的 5.3 节介绍了 LCM1602 的接口和使用方法，它采用的是 8 根数据线，3 根控制线，共 11 根线的接口方法。

LCM1602 还有一种四线数据、2 根控制线的接口方法，它与单片机需要六线连接，电路原理图如图 D.8 所示。

图 D.8　LCM1602 四线数据接口电路

本实验就是采用的这种接口方式。

此接口电路的 LCM1602 显示的头文件和驱动程序如下：

```
/*————————————————————————————————————————
名称：lcd1602_4.h 头文件
功能：LCM1602 四线驱动函数的声明
————————————————————————————————————————*/
#ifndef _LCD1602_4_H_                  //防止被重复定义
#define _LCD1602_4_H_

#include <reg52.h>
#define uint unsigned int
#define uchar unsigned char

//LCM1602 接口定义
sfr  LCD_DATA= 0x90;                    //P1 口，将只使用低四位（P1^0～P1^3）
                                        //与 LCM 的高四位（D4～D7）相接
sbit  LCD_RS= P2^6;                     //数据指令
sbit  LCD_EN= P2^7;                     //使能端

/*————————————————————————————————————————
功能：液晶初始化
————————————————————————————————————————*/
void LCD_Init（void）;

/*————————————————————————————————————————
功能：LCM 显示字符串函数
参数：x—列 0～15；y—行 0～1；str—要显示的字符串指针
————————————————————————————————————————*/
```

```
void LCD _ Prints （uchar x，uchar y，uchar * str）；


#endif
```

LCM1602 的驱动程序如下：

```
/ * — — — — — — — — — — — — — — — — — — — — — — — — — — — — — —
名称：lcd1602 _ 4. c
功能：LCM1602 四线驱动程序
— — — — — — — — — — — — — — — — — — — — — — — — — — — — — — * /
#include "lcd1602 _ 4. h"


/ * — — — — — — — — — — — — — — — — — — — — — — — — — — — — — —
功能：LCM 用延时函数
参数：晶振为 11. 0592 MHz 时，x=1，为 3 μs
— — — — — — — — — — — — — — — — — — — — — — — — — — — — — — * /
void LCD _ Delay （uchar x）
{
  while （− −x）；
}


/ * — — — — — — — — — — — — — — — — — — — — — — — — — — — — — —
功能：LCM 输入使能函数
— — — — — — — — — — — — — — — — — — — — — — — — — — — — — — * /
void LCD _ En （void）
{
  LCD _ EN = 1；
  LCD _ Delay （4）；                    //12 μs
  LCD _ EN = 0；
}


/ * — — — — — — — — — — — — — — — — — — — — — — — — — — — — — —
功能：LCM 指令输入函数
参数：uchar cmd −LCM1602 指令
— — — — — — — — — — — — — — — — — — — — — — — — — — — — — — * /
void LCD _ cmd （uchar cmd）
{
  uchar cmd1；
  cmd1＝cmd；
  cmd1＞＞＝ 4；                        //高四位移到低四位
  LCD _ Delay （18）；                  //54 μs
  LCD _ RS = 0；                       //指令
  LCD _ DATA &= 0xf0；                 //清低四位
  LCD _ DATA | = cmd1&0x0f；           //写高四位
  LCD _ En （）；
```

```
  LCD _ DATA &= 0xf0;              //清低四位
  LCD _ DATA | = cmd&0x0f;         //写低四位
  LCD _ En ();
}


/* —————————————————————————————————————
功能：LCM 清屏函数
——————————————————————————————————————— */
void LCD _ Clr (void)
{
  LCD _ cmd (0x01);
  LCD _ Delay (255);               //延时 3 ms
  LCD _ Delay (255);
  LCD _ Delay (255);
  LCD _ Delay (200);
}


/* —————————————————————————————————————
功能：LCM 初始化函数
——————————————————————————————————————— */
void LCD _ Init (void)
{
  LCD _ cmd (0x28);
  LCD _ en ();
  LCD _ cmd (0x28);                //四线显示
  LCD _ cmd (0x0c);                //显示打开
  LCD _ Clr ();                    //显示清屏
}


/* —————————————————————————————————————
功能：LCM 数据输入函数
参数：uchar dat－输入的数据
——————————————————————————————————————— */
void LCD _ Dat (uchar dat)
{
  uchar dat1;
  dat1=dat;
  dat1>>= 4;                       //高四位移到低四位
  LCD _ Delay (18);                //54 μs
  LCD _ RS = 1;                    //数据
  LCD _ DATA &= 0xf0;              //清低四位
  LCD _ DATA | = dat1&0x0f;        //写高四位
  LCD _ En ();
  LCD _ DATA &= 0xf0;              //清低四位
  LCD _ DATA | = dat&0x0f;         //写低四位
```

```
   LCD _ En ()；
}


/ * ————————————————————————————————————
功能：LCM 光标位置设置函数
参数：x—列 0~15；y—行 0~1
———————————————————————————————— * /
void LCD _ Pos (uchar x，uchar y)
{
  if (y) LCD _ Cmd (x | 0xc0)；
  else    LCD _ Cmd (x | 0x80)；
}


/ * ————————————————————————————————————
功能：LCM 显示字符串函数
参数：x—列 0~15；y—行 0~1；str—要显示的字符串指针
———————————————————————————————— * /
void LCD _ Prints (uchar x，uchar y，uchar * str)
{
  LCD _ Pos (x，y)；
  while ( * str)
   {
    LCD _ Dat ( * str)；
    Str++；
   }
}
```

运行如下程序，会出现如图 D.9 所示的显示结果。

```
#include <REG52. H>
#include "LCD1602 _ 4. H"


void main (void)
{
  LCD _ Init ()；
  LCD _ Prints (0，0，"XIHUA UNIVERSITY")；
  LCD _ Prints (3，1，"2010. 6. 12")；

  while (1)；
}
```

图 D.9　LCD1602 显示结果

5. 编程思想及参考程序

用计数器 T1 方式 2，记录光电开关管被遮断的次数。利用教材中提供的 LCM1602 显示程序，在主程序中循环读取 T1 寄存器 TL1 中的计数值，进行十进制转换后，分为百、十、个位，装入 LCM1602 显示程序的数据缓冲区，进行显示。

LCM1602 原理参考第 5 章第 5.3 节，四线数据线接口的 LCM1602 显示程序参考上节，LCM1602 应用程序参考第 5 章"LCM1602 程序应用举例"。

计数器的使用参考程序见第 7 章第 7.5.2 节例 3。

6. 实验步骤

(1) 根据实验原理图编写程序，用"Keil μVision4"编译软件进行编译，如未通过，修改程序，直至通过。

(2) 用 STC—ISP.EXE 软件将所编程序的"HEX"码下载到实验板的 STC89C52 芯片中。

(3) 运行程序，观察 LCM1602 是否出现"000"，用手指或纸片遮挡一次实验板左下方的光电开关管，观察 LCM1602 是否加 1 变成"001"？每遮挡一次是否 LCM1602 继续加 1？如果不符合要求，改写程序，按步骤（1）开始重新做实验，直至成功。

7. 思考题

为了简化编程，本实验提供的子程序只能采用计数器方式 2。如果采用方式 1，如何将计数值全部显示出来？

8. 实验报告要求

(1) 画出本实验相关的原理图。

(2) 绘出参考程序的详细流程图，并写出调试成功后的程序。

(3) 回答思考题。

D.2.5　实验 5　AD 转换器实验

1. 实验目的

掌握 SPI 总线的 ADC0832（或 TLC549）数模转换器的使用方法。

2. 实验内容

利用 ADC0832 采集直流 0~5 V 的电压，并在 LCM1602 上显示结果。

3. 实验电路

电路图见"图 D.3　实验板电路原理图"有关部分。

4. ADC0832 部分参考程序

主程序中重复以下过程：

采集 A/D 数据→计算出电压值→送 LCM1602 显示→延时，如此重复循环。

ADC0832 的参考程序见第 11 章第 11.1.1 节。

5. 实验步骤

(1) 根据实验原理图编写程序，用"Keil μVision4"编译软件进行编译，如未通过，修改程序，直至通过。

(2) 用 STC—ISP.EXE 软件将所编程序的"HEX"码下载到实验板的 STC89C52 芯片中。

(3) 运行程序，用手拧动实验板左端的可变电阻，观察 LCM1602 是否出现"x. x V"，改变可变电阻时，LCM1602 的数值是否在 0~5.0 V 之间变动。如果不符合要求，改写程序，按步骤（1）开始重新做实验，直至成功。

6. 思考题

用本实验可以开发哪些实际仪表？

7. 实验报告要求

（1）画出本实验相关的原理图。

（2）绘出参考程序的详细流程图，写出调试成功的全部程序。

（3）回答思考题。

8. 8 位串行模数转换器 TLC549 简介

本实验也可采用 TLC549 作为 AD 转换器，为了便于使用，这里提供一个简单的可以使用的驱动程序。

TLC549 是美国德州仪器公司生产的 8 位串行 AD 转换器芯片，可与通用微处理器、控制器通过 CLK、CS、DATA OUT 三条口线进行串行接口。具有 4 MHz 片内系统时钟和软、硬件控制电路，转换时间最长为 17 μs，TLC549 为 40000 次/秒。总失调误差最大为 $\pm$0.5 LSB，典型功耗值为 6 mW。采用差分参考电压高阻输入，抗干扰，可按比例量程校准转换范围，V_{REF-} 接地，$V_{REF+} - V_{REF-} \geqslant 1$ V，可用于较小信号的采样。引脚名称如图 D.10 所示。

TLC549 的极限参数如下。

（1）电源电压：6.5 V。

（2）输入电压范围：0.3 V~V_{CC}+0.3 V。

（3）输出电压范围：0.3 V~V_{CC}+0.3 V。

（4）峰值输入电流（任一输入端）：$\pm$10 mA。

（5）总峰值输入电流（所有输入端）：$\pm$30 mA。

图 D.10　TLC549 引脚图

（6）工作温度：TLC549C 为 0~70℃；TLC549I 为-40℃~85℃；TLC549M 为-55℃~125℃。

（1）工作原理。

TLC549 均有片内系统时钟，该时钟与 I/O CLOCK 是独立工作的，无需特殊的速度或相位匹配。其工作时序如图 D.11 所示。

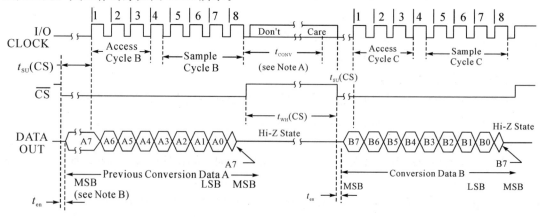

图 D.11　TLC549 工作时序图

当 CS 为高时，数据输出（DATA OUT）端处于高阻状态，此时 I/O CLOCK 不起作用。这种 CS 控制作用允许在同时使用多片 TLC549 时共用 I/O CLOCK，以减少多路（片）A/D 并用时的 I/O 控制端口。

通常的控制时序为：

①将 CS 置低。内部电路在测得 CS 下降沿后，再等待两个内部时钟上升沿和一个下降沿，然后确认这一变化，最后自动将前一次转换结果的最高位（D7）输出到 DATA OUT 端上。

②前 4 个 I/O CLOCK 周期的下降沿依次移出第 2、3、4、5 位（D6、D5、D4、D3），片上采样保持电路在第 4 个 I/O CLOCK 下降沿开始采样模拟输入。

③接下来的 3 个 I/O CLOCK 周期的下降沿移出第 6、7、8（D2、D1、D0）个转换位。

④最后，片上采样保持电路在第 8 个 I/O CLOCK 周期的下降沿将移出第 6、7、8（D2、D1、D0）个转换位。保持功能将持续 4 个内部时钟周期，然后开始进行 32 个内部时钟周期的 A/D 转换。第 8 个 I/O CLOCK 后，CS 必须为高，或 I/O CLOCK 保持低电平，这种状态需要维持 36 个内部系统时钟周期以等待保持和转换工作的完成。如果 CS 为低时 I/O CLOCK 上出现一个有效干扰脉冲，则微处理器/控制器将与器件的 I/O 时序失去同步；若 CS 为高时出现一次有效低电平，则将使引脚重新初始化，从而脱离原转换过程。

在 36 个内部系统时钟周期结束之前，实施步骤①～④，可重新启动一次新的 A/D 转换，与此同时，正在进行的转换终止，此时的输出是前一次的转换结果而不是正在进行的转换结果。

若要在特定的时刻采样模拟信号，应使第 8 个 I/O CLOCK 时钟的下降沿与该时刻对应，因为芯片虽在第 4 个 I/O CLOCK 时钟下降沿开始采样，却在第 8 个 I/O CLOCK 的下降沿开始保存。

（2）应用接口及采样程序。

TLC548、TLC549 可方便地与具有串行外围接口（SPI）的单片机或微处理器配合使用，也可与 51 系列通用单片机连接使用。与 51 系列单片机的接口如图 D.12 所示。其驱动程序清单如下：

图 D. 12　TLC549 与 51 接口图

```
/ * —————————————————————————————————
    功能：TLC549 的驱动程序
   ——————————————————————————————— * /
#ifndef  _ TLC549 _ H _
#define  _ TLC549 _ H _

#include<reg52. h>
#define uchar unsigned char
```

```
#define uint unsigned int

//TLC549 的引脚
sbit AD_CS =P3^3;
sbit AD_CLK=P3^6;
sbit AD_DAT=P3^7;

void delay（uint x）    //延时函数
{
  while（x--）;
}


/*----------------------------------
功能：从 TLC549 获取 AD 值
参数：无
返回：获取到的 AD 值，范围为 0～255
注：从 TLC549 中读取字节的时序与 SPI 读字节有相似之处，但亦有差别。差别在于在片选打开
    后，第一个位已经被直接放在数据线上了。在时钟线上产生下降沿的时候数据线上产生新的
    位。虽与 SPI 读字节有差别，但仍可使用 SPI 来进行读取。
----------------------------------*/
uchar AD_TLC549（）
{
  uchar value=0, i=0;
  AD_CS=0;
  AD_DAT=1;
  for（i=0; i<8; i++）
  {
    if（AD_DAT）value |= （0x80）>>i;    //获取数据线的位放到相应位上
    AD_CLK=1;
    AD_CLK=0;                           //时钟的下降沿
    delay（10）;                        //下降沿产生后，400 ns 后新的位被写到数据线
上，这里进行延时
  }
  AD_CS=1;
  delay（50）;                          //等待转换结束，最长 17 μs
  return value;                         //返回转换结果
}


#endif
```

D.2.6 实验 6 PC 机与单片机的串行通信实验

1. 实验目的

掌握 MCS51 串行通信的编程方法，掌握用 VB 编写 PC 机与 51 单片机通信的编程方法。

2. 实验内容

编写程序，建立 PC 机与 51 单片机的串行通信，通信过程如下：PC 机先向单片机发送一组指令"AAH、03H、01H"，单片机正确接收数据后，每隔 1 秒向 PC 机连续发送 ADC0832 模数转换的数值（0~5.0 V），数值用 2 个字节表示（1 个字节为整数部分，1 个字节为小数部分）。

3. 实验电路

本实验板采用 Max232E，参考"图 D.3 实验板电路原理图"。

4. 参考程序

第 8 章第 8.8 节，VB 程序和 51 单片机程序可供参考。

ADC0832 的参考程序见第 11 章第 11.1.1 节。

5. 实验报告要求

（1）画出本实验相关的电路原理图。

（2）写出调试成功的本实验的程序。

（3）写出对本次实验的建议和感想。

D.2.7 实验 7 温度测量实验

1. 实验目的

掌握一线温度传感器芯片 DS18B20 的使用方法、编程技巧。

2. 实验内容

利用 DS18B20，编写相关程序，将温度值在 LCM1602 中显示出来。

3. DS18B20 的原理和参考程序

图 D.13 DS18B20

DS18B20 是 DALLAS 公司生产的单总线式数字温度传感器，它具有微型化、低功耗、高性能、抗干扰能力强、易配处理器等优点，特别适用于构成多点温度测控系统，可直接将温度转化成串行数字信号（提供 9 位二进制数字）给单片机处理，且在同一总线上可以挂接多个传感器芯片。它具有 3 引脚 TO-92 小体积封装形式（如图 D.13 所示），温度测量范围为 -55℃~+125℃，可编程为 9 位~12 位 A/D 转换精度，测温分辨率可达 0.062 5℃ ，被测温度用符号扩展的 16 位数字量方式串行输出，其工作电源既可在远端引入，也可采用寄生电源方式产生，多个 DS18B20 可以并联到 3 根或 2 根线上，CPU 只需 1 根端口线就能与多个 DS18B20 通信，占用微处理器的端口较少，可节省大量的引线和逻辑电路。

"单总线"是一种在一条总线（这种总线只有一条口线）具有单主机多从机的总线系统，在"单总线"上可挂多个从机系统。为了不引起逻辑上的冲突，所有从机系统"单总线"接口都是漏极开路的，因此在使用时必须对总线外加上拉电阻（常用 4.7 kΩ）。为保证数据的完整性，所有的单线总线器件都要遵循严格的通信协议。"单总线"通信协议定义了复位脉冲、应答脉冲、写时序和读时序等几种信号类型（具体的时序参考相关文献，这里不再具体介绍）。所有的单总线命令序列（如初始化、ROM 命令、RAM 命令）都是由这些基本的信号类型组成的。在这些信号中，除了应答脉冲外，其他均由主机发出，并且发送的所有命令和数据都是字节的低位在前。

　　读者可以从 DS18B20 的使用说明中获取更多详细的信息。本实验只提供一个比较简单的程序，只能读取温度的整数值。

　　读 DS18B20 的参考头文件如下：

```
#ifndef _ DS18B20 _ H _
#define _ DS18B20 _ H _
#define uchar unsigned char
sbit DQ= P3^4;                    //温度传送数据接口，根据实际电路修改

void DS18B20 _ Init (void);       //初始化 DS18B20


/ * ——————————————————————————————————
功能：读取 DS18B20 当前温度值
特性：此函数采用跳过读 DS18B20 序列号的方式
返回值：一个字节，无小数部分，<=127 为正温度，范围 0~127℃；
        >127 为以补码表示的负温度，范围-1℃~-55℃
—————————————————————————————————— * /
uchar DS18B20 _ ReadTemp (void);


/ * ——————————————————————————————————
功能：将 Read _ Temp () 函数读取的温度值转换成 LCM1602 显示的格式
显示格式：负温度，如-25℃；正温度，如 107℃
返回值：将温度值放入 TempBuffer [6] 的数组中，返回数组首地址
—————————————————————————————————— * /
uchar * DS18B20 _ TempToLcdStr (uchar temp _ value);
#endif
```

　　DS18B20 的驱动参考程序如下：

```
#include <REG52. H>
#include <intrins. h>
#include" DS18B20. H"


#define uint unsigned int
#define uchar unsigned char


void DS18B20 _ Delay (uint i)
{
  while (i——);
}
```

```
void DS18B20 _ Init（void）
{
    uchar x=0;
    DQ = 1;                    //DQ 复位
    DS18B20 _ Delay（8）;      //稍微延时
    DQ = 0;                    //单片机将 DQ 拉低
    DS18B20 _ Delay（100）;   //精确延时，大于 480 μs
    DQ = 1;                    //拉高总线
    DS18B20 _ Delay（14）;
    x=DQ;                      //稍微延时后，若 x=0，则初始化成功；若 x=1，则初始化失败
    DS18B20 _ Delay（60）;
}


uchar DS18B20 _ ReadOneChar（void）      //DS18B20 读一个字节的函数
{
    uchar i=0;
    uchar dat = 0;
    for（i=8; i>0; i--）
    {
        DQ = 0;            // 给 DS18B20 脉冲信号
        dat>>=1;
        DQ = 1;            // 给 DS18B20 脉冲信号
        if（DQ）
        dat | =0x80;
        DS18B20 _ Delay（4）;
    }
    return（dat）;
}


void DS18B20 _ WriteOneChar（uchar dat）    //DS18B20 写一个字节的函数
{
    uchar i=0;
    for（i=8; i>0; i--）
    {
        DQ = 0;
        DQ = dat&0x01;
        DS18B20 _ Delay（5）;
        DQ = 1;
        dat>>=1;
    }
}

/* ------------------------------------------------
```

　　功能：读取 DS18B20 当前温度值

　　特性：此函数采用跳过读 DS18B20 序列号的方式

　　返回值：一个字节，<=127 为正温度，范围 0～127℃；

　　　　　　>127 为以补码表示的负温度，范围-1℃～-55℃

——— * /

```
uchar DS18B20 _ ReadTemp（void）
{
    uchar a=0；
    uchar b=0；
    uchar t=0；
    uchar temp _ value；

    DS18B20 _ Init（）；
    DS18B20 _ WriteOneChar（0xCC）；        // 跳过读序号列号的操作
    DS18B20 _ WriteOneChar（0x44）；        // 启动温度转换

    delay _ 18B20（100）；

    DS18B20 _ Init（）；
    DS18B20 _ WriteOneChar（0xCC）；        //跳过读序号列号的操作
    DS18B20 _ WriteOneChar（0xBE）；        //读取温度寄存器等，共可读 9 个寄存器，前两个是
                                            温度值

    DS18B20 _ Delay（100）；

    a= DS18B20 _ ReadOneChar（）；          //读取温度值低位
    b= DS18B20 _ ReadOneChar（）；          //读取温度值高位
    temp _ value=b<<4；
    temp _ value+=（a&0xf0）>>4；

    return（temp _ value）；
}
```

/ * ————————————————————————————————————

　　功能：将用 Read _ Temp（）函数读取的温度值转换成 LCM1602 显示的格式

　　格式：负温度，如-25℃；正温度，如 107℃

　　返回值：将温度值放入 TempBuffer [6] 的数组中，返回数组首地址

—— * /

```
uchar * DS18B20 _ TempToLcdStr（uchar temp _ value）
{
    uchar TempBuffer [6]；
    if（temp _ value>127）
    {
        TempBuffer [0] ='-'；
```

```
            temp_value=256-temp_value;
            TempBuffer [1] =temp_value/10+'0';              //十位
            if (TempBuffer [1] =='0')                       //消 0
            {
                TempBuffer [0] =' ';
                TempBuffer [1] =' ';
            }
        TempBuffer [2] =temp_value%10+'0';
        }
        else
        {
          TempBuffer [0] =temp_value/100+'0';              //百位
          TempBuffer [1] =temp_value/10%10+'0';            //十位
          TempBuffer [2] =temp_value%10+'0';               //个位
          if (TempBuffer [1] =='0' && TempBuffer [1] =='0')
          {
            TempBuffer [0] =TempBuffer [1] =' ';
          }
          if (TempBuffer [0] =='0')
          {
            TempBuffer [0] =' ';
          }
        }

        TempBuffer [3] =0xdf;                              //温度符号
        TempBuffer [4] ='C';
        TempBuffer [5] =' \0';

        return (TempBuffer);
    }
```

4. 实验步骤

(1) 根据实验原理图和提供的 DS18B20、LCM1602 头文件编写程序，用"Keil μVision4"编译软件进行编译，如未通过，修改程序直至通过。

(2) 用 STC—ISP. EXE 软件将所编程序的"HEX"码下载到实验板的 STC89C52 芯片中。

(3) 运行程序，用手摸实验板左端的 DS18B20，观察串口 LCM1602 是否出现温度值，温度是否开始上升，手离开后，温度值是否开始下降。如果不符合要求，需改写程序，按步骤 (1) 开始重新做实验，直至成功。

5. 思考题

如何在一个系统中使用多个 DS18B20?

6. 实验报告要求

(1) 画出本实验相关的原理图。

(2) 绘出参考程序的详细流程图，写出调试成功的程序。

（3）回答思考题。

D.3　单片机虚拟实验

采用 Proteus 仿真软件也可以完成用单片机实验板能完成的所有实验，这种方法有利于读者自学。

虚拟实验板的电路原理如图 D.14 所示，表 D.1 列出了所用的元件名称。

表 D.1　虚拟实验板 Proteus 元件表

代号	元件名	Proteus 元件库	Proteus 名
U1	51 单片机	Microprocessor ICs	AT89C51
U2	温度传感器	Data Converters	DS18B20
U3	AD 转换器	Data Converters	ADC0832
LCD	LCD 显示器	Optoelectronics	LM016L
LED	LED 数码管	Optoelectronics	7SEG−MPX2−CA
DSW1	拨码键	Switches & Relays	DIPSW−4
RP1	排阻	Resistors	RESPACK−8
COM2	串口	Miscellaneous	COMPIM
D2	黄发光二极管	Optoelectronics	LED−YELLOW
D3	绿发光二极管	Optoelectronics	LED−GREEN
D1，D4~D11	红发光二极管	Optoelectronics	LED−RED
KEY	按键	Switches & Relays	BUTTON
R1~R12	电阻	Resistors	RES
Q1，Q2	NPN 三极管	Transistors	NPN
RV1	可调电阻	Resistors	POT−LIN
LS1	小喇叭	Speakers & Sounders	SPEAKER
Q3	PNP 三极管	Transistors	PNP

D.14 虚拟实验板的电路原理图

参考文献

[1] 马忠梅，籍顺心，张凯，等．单片机的 C 语言应用程序设计 [M]．北京：北京航空航天大学出版社，1999．

[2] 张毅刚，彭喜源，谭晓昀，等．MC-51 单片机应用设计 [M]．哈尔滨：哈尔滨工业大学出版社，1997．

[3] 张道德．单片机接口技术（C51 版）[M]．北京：中国水利水电出版社，2007．

[4] 郑育正．单片机原理及应用 [M]．成都：四川大学出版社，2003．

[5] 姜志海，赵艳雷．单片机的 C 语言程序设计与应用 [M]．北京：电子工业出版社，2008．

[6] 周坚．单片机 C 语言轻松入门 [M]．北京：北京航空航天大学出版社，2006．

[7] 蓝和慧，宁武，闫晓金．单片机应用技能 [M]．北京：电子工业出版社，2009．

[8] 田希晖，薛亮儒．C51 单片机技术教程 [M]．北京：人民邮电出版社，2007．

[9] 徐爱钧，彭秀华．单片机高级语言 C51 Windows 环境编程与应用 [M]．北京：电子工业出版社，2001．

[10] 郭惠，吴迅．8051 单片机 C 语言完全设计手册 [M]．北京：电子工业出版社，2008．

[11] 黄惟公，邓成中，王燕．单片机原理与应用技术 [M]．西安：西安电子科技大学出版社，2007．

[12] Keil Software，Inc．μVision help 2003．

[13] http：//www.keil.com．Keil C51 官方网站．